特色名校技能型人才培养规划教材

1000MW 超超临界机组仿真培训教程

主　编　马培峰

副主编　刘　锋　冯　健　叶永强

中国水利水电出版社
www.waterpub.com.cn
·北京·

内 容 提 要

本书共六章：第一章简要介绍 1000MW 超超临界机组设备及系统；第二章到第四章全面、系统地介绍我国典型 1000MW 超超临界机组启动、停运和运行控制与调整的具体操作步骤和方法；第五章详细介绍机组主要辅机及辅助系统的操作程序；第六章系统介绍机组常见典型事故的现场应急处置操作等。

本书简洁明了、重点突出、层次分明、针对性和实用性强，可作为 1000MW 超超临界机组运行人员仿真操作培训的教材，也可供该类型机组运行技术管理人员和有关工程技术人员参考。

图书在版编目（CIP）数据

1000MW超超临界机组仿真培训教程 / 马培峰主编
. -- 北京 : 中国水利水电出版社, 2018.1
特色名校技能型人才培养规划教材
ISBN 978-7-5170-6202-8

Ⅰ. ①1… Ⅱ. ①马… Ⅲ. ①超临界机组－技术培训－教材 Ⅳ. ①TM621.3

中国版本图书馆CIP数据核字(2017)第326324号

策划编辑：杨庆川　责任编辑：封　裕　加工编辑：王玉梅　封面设计：李　佳

书　名	特色名校技能型人才培养规划教材 1000MW 超超临界机组仿真培训教程 1000MW CHAO CHAO LINJIE JIZU FANGZHEN PEIXUN JIAOCHENG
作　者	主　编　马培峰 副主编　刘　锋　冯　健　叶永强
出版发行	中国水利水电出版社 （北京市海淀区玉渊潭南路 1 号 D 座　100038） 网址：www.waterpub.com.cn E-mail：mchannel@263.net（万水） sales@waterpub.com.cn 电话：（010）68367658（营销中心）、82562819（万水）
经　售	全国各地新华书店和相关出版物销售网点
排　版	北京万水电子信息有限公司
印　刷	三河市铭浩彩色印装有限公司
规　格	184mm×260mm　16 开本　16.5 印张　400 千字
版　次	2018 年 1 月第 1 版　2018 年 1 月第 1 次印刷
印　数	0001—3000 册
定　价	68.00 元

丛书编委会

本书编写人员

主　　编　马培峰

副主编　刘　锋　冯　健　叶永强

参加编写　郝允清　王光强　刘文柱　王爱东

主　　审　周　慧

审　　稿　王志军　辛敬荣

序

徐州电力高级技工学校始建于 1975 年，原隶属于江苏省电力工业局，2007 年 12 月随同徐州电厂划归神华集团国华电力公司，2017 年 4 月 26 日，学校升格为国华电力二级单位，更名为“神华国华电力公司职工技能培训学校”（简称“国华电力培训学校”）并保留徐州电力高级技工学校资质。

国华电力培训学校是一所集职业培训、技能鉴定、资格认证、培训策划、岗位能力评估、学历教育和技术服务为一体的综合性教育培训机构。栉风沐雨 42 年，培训学校以其得天独厚的培训鉴定资质、过硬的师资队伍和配套齐全的实训设施，在广大教职员工辛勤耕耘下，为电力行业培养并输送了 18600 多名大中专、技校毕业生；近几年，又累计完成神华集团电力板块各类技能培训 36000 多人次、各类技能鉴定 24000 多人次，为系统内外发电企业的发展提供了强有力的培训支撑。

国家正在推进的电力体制改革和供给侧改革，必将引起电力生产管理机制的巨变，也必然会给电力相关的技术培训带来新的要求，这对国华电力培训学校来讲，既是难得的机遇，也是巨大的挑战。

国华电力培训学校升格管理后，利用资源优势，承接了上级公司多项培训、鉴定任务，未来学校还将拓宽业务面，开展多层次多类别的培训项目。为此，在提升培训管理标准的同时，还致力于打造特色、提升定位。为加强教材建设，学校组织编写了专业培训系列丛书。在编写过程中，遵循“不忘本来、吸收外来、面向未来”的原则，保留传统，创新思维，注重实用，力求理论与实践紧密结合，又能突出职业技能培训的特点。本套丛书既可作为企业职工集中培训的教材，又可作为在职专业人员继续深造提升的指导书。这套系列教材的出版，必将为国家能源投资集团有限责任公司的技能培训提供有力支持。

2017 年 11 月

前　　言

自我国第一台1000MW超超临界机组2006年投产以来，截至目前，已有100余台投入运营，该类型机组设备昂贵、技术先进、操作和控制复杂。据统计近年来该类型机组多次出现因运行人员操作、分析、判断和处理能力不足导致机组非停和设备损坏的情况。为提高运行人员的实际操作及事故处理能力，促进运行人员操作技能的整体提升，确保机组安全、环保、稳定、高效运行，利用仿真机资源不断强化运行人员培训已成为当前仿真培训的主要工作。然而，目前适合该类型机组仿真培训的书籍很少，而且不能满足实际仿真培训工作的要求。针对这一现状，徐州电力高级技工学校组织专家、教师和工程技术人员编写了这本书。

本书以上海锅炉厂有限公司引进阿尔斯通电力（Alstom Power）公司技术生产的SG3099/27.46-M545塔式锅炉、上海汽轮机厂有限公司制造的N1000-26.25/600/600（TC4F）汽轮机、上海电气集团制造的THDF-125-67发电机为例，系统介绍机组启动、停运的操作步骤及操作要求，机组运行调整的方式和方法，机组事故和故障发生时的现象、主要原因和处理步骤等。这些内容对该类型机组运行人员仿真操作培训具有很强的针对性和实用性。

全书简洁明了、重点突出、层次分明、针对性和实用性强，可作为1000MW超超临界机组运行人员仿真操作培训的教材，也可供该类型机组运行技术管理人员和有关工程技术人员参考，对600MW、300MW超临界机组仿真培训也具有一定的指导意义。

在本书编写过程中，国华电力培训学校常务副校长信超、教务长陶林、总务长杨启程倾注了大量心血，给予了大力支持与指导。参加编写和审定的人员是1000MW超超临界机组资深的工程技术人员和仿真培训教学人员，他们长期从事1000MW超超临界机组运行技术管理和仿真培训教学工作，具有深厚的专业理论基础和丰富扎实的机组运行工作经验。

本书在编写过程中，得到了国华徐州发电有限公司副总经理于修林、总工程师王传栋，国华太仓发电有限公司、国华盘山发电有限责任公司和多家电厂领导与专业技术人员的大力支持和帮助，在此一并表示感谢。

由于编者水平有限及时间仓促，书中难免有不足之处，恳请读者批评指正。

编　者

2017年11月

目　　录

第一章　机组设备及系统概述

目前 1000MW 超超临界直流机组已成为我国的主力发电机组，该级别机组的仿真培训已经成为火力发电仿真培训的主要任务。其仿真机组设备的主要类型有：锅炉主要有上海锅炉厂有限公司引进 Alstom Power 公司技术生产的 II 型锅炉及塔式锅炉，哈尔滨锅炉厂有限责任公司引进日本三菱公司技术生产的单炉膛、双火球、双切圆 II 型锅炉，东方锅炉股份有限公司引进日本日立公司技术生产的单炉膛、对冲燃烧 II 型锅炉；汽轮机主要有上海汽轮机厂有限公司生产的 SIEMENS 机型、东方汽轮机有限公司生产的日立机型和哈尔滨汽轮机厂有限责任公司生产的东芝机型；发电机主要有上海电气集团生产的 THDF-125-67、东方电机有限公司生产的 GFSN-1000-2-27、哈尔滨电机有限责任公司生产的 GFSN-1045-2。本章以上海电气集团生产的设备为例进行介绍。

第一节　锅炉设备及系统

锅炉是指利用燃料的燃烧热能或其他热能加热给水或其他工质，以生产规定参数和品质的蒸汽、热水或其他工质的机械设备。用以发电的锅炉称电站锅炉或电厂锅炉。

电站锅炉中的“锅”指的是工质流经的各个受热面，一般包括省煤器、水冷壁、过热器及再热器等，以及通流分离器件如联箱、汽包（汽水分离器）等；“炉”一般指的是燃料的燃烧场所以及烟气通道，如炉膛、水平烟道及尾部烟道等。

1000MW 机组锅炉仿真设备主要包括锅炉本体及锅炉辅机，仿真系统主要包括风烟系统、汽水系统及燃烧系统等。

一、锅炉整体概述

锅炉为超超临界参数变压运行螺旋管圈直流炉，采用一次再热、单炉膛单切圆燃烧、平衡通风、露天布置、固态排渣、全钢构架、全悬吊结构塔式布置。

锅炉型号：SG3099/27.46-M545。蒸汽参数：27.46MPa（a）、605℃/603℃。

锅炉分为炉膛部分和尾部烟道部分：炉膛内部布置了所有的过热器、再热器和省煤器的受热面；尾部烟道仅仅起到了连接炉膛和空预器（简称“空预器”）的作用，并没有布置任何的受热面。其特点之一是没有汽包，工质一次通过蒸发部分，即循环倍率为 1。另一特点是在省煤器、蒸发部分和过热器之间没有固定不变的分界点，水在受热蒸发面中全部转变为蒸汽，沿工质整个行程的流动阻力均由给水泵来克服。如果在直流锅炉的启动回路中加入循环泵，则可以形成复合循环锅炉。

二、设备与系统概述

锅炉设备主要包括过热器、再热器、省煤器、水冷壁及各辅助设备，主要系统有汽水系统、风烟系统及燃烧系统等。

（一）汽水系统

汽水系统主要包括过热器、再热器、省煤器、水冷壁及启动旁路等。

1. 过热器

炉膛上部沿烟气流动方向依次布置有一级过热器、三级过热器、二级再热器、二级过热器、一级再热器、省煤器。过热器系统的汽温调节采用燃料/给水比和两级八点喷水减温，在第一级过热器和第二级过热器、第二级过热器和第三级过热器之间设置二级喷水减温并通过两级受热面之间的连接管道进行交叉。过热器喷水取自省煤器进口给水管道。

2. 再热器

再热器受热面分为两级，即第一级再热器（低温再热器）和第二级再热器（高温再热器）。第二级再热器布置在第二级过热器和第三级过热器之间，第一级再热器布置在省煤器和第二级过热器之间。第二级再热器顺流布置，受热面特性表现为半辐射式；第一级再热器逆流布置，受热面特性表现为纯对流式。再热器汽温采用燃烧器摆动调节，一级再热器进口连接管道上设置事故喷水，一级再热器和二级再热器之间的连接管道上设置有微量喷水并采用交叉连接。再热器喷水取自给水泵中间抽头。

3. 水冷壁

水冷壁是敷设在炉膛四周由多根并联管组成的蒸发受热面。其主要作用是：吸收炉膛中高温火焰及炉烟的辐射热量，使水冷壁内的水汽化，产生饱和蒸汽；减少高温对炉墙的破坏，保护炉墙；强化传热，减少锅炉受热面面积，节省金属耗量；有效防止炉壁结渣。直流锅炉水冷壁中工质的流动为强制流动，管屏的布置较为自由，最基本的有螺旋管屏、垂直上升管屏和回带管屏三种。

大型超超临界锅炉的水冷壁分为螺旋水冷壁和螺纹垂直水冷壁两种，随着锅炉高度和容积的增加，采用内螺纹的完全垂直水冷壁的安全运行越来越困难，其要求的设计水平和制造精度也越来越高，所以炉型较高的塔式锅炉下部炉膛采用螺旋水冷壁的结构、上部炉膛采用垂直水冷壁的结构。

4. 省煤器

省煤器是利用锅炉的烟气热量来加热给水的一种热交换装置，一般布置在空预器之前，由于进入该部分受热面的烟气温度不高，通常将该部分受热面和空预器叫做尾部受热面。省煤器在锅炉中的作用如下：

（1）吸收低温烟气的热量，降低排烟温度，提高锅炉效率，节省燃料。

（2）由于给水在进入蒸发受热面之前，先在省煤器内加热，这样就减少了水在蒸发受热面内的吸热量，因此采用省煤器可以替代部分蒸发受热面，也就是以管径较小、管壁较薄、传热温差较大、价格较低的省煤器替代部分造价较高的蒸发受热面。

5. 启动旁路

直流锅炉与汽包锅炉不同，在锅炉点火之前，为减少流动的不稳定和保证水冷壁管壁温度低于允许值，需要建立一个不低于水冷壁最小流量的给水流量，但由于在启动阶段给水吸收热量较少，水无法完全蒸发生成汽，且这部分水不能进入过热器系统，这样就需要在过热器之前建立一个启动旁路系统将多余的水排放出去。本仿真机锅炉启动系统采用内置式汽水分离器带再循环泵的启动旁路系统，再循环泵和给水泵呈并联布置。

锅炉炉前沿宽度方向垂直布置汽水分离器，其进出口分别与水冷壁和一级过热器连接。

当机组启动，锅炉负荷低于最低直流负荷 30% BMCR（锅炉最大连续蒸发量）时，蒸发受热面出口的介质流经分离器前的分配器后进入分离器进行汽水分离，蒸汽通过分离器进入一级过热器，而饱和水则通过分离器筒身下方进入储水箱中。储水箱之后分成两路：一路至再循环泵的再循环系统，通过再循环泵提升压头后引至给水管道中，与锅炉给水汇合后进入省煤器；另一路接至大气扩容器。

（二）风烟系统

风烟系统包括二次风系统、一次风系统和烟气系统。

1. 二次风系统

二次风系统只作为燃烧用。每台锅炉设两套二次风系统，送风机采用室外吸风，二次冷风进入空预器加热，空预器出口热风进入锅炉两侧墙的二次风箱。在送风机后、空预器前的冷风管上装有联络风道，空预器出口也设有平衡入炉二次风压的联络风道，此连接可保证当一台送风机发生故障时，两侧空预器仍可以向炉膛均匀送风，从而保证燃烧的稳定性和沿炉膛温度的分布均匀，减少热偏差。为了防止空预器冷端腐蚀，从二次热风出口管道引出热风再循环管至送风机进口，加热二次冷风至 20.4℃。

2. 一次风系统

一次风系统的主要作用为输送煤粉。一次风机向磨煤机提供一次风（热风），同时向磨煤机、给煤机提供密封风（冷风）。

3. 烟气系统

本系统由两台联合风机来排除燃烧气体。

（三）锅炉制粉系统

锅炉制粉系统主要包括磨煤机、给煤机及相应的风门和挡板。

锅炉燃烧系统按照中速磨正压直吹系统设计，配备 6 台磨煤机，正常运行中运行 5 台磨煤机可以带到 BMCR，每台磨煤机对应锅炉的两层燃烧器，每台磨煤机引出 4 根煤粉管道到炉膛四角，炉外安装煤粉分配装置，每根管道分配成两根管道分别与两个一次风喷嘴相连，共计 48 个直流式燃烧器分 12 层布置于炉膛下部四角，在炉膛中呈四角切圆方式燃烧。

在每台磨煤机所对应的两层燃烧器喷嘴之间设置有油枪，设计容量为 20% BMCR，在启动阶段和低负荷稳燃时使用。

一次风取自大气，经一次风机加压后分为两路，一路直接进入冷一次风道，另一路经过空预器加热后进入热一次风道，冷、热一次风通过每台磨煤机的冷、热风调节挡板进入磨煤机入口混合风道，通过调节冷、热风挡板开度控制磨煤机入口热风风量和出口煤粉气流的温度。为防止磨煤机发生爆炸和燃烧，各磨煤机入口的混合风道上均设置有防爆和防着火蒸汽惰性处理系统，当发生爆炸和着火时，蒸汽门会开启向磨煤机内部填入惰性气体或将着火的煤粉送入炉膛内。

为防止正压直吹制粉系统中煤粉漏出磨煤机外部和进入磨煤机内部的转动轴承中，制粉系统设置有两台密封风机，密封风从冷一次风联络母管上引出经密封风机增压后进入磨煤机，正常运行时一台风机运行，一台备用。

（四）锅炉微油点火系统

2 号磨煤机对应的燃烧器被改造成微油点火燃烧器，在启动阶段和低负荷稳燃时，可以投入微油点火燃烧器，减少柴油的耗量。

锅炉微油点火系统分微油点火与正常运行两种运行模式，这两种模式可相互切换。当机组负荷升至 350MW 时，其自动切换至正常运行模式；当锅炉在正常运行时（包含微油点火低负荷稳燃），其禁止手动切换至微油点火模式，微油点火模式只在锅炉冷态启动时使用。

（五）空压机系统

锅炉设有 4 台仪表用空压机，供全部仪控用压缩空气，采用单元制供气系统，公用系统部分用气取自供气母管。2 台运行，2 台备用。

（六）锅炉工质循环流程

锅炉工质循环流程主要是汽水系统和烟气流程。

1. 汽水系统

（1）给水系统流程。

给水→省煤器进口联箱→省煤器→省煤器出口联箱→下降管→水冷壁前后进口联箱→冷灰斗→螺旋管水冷壁→水冷壁中间联箱→垂直管水冷壁→水冷壁出口联箱→分配联箱→汽水分离器→汽水分离器疏水箱→锅炉疏水扩容器→集水箱→凝汽器→混合器→启动循环泵→省煤器进口给水管道。

（2）主蒸汽系统流程。

汽水分离器→一级过热器进口联箱→一级过热器→一级过热器出口联箱→一级过热器减温器→二级过热器进口联箱→二级过热器→二级过热器出口联箱→二级过热器减温器→三级过热器进口联箱→三级过热器→三级过热器出口联箱→主蒸汽管→汽机高压缸。

（3）再热蒸汽系统流程。

高压缸排汽→冷再管道→事故喷水减温器→一级再热器进口联箱→一级再热器→一级再热器出口联箱→再热器微量喷水减温器→二级再热器进口联箱→二级再热器→二级再热器出口联箱→热再管道→汽机中压缸。

2. 烟气流程

烟气流向顺次为一级过热器（屏管）、三级过热器、二级再热器、二级过热器、一级再热器、省煤器、一级过热器（悬吊管）、脱硝装置、空预器、电除尘器、脱硫装置、排烟冷却塔。在各受热面中，除三级过热器、二级再热器和省煤器为顺流布置外，其他都是逆流布置。

围绕炉膛四周的炉管组成蒸发受热面（水冷壁）并兼具炉墙作用。

第二节 汽轮机设备及系统

汽轮机是以蒸汽为工质的旋转式热能动力机械，它接收锅炉送来的蒸汽，将蒸汽的热能转换为机械能，驱动发电机发电。汽轮机设备是火力发电厂的三大主要设备之一，其仿真范围主要包括汽轮机本体、调节保安及供油系统和辅助设备等，其仿真系统主要包括汽水系统、抽汽系统、旁路系统、真空系统及汽轮机数字电液控制系统（DEH）等。

一、汽轮机设备概述

汽轮机是由上海汽轮机厂有限公司引进德国西门子公司技术制造的，类型为超超临界、一次中间再热、四缸四排汽、单轴、双背压凝汽式，型号为 N1000-26.25/600/600（TC4F）。DEH（汽轮机数字电液控制系统）使用德国西门子公司的 T3000 操作系统，英文界面；DCS（分布式控制系统）使用国电智深的 EDPF-NT Plus 操作系统，中文界面。

二、汽水系统

从锅炉来的新蒸汽进入高压缸，在高压缸中做功后到锅炉再热器进行“中间再热”，再热后的蒸汽送入中压缸做功，中压缸排汽经连通管送往两个低压缸继续做功。低压缸排汽排到凝汽器，排汽在凝汽器中经循环水冷却后凝结成水（凝结水），随后由凝结水泵对凝结水进行升压，升压过的凝结水流经化学精除盐装置后送到轴封冷却器，随后依次流过4台低压加热器(包含1台疏水冷却器)、1台除氧器。除氧器下来的给水经给水泵升压后依次经过3台高压加热器（双列），最后进入锅炉加热，产生的新蒸汽投入下一轮循环。

三、抽汽系统

机组采用八级非调整抽汽（包括高压缸排汽）。一级、二级、三级抽汽分别供给2×3台高压加热器用汽；四级抽汽供汽至除氧器、锅炉给水泵汽轮机和辅助蒸汽系统等；五级、六级、七级、八级抽汽分别供给4台低压加热器用汽。

四、汽动给水泵

机组配置两台50%容量的汽动给水泵，汽动给水泵的给水前置泵与主泵不同轴。在正常运行工况下，给水泵汽轮机的汽源来自第四级抽汽；在低负荷和启动工况下，汽源来自再热冷段蒸汽或辅助蒸汽。给水泵汽轮机的排汽经排汽管道和排汽蝶阀排到主机凝汽器。给水泵汽轮机为单缸、单流、冲动式、纯凝汽、高压缸排汽内切换、向下排汽。

五、旁路系统

机组设有两级串联的高低压旁路系统。该旁路系统具有100% BMCR的高压旁路容量和65% BMCR（相对主蒸汽流量）的低压旁路容量。高压旁路每台机组安装4套，从锅炉过热器进口联箱接口前的主蒸汽管接出，经减压、减温后接至再热冷段蒸汽管道，减温水取自省煤器入口前的主给水系统；低压旁路每台机组安装两套，从汽机中压缸入口前再热段蒸汽的两根支管分别接出，经减压、减温后接入凝汽器，减温水取自凝结水精处理装置入口前的凝结水系统。高低压旁路包括蒸汽控制阀、减温水控制阀、关断阀和控制装置。系统中设置预热管，保证高低压旁路蒸汽管道在机组运行时始终处于热备用状态。

六、凝汽器及真空系统

凝汽器采用双背压、双壳体、单流程、表面冷却式凝汽器。

凝结水系统设有3台50%容量的变频凝结水泵，正常运行2台，1台备用。

循环水系统设有3台33%容量的立轴、固定转速、固定叶片式湿坑单级斜流电动泵，正常运行2台，1台备用。

抽真空系统设有3台水环式真空泵，正常运行2台，1台备用。

七、DEH系统

机组采用数字电液调节系统，使用德国西门子公司的T3000操作系统，调节系统转速的可调范围为（0～110）%×3000r/min。

EH 油系统由 2 台 EH 油泵、循环油泵、再生油泵及附属设备组成，正常运行时 EH 油泵 1 台运行，1 台备用，正常工作压力为 16MPa～18MPa。

八、运行方式

机组采用“定一滑一定”的运行方式（由补汽阀调频）。西门子公司在本机组上取消调节级是一种合理的先进设计方法。这种机组在稳态工况时，其调节阀保持 5%主蒸汽压力的节流压降，当需变动负荷时，先由调节阀通过改变节流压降进行调节，以满足快速响应的要求，然后再由机组的协调控制系统调节锅炉的热负荷及汽压，直至调节阀压降恢复正常值。

对于锅炉侧产生的热负荷扰动亦可采用上述同样的调节过程予以消除。至于遇到快速降负荷的情况，当调节阀快速关小而出现主蒸汽压力骤然升高时，由于旁路系统实行全程跟踪，会立即开启进行溢流泄压，以使调节阀不承担过大的压降。虽然在多数工况下都存在一定的节流损失，但由于取消了调节级，不但提高了高压缸总体内效率，完全补偿了调节阀的节流损失，而且消除了调节级所带来的其他相关问题。同时，这种机组在调节阀全开方式下，其效率最高。同理，如果全程采用纯滑压方式运行，调节阀全开，由锅炉进行负荷调节，其热耗水平将优于设计值，但负荷响应速度会因此大大降低。另外，滑压运行时，因为主蒸汽温度不随负荷变化，采用纯压力级的高压缸内的温度场在变负荷时仍能保持相对稳定，显著改善了变负荷时高压转子的应力状况，使得该类型汽轮机能适应很高的负荷变化速率。

第三节　电气设备及系统

1000MW 机组电气部分的仿真范围主要包括发变组系统、主接线系统、厂用电源系统、保安电源系统、直流系统、不间断电源（UPS）系统及继电保护装置和自动装置等。仿真侧重点也大同小异：有的略去主接线系统，只仿真到发变组出口；厂用电源系统大多只做与主机运行安全密切相关的主干部分，除灰除渣、检修照明等外围部分均不作为仿真重点；直流系统、UPS 电源系统的仿真也做得比较简略等。

一、发变组系统

多数 1000MW 火电机组均以发电机一主变压器组接线方式接入厂内升压站，各发电机分别经过 3 台强油循环风冷无载调压的单相变压器接入主接线系统。发电机引出线至主变压器低压侧通过离相封闭母线连接，封闭母线为自冷微正压系统。发电机采用自并励静止励磁系统，由发电机机端通过励磁变压器取得励磁电源，送至可控硅整流桥。

（一）发电机典型参数

发电机典型参数如表 1-1 所示。

表 1-1　发电机典型参数

名称	单位	规范
额定容量 S_n	MVA	1112
额定功率 P_n	MW	1000
额定功率因数 $\cos\varphi_n$		0.9

续表

名称	单位	规范
定子额定电压 U_n	kV	27
定子额定电流 I_n	A	23778
额定频率 f_n	Hz	50
额定转速 N_n	r/min	3000
额定励磁电压 U_{fn}（80℃）	V	437
额定励磁电流 I_{fn}	A	5887
定子绕组接线方式		YY
冷却方式		水氢氢
励磁方式		自并励静止励磁
定子铁芯绝缘等级	级	F
额定氢压	MPa	0.5

（二）主变压器典型参数

主变压器典型参数如表 1-2 所示。

表 1-2　主变压器典型参数

序号	项目	参数
1	额定值	
	额定频率/Hz	50
	额定电压/kV	$530/\sqrt{3}$ ±2×2.5% / 27
	冷却方式	ODAF
	额定容量/MVA	380
	额定电流/A	1242/14074
	连接组标号	YNd11（单相连接成三相）
2	温升限值/K	
	顶层油	50
	高压绕组	60
	低压绕组	60
3	额定频率额定电压时空载损耗/kW	≤118
4	负载损耗（kW，75℃） 其中杂散损耗	≤748 约 220
5	效率	≥99.77%
6	空载电流/%	0.2%
7	全部冷却器退出运行后，主变压器满载运行所允许的时间	变压器满载运行：当全部冷却器退出运行时，变压器允许继续运行 20min；当油面温度不超过 75℃时，变压器允许继续运行不超过 1h
	一组冷却器退出运行后，变压器允许长期运行的负载	75%
	两组冷却器退出运行后，变压器允许长期运行的负载	55%
	三组冷却器退出运行后，变压器允许长期运行的负载	30%

（三）励磁系统

大容量的火电机组多采用自并励励磁系统。自并励系统在发电机无电压输出或电压低于10%空载额定电压时，可控硅整流桥一般无法工作即无整流输出。初励电源一般取自本台机组的 220V 直流系统或利用厂用 400V 交流电源，由启励变压器、二极管模块、接触器及限流电阻、电容组成的启励装置在发电机额定转速时，短时向发电机转子绕组提供励磁，使之建立空载电压。启励以后，当自动励磁调节器检测到 10% 空载额定电压时，即刻自动切换到自动励磁调节器输出，由自动励磁调节器控制可控硅整流桥输出和保持发电机额定电压。发电机出口电压达到设定的空载额定电压时，启励装置自动退出。

1. 自并励励磁系统原理框图（如图 1-1 所示）

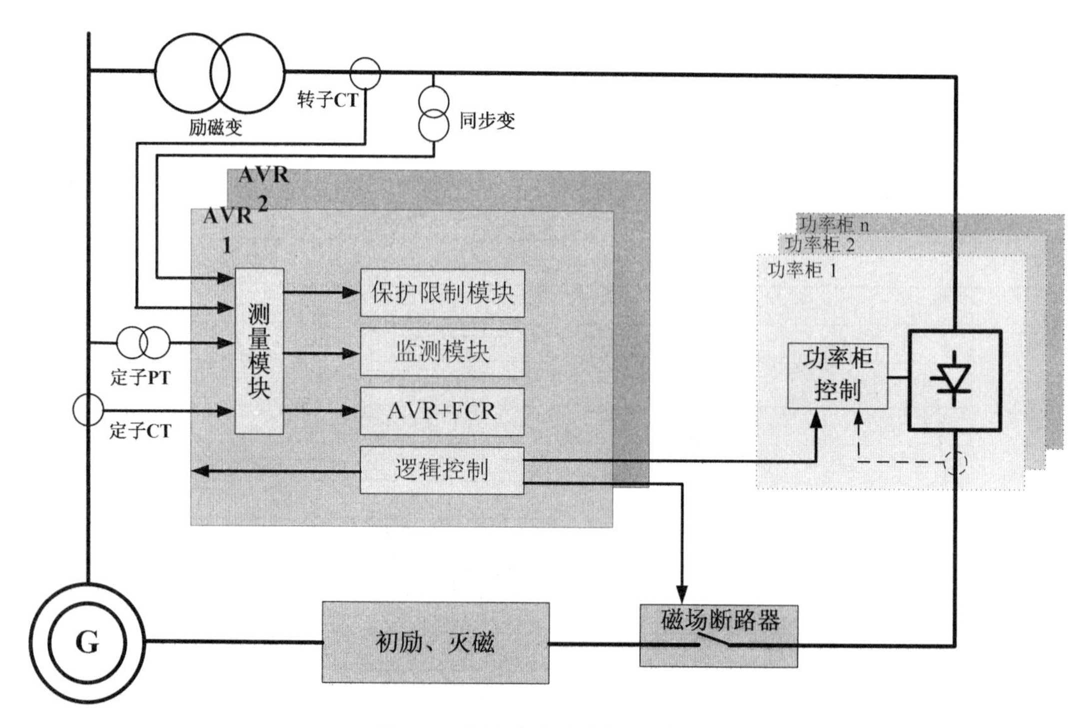

图 1-1 自并励励磁系统原理框图

2. 主要组成部分

电源部分：励磁变压器、初励电源等。

整流部分：整流柜（功率柜）等。

灭磁部分：励磁开关、灭磁过电压保护柜等。

数据采集部分：电压互感器（PT）、CT、分流器等。

控制部分：自动励磁调节器。

3. 各部分的主要作用

（1）励磁变压器。

励磁变压器为励磁系统提供励磁能源。对于自并励励磁系统的励磁变压器通常不设自动开关。高压侧可加装高压熔断器，也可不加。

早期的励磁变压器一般都采用油浸式变压器。近年来，随着干式变压器制造技术的进步及考虑防火、维护等因素的影响，励磁变压器一般采用干式变压器。对于大容量的励磁变压器往往采用三个单相干式变压器组合而成。励磁变压器的连接组别通常采用 Y/△组别，而不用Y/Y-12 组别。与普通配电变压器一样，励磁变压器的短路压降为 4%～8%。

（2）可控硅整流桥。

自并励励磁系统中的大功率整流装置均采用三相桥式接法。这种接法的优点是半导体元件承受的电压低，励磁变压器的利用率高。三相桥式电路可采用半控桥或全控桥方式。这两者增强励磁的能力相同，但在减磁时，半控桥只能把励磁电压控制到零，而全控桥在逆变运行时可产生负的励磁电压，使励磁电流急速下降到零，把能量反馈到电网。在当今的自并励励磁系统中几乎全部采用全控桥。

（3）励磁控制装置。

励磁控制装置包括自动电压调节器和启励控制回路。对于大型机组的自并励励磁系统中的自动电压调节器，多采用基于微处理器的微机型数字电压调节器。励磁调节器测量发电机机端电压并与给定值进行比较：当机端电压高于给定值时，增大可控硅的控制角，减小励磁电流，使发电机机端电压回到设定值；当机端电压低于给定值时，减小可控硅的控制角，增大励磁电流，维持发电机机端电压为设定值。

（4）灭磁及转子过电压保护。

当发电机组采用线性电阻或采用灭弧栅方式灭磁时，须设单独的转子过电压保护装置。而采用非线性电阻灭磁时，可以同时兼顾转子的过电压保护。因此，非线性电阻灭磁方式在大型发电机组，特别是水轮发电机组中得到了大量应用。国内使用较多的为高能氧化锌阀片，国外使用较多的为碳化硅电阻。

（5）初励电源。

初励电源主要是在发电机零起升压时的启励电源，接在 400V 厂用母线上经全波整流变成直流电源后送入发电机转子。当发电机电压达到 10%U_e时，初励电源自动退出。

二、主接线系统

发电厂的电气主接线是电力系统接线的重要组成部分，它表明该厂的发电机、变压器、断路器、隔离开关、母线和输电线路等之间是如何连接及如何接入系统的。

发电厂电气主接线的确定与机组容量、电气设备的选择、配电装置的布置、继电保护和控制方式等的拟定有着密切的关系。主接线设计是否合理，不仅关系到电厂能否安全经济运行，也关系到整个电力系统能否安全、灵活和经济运行。电厂容量越大，在系统中的地位越重要，影响也越大。因此，发电厂电气主接线的设计应综合考虑电厂所在电力系统的特点，电厂的性质、规模和在系统中的地位，电厂所供负荷的范围、性质和出线回路数等因素，并满足安全可靠、运行灵活、检修方便、运行经济和远景发展等要求。

我国目前装备汽轮发电机组的电厂常用的主接线方式有：采用两级升高电压的电厂一般220kV 采用双母线带旁路接线，500kV 采用一个半断路器接线，在 220kV 与 500kV 间采用联络变压器连接；采用单一升高电压等级的电厂一般采用双母线四分段或一个半断路器接线。

一个半断路器接线是国外大机组、超高压系统的主要接线方式之一。近十余年来，国内在 330kV～500kV 系统中，应用一个半断路器接线方式日益增多，已使这种接线方式的优越性显示出来，并逐渐积累了不少运行经验。

一个半断路器接线方式既是一种双母线接线，又是一种多环接线。因此，一个半断路器接线兼有环形接线和双母线接线的优点，克服了一般双母线和环形（角形）接线的缺点，这是一种布置清晰、可靠性很高和运行灵活的接线。一个半断路器接线与双母线带旁路母线比较，隔离开关少、配电装置结构简单、占地面积小、土建投资少，隔离开关不当作操作电器使用，不易因误操作造成事故。

（一）发电机－主变压器回路

在1000MW机组的电厂中，每台发电机组均采用单元制接线，通过各自的主变压器接入500kV系统，发电机出口不设断路器。

发电机出线端和中性点分别设置2组电流互感器。发电机出线端配置3组电压互感器和1组避雷器。发电机与主变压器之间的连接采用微正压全连式分相封闭母线，高压厂用变压器（简称“高厂变”）在发电机与主变压器低压侧之间引接。发电机中性点一般采用经单相接地变压器（二次侧接电阻）接地的方式，主变压器高压侧中性点采用直接接地方式。

（二）500kV配电装置

多回500kV系统出线及发变组进线采用户外一个半断路器接线，构成多个完整串，500kV配电装置的设备配置多采用SF_6全封闭（母线除外）组合电器。

SF_6全封闭组合电器（GIS）集成了断路器、隔离开关、接地开关、内装式电流互感器、伸缩节等主要元件以及支架、汇控柜等辅助设备。该GIS设备以SF_6气体作为绝缘和熄弧介质，所有的导电部分均封闭在充以SF_6气体的罐体内。GIS具有体积小、占地面积少、不受外界环境影响、运行安全可靠、配置灵活、维护简单、检修周期长等特点。

三、厂用电源系统

现代大容量火力发电厂要求其生产过程自动化和采用计算机控制，为了实现这一要求，需要有许多厂用机械和自动化监控设备为主要设备（汽轮机、锅炉、发电机等）和辅助设备服务，而其中绝大多数厂用机械采用电动机拖动，因此，需要向这些电动机、自动化监控设备和计算机供电，这种电厂自用的供电系统称为厂用电源系统。

厂用电源系统接线的合理性对保证厂用负荷的连续供电和发电厂安全经济运行至关重要。由于厂用电负荷多、分布广、工作环境差和操作频繁等，厂用电事故在电厂事故中占有很大的比例。此外，还因为厂用电接线的过渡和设备的异动比主系统频繁，如果考虑不周，也常常会埋下事故的隐患。此外人们对厂用电往往不如对主系统那么重视，这就很容易让事故钻空子。统计表明，不少全厂停电事故是由厂用电事故引起的。因此，必须把厂用电源系统的合理设计及安全运行提到应有的高度来认识。

厂用电源系统应满足下列规定要求：

（1）在正常的电源电压偏移和厂用电负荷波动的情况下，厂用电各级母线的电压偏移应不超过额定电压的±5%。

（2）最大容量的电动机正常启动时，厂用电母线的电压应不低于额定电压的80%。

（3）高压母线启动最大电动机和低压动力中心发生三相短路时，不应引起其他运行电动机停转和反应电压的装置误动作。

（4）低压厂用变压器、动力中心和电动机控制中心应成对设置，建立双路电源通道，两台低压厂用变压器互为备用。

（5）厂用电源系统内各级保护元件在各种短路故障时能有选择地动作。

1000MW 机组厂用电一般按 6kV（或 10kV）、0.4kV 两级电压设置，低压厂用变压器和容量大于等于 200kW 的电动机负荷由 6kV（或 10kV）供电，容量小于 200kW 的电动机、照明和检修等低压负荷由 0.4kV 供电。

（一）6kV（或 10kV）系统厂用电

每台机组一般设两台高压厂用工作变压器，电源通过厂用分支母线由各自发电机出口引出。高压厂用工作变压器为分裂变压器。6kV（或 10kV）系统为单母线分段，每台机组设 2～4 段，每台机组的工作负荷均匀地分接于各段上，而全厂的公用负荷分接在各台机组的 6kV（或 10kV）母线段上。

6kV（或 10kV）系统厂用电一般专设两台高压启动/备用变压器，两台高压启动/备用变压器均为分裂变压器。电源通过架空线由 500kV 段母线引接，低压侧通过离相封闭母线引至每台机组对应的 6kV（或 10kV）系统厂用电母线段上，作为每台机组的启动/备用电源。

6kV（或 10kV）系统为低电阻接地系统，高压厂用变压器的低压侧中性点经低电阻接地。

（二）400V 系统厂用电

1. 400V 系统厂用电设计原则

400V 系统厂用电设计原则有两项：一项是采用暗备用动力中心（PC）和电动机控制中心（MCC）的供电方式；另一项是采用明备用动力中心（PC）和电动机控制中心（MCC）的供电方式。

采用暗备用动力中心和电动机控制中心的供电方式，其动力中心和电动机控制中心成对设置。动力中心采用单母线分段，每段母线由一台干式变压器供电，两台低压变压器互为备用。电动机控制中心和容量为 75kW 及以上的电动机由动力中心供电，75kW 以下的电动机由电动机控制中心供电。成对的电动机分别由对应的动力中心和电动机控制中心供电。根据设计经验，MCC 采用单母线接线，一般为单电源供电；对接有非成对电动机的 MCC，根据工艺需要，可采用双电源供电或由保安 MCC 供电。

采用明备用动力中心和电动机控制中心的供电方式，I 类电动机和 75kW 及以上的 II、III 类电动机，由动力中心供电；75kW 以下的 II、III 类负荷、5.5kW 及以下的 I 类负荷由电动机控制中心供电。成对的电动机分别由对应的动力中心和电动机控制中心供电。MCC 采用单母线接线，接有 II 类负荷时，MCC 应采用双电源供电。

2. 主厂房 400V 系统厂用电接线

每台机组设置两台容量相同的汽机低压工作变压器、两台容量相同的锅炉低压工作变压器、一台照明变压器；两台机组共设置两台容量相同的低压公用变压器。汽机、锅炉、公用变压器成对设置，互为备用；两台机组的照明变压器均互为备用。每台机组还设置三台容量相同的除尘低压变压器，为电除尘器及其附近的低压负荷供电。三台除尘低压变压器中有两台为工作变压器，一台为专用备用变压器。

低压变压器接线组别为 DYn11，采用暗备用动力中心和电动机控制中心的供电方式。主厂房内所有低压变压器的电源均引自相应厂用 6kV 段。低压绕组中性点直接接地。

3. 辅助厂房 400V 系统厂用电接线

每台机组设置两台容量相同的脱硫系统低压变压器，为脱硫系统的低压负荷供电，两台低压变压器互为备用。每两台机组共设置两台容量一致的石灰处理低压变压器、两台容量相同的化水低压变压器、两台容量相同的循泵房低压变压器、两台容量一致的输煤低压变压器、两台容量相同的输煤低压变压器、两台容量一致的翻车机低压变压器。其中石灰处理变压器、化水变压器和循泵房变压器成对设置，互为备用；四台输煤变压器和两台翻车机变压器各单独设置一段400V母线，不互为备用。

上述低压变压器的高压电源分别直接或间接引自厂用6kV（或10kV）段。接线组别均为DYn11，低压绕组中性点直接接地。两两互为备用的低压变压器均采用暗备用动力中心和电动机控制中心的供电方式。

四、保安电源系统

每台机组设置一套柴油发电机组，提供机组安全停机所必需的交流电源。柴油发电机直接连接到机组出口400V母线。机组出口400V母线分别给两段机用保安MCC、两段炉用保安MCC供电。每段机用保安MCC从柴油发电机组出口400V母线和400V机用母线各取一路电源，两段机用保安MCC之间通过联络开关互为备用；每段炉用保安MCC从柴油发电机组出口400V母线和400V炉用母线各取一路电源，两段炉用保安MCC之间通过联络开关互为备用。

保安电源的正常切换可从工作电源切至备用电源，也可由备用电源切至工作电源。保安电源的事故切换是当保安MCC段母线电压失压时，经3～5s延时（躲开继电保护和备用电源自动投入时间），通过保安段母线电压监视继电器及辅助继电器联动柴油发电机组应自动启动，同时联锁柴油发电机组馈线断路器合闸，柴油发电机组开始向保安段母线供电。当保安段工作电源恢复时，柴油发电机组经同期检测后与工作电源同期并列，将负荷转移至工作电源后自动或手动停机。

机组接收启动信号启动后，在8s内达到额定转速。从接收到启动信号到带至额定负荷的时间应不超过12s。

五、直流系统

1000MW机组直流系统一般分为220V动力用直流系统和110V控制用直流系统。

每台机组220V直流系统设置一组104个2500Ah阀控式免维密封铅酸蓄电池和一套高频开关电源充电装置为动力负荷和直流事故照明负荷供电，每两台机组由母联开关联络互为备用，每两台机组220V直流系统配置一套公用高频开关电源充电装置。每台机组110V控制用直流系统由两组52个1000Ah阀控式免维密封铅酸蓄电池和三套高频开关电源充电装置组成（其中一套备用）。

（一）机组动力用220V直流系统

1000MW机组每台机组设置一套220V直流系统，主要向本台机组大小机直流事故油泵、空/氢侧密封油泵、交流不停电电源、事故照明等直流动力负荷供电。

220V直流系统运行方式采用单母线接线、辐射状供电方式，每两台机组220V直流系统设有联络开关可以互为备用供电。充电装置电源一般取自400V保安MCC段。

（二）机组控制用110V直流系统

机组控制用110V直流系统作为本台机组控制、保护、信号及热控等直流电源。

110V 直流系统接线为单母线分段接线方式，采取辐射状供电方式。每台机组设有两组110V直流母线，每组110V直流母线带一组蓄电池组，两组110V直流母线间设有两组联络开关，可以互为备用供电。充电装置电源取自400V保安MCC段。

（三）500kV继电器楼控制用110V直流系统

500kV继电器楼控制用110V直流系统作为500kV系统控制、保护、信号等直流电源。

110V直流系统接线为单母线分段接线方式，采取辐射状供电方式，设有两组110V直流母线，每组110V直流母线带一组蓄电池组，两组110V直流母线间设有两组联络开关，可以互为备用供电。充电装置电源取自400V继电器楼MCC段。

六、UPS电源系统

每台机组主厂房设置两套交流不停电电源系统（UPS），每台机组脱硫系统设置一套UPS，继电器楼设置两套UPS。UPS系统包括整流器、逆变器、静态转换开关、旁路柜（含旁路变压器、稳压器、手动维修旁路开关、二极管等）和交流配电屏等。主厂房UPS系统容量为100kVA，脱硫系统UPS系统容量为40kVA，继电器楼UPS系统容量为15kVA。主厂房UPS主机输入的正常电源来自低压厂用电系统，旁路电源来自事故保安电源，主厂房UPS主机的直流输入电源来自单元220V直流系统，输出交流电源为单相220V/50Hz；脱硫系统UPS主机的输入电源可取自本单元的脱硫保安电源，脱硫系统UPS主机的直流输入电源取自单元110V直流系统，输出交流电源为单相220V/50Hz；继电器楼UPS主机输入的正常电源和旁路电源均来自继电器楼400V MCC段，继电器楼UPS主机的直流输入电源来自继电器楼110V直流系统，输出交流电源为单相220V/50Hz。

不停电电源的运行方式是：系统正常由厂用400V电源向整流器供电，再经逆变器变为单相交流220V向馈线柜供电；当厂用400V电源消失时，则由蓄电池向逆变器供电；当逆变器故障或检修时，静态开关自动切换至静态旁路电源向馈线柜供电；当静态开关检修时，可手动切换至手动旁路电源向馈线柜供电。

七、继电保护装置和自动装置

随着电子技术的不断发展，近十多年来，大容量机组电气部分的各系统保护均采用了微机型继电保护装置。1000MW机组的发变组保护采用了国内外各主流继电护保公司生产的设备。每台机组的发变组保护屏有六面，其中，A/B柜为按双重化要求配置的两套完全相同的发电机一主变压器电量保护屏、C柜为非电量保护屏、D/E柜为按双重化要求配置的高压厂用变压器电量保护屏，另一面为通信管理机屏；两台启动备用变压器（简称“启备变”）保护屏有五面，即两面启备变电量保护屏、一面引线保护屏、一面非电量保护屏和一面通信管理机屏。

（一）发变组保护

（1）发电机差动保护：保护发电机定子绕组和避免引出线的相间短路故障，具有防止区外故障误动的谐波制动和比例制动特性，防止发电机过激磁时误动。当电流互感器发生断线时，差动保护可发出报警信号。差动保护动作后采用跳闸方式（一）动作出口。

（2）发电机负序电流保护：负序电流保护由定时限和反时限两部分构成。定时限部分具有灵敏的报警单元，反时限部分由信号段、反时限段、速断段三部分组成。负序电流保护动作后采用跳闸方式（一）动作出口。

（3）发电机失磁保护：是当发电机在发生失磁或部分失磁时，防止危及发电机安全及电力系统稳定运行的保护装置。发电机失磁保护由双下抛圆特性的阻抗元件、发电机端低电压元件及负序电压闭锁元件组成，当电压互感器回路断线时应发出报警信号。失磁后当主变压器高压侧电压低于设定值时，经 t1 延时出口子程序跳闸；失磁后当机端电压低于设定值时，经 t2 延时出口子程序跳闸。低电压元件判据可用软件投退。

（4）发电机逆功率保护：是防止发电机在运行时因失去蒸汽而变成电动机运行方式，从而使汽轮机尾部叶片受损的保护装置。逆功率分为两个部分：一是作为保护装置程序跳闸的启动元件；另一个是作为逆功率保护元件，与经过延时的断路器常开辅助接点组成与门出口跳闸。当电压互感器回路断线时应闭锁装置并发出报警信号。逆功率保护动作后采用跳闸方式（一）动作出口。

（5）发电机过负荷保护：过负荷保护由定时限和反时限两部分组成。定时限部分用于启动报警信号；反时限部分具有与发电机定子绕组的过载容量相匹配的特性，可以模拟定子绕组的热积累过程并启动跳闸方式（四）。反时限部分由信号段、反时限段、速断段三部分组成。

（6）复合电压闭锁过电流保护：负序电压及相间低电压复合电压闭锁过电流保护装置由定时限构成，作为发电机相间短路故障的远后备保护。保护动作后采用跳闸方式（三）动作出口。

（7）电压控制过电流保护：电压控制的过流保护装置由定时限构成，作为防止当发电机出口短路时由于励磁失去导致短路电流衰减所设置的后备保护。保护动作后采用跳闸方式（三）动作出口。

（8）发电机定子接地保护：有两套保护，一套采用零序电压原理，一套采用注入式定子接地保护原理，保护发电机定子及其引线的单相接地。保护装置由反映基波保护范围在发电机机端 95%左右的零序过电压保护，以及通过比较发电机中性点的三次谐波电压和发电机机端产生的三次谐波电压保护（来保护定子绕组余下的 15%）组成，从而构成对定子绕组的 100%保护。另一套保护通过注入式电源的保护方式实现 100%的定子接地保护。发电机定子接地保护动作后采用跳闸方式（一）动作出口，其中三次谐波段应提供切换片供跳闸和信号选择出口回路。

（9）频率保护：是保护汽轮机，为防止发电机在频率偏低或偏高时，使汽轮机的叶片及其拉筋发生断裂故障的保护装置。低频保护应在发电机出口断路器合闸后投入运行。当电压互感器回路断线时应闭锁装置并发出报警信号。低频保护的第一时限动作于信号，第二时限采用跳闸方式（四）动作出口（具体时间累积的整定应根据汽轮机厂资料）。

（10）发电机过激磁保护：防止发电机和变压器过激磁，即是防止发电机在电压升高或频率降低时工作磁通密度过高引起绝缘过热老化的保护装置。保护装置应设有定时限和反时限两个部分，以便与发电机的过激磁特性近似匹配。过激磁宜采用线电压判据。电压互感器回路断线时应闭锁装置并发出报警信号。保护动作后采用跳闸方式（四）动作出口。

（11）发电机过电压保护：防止发电机在启动或并网过程中发生电压升高而损坏发电机绝缘的事故。保护动作后采用跳闸方式（四）动作出口，在机组调试阶段则将跳闸方式改接成跳闸方式（一）。

（12）突加电压保护：突加电压保护用于汽轮发电机盘车的情况，即当发电机一变压器组的断路器意外合闸，突然加上电压而使发电机异步启动，造成机组损坏时，发电机投入运行后应能可靠退出。本保护由低频元件和延时元件组成，在经一电流元件启动回路去出口，出口应经电压回路断线闭锁和断路器位置接点闭锁。突加电压保护动作后采用跳闸方式（五）动作出口。

（13）发电机失步保护：是防止当发电机在发生失步时，造成机组受力和热的损伤及厂用电压急剧下降，使厂用机械受到严重威胁，导致停机、停炉严重事故的保护装置。失步保护具有选择失磁保护闭锁或解除失步保护以及当电流过大危及断路器安全跳闸时闭锁出口的功能，当跳闸时避免断路器两侧电势角 δ 处在 180 度的情况；为了防止失步保护误动，其具有电流判别元件。当电压互感器回路断线时应闭锁装置并发出报警信号。失步保护动作后采用跳闸方式（三）动作出口。

（14）发电机定子匝间保护：防止发电机定子绕组同相相同分支或同相不同分支间发生匝间短路故障。本工程定子绕组为星形接线，每相无并联分支但中性点有分支引出端子的发电机可装设零序电压保护装置。当电压互感器断线时，装置不应误动并应发出断线信号。保护动作后采用跳闸方式（一）动作出口。

（15）阻抗保护：阻抗保护作为发电机主保护的后备保护，保护接于发电机中性点 CT 及发电机出口 PT，该保护应由一个距离保护继电器，失步闭锁和时间继电器组成，保护动作于跳闸方式（三）。保护应设 PT 断线闭锁。

（16）机组启停机保护：是防止当发电机在启停机过程中发生相间短路和接地故障时，某些保护装置受频率变化影响而拒动的保护装置。

（17）功率突降保护：功率突降保护动作后采用跳闸方式（一）动作出口。

（18）发电机转子一点接地保护：由励磁系统制造商提供，由发变组保护第一时限报警、第二时限跳闸。

（19）发电机转子匝间短路在线监测装置：每台机组一套，单独组屏安装，设备选用哈尔滨国力电气有限公司 FZGL-10 型产品。转子匝间短路监测与诊断在正常运行情况下，实时采集发电机气隙磁场在探测线圈中所感应的波形信号。通过信号处理、对比和计算，最后确认转子槽中绕组是否有匝间短路发生，并通过鉴相信号来确定匝间短路发生的位置（槽位）及故障的严重程度。

（20）非电量保护：

1）发电机－变压器组断路器合闸后静态励磁系统故障或者励磁系统保护动作。保护动作后采用跳闸方式（二）动作出口。

2）控制屏手动紧急跳闸按钮。保护动作后采用跳闸方式（二）动作出口。

3）励磁变压器的温度高跳闸信号。保护动作后采用跳闸方式（二）动作出口。

4）发电机断水保护。瞬时信号，延时动作于跳闸方式（四）程序跳闸，也可切换到跳闸方式（二）。

（21）励磁变压器速断保护：励磁变压器速断保护动作后采用跳闸方式（一）动作出口。

（22）励磁变压器过流保护：励磁变压器过流保护动作后采用跳闸方式（一）动作出口。

（23）励磁系统过负荷保护：过负荷保护由定时限和反时限两部分组成，定时限部分用于启动报警信号，反时限部分应具有与发电机转子绕组的过载容量相匹配的特性，可以模拟转子绕组的热积累过程并启动跳闸方式（四）。过负荷保护在强行励磁条件下不误动。

（24）主变压器差动保护：防止主变压器绕组及其引出线和高压厂用变压器高压侧引线

的相间短路故障，当电流互感器发生断线时，可发出报警信号。差动保护动作后采用跳闸方式（一）动作出口继电器。

（25）主变压器高压侧零序过流保护：对主变压器中性点接地运行情况，主变压器零序过流保护作为主变压器高压绕组及引出线单相接地保护的后备保护，保护接于主变压器中性点套管电流互感器上，由定时限和反时限两部分构成，动作于跳闸方式（一）。

（26）500kV断路器非全相保护：是当发生非全相合闸或跳闸时，由于造成三相负荷不平衡，负序电流在转子表面感应出涡流，保护转子不致的发热损坏的保护装置。500kV断路器非全相保护采用负序电流和断路器三相位置不一致的辅助触点组成，以第一时限动作于跳闸方式（二）动作出口继电器，如果故障仍然存在，以第二时限启动500kV断路器失灵保护。

（27）500kV断路器断口闪络保护：是防止在发电机在同步过程中，由于断路器断口两侧电压周期性升高，使断口一相或两相击穿造成闪络故障的保护装置。闪络保护动作后以第一时限灭磁；以第二时限启动500kV断路器失灵保护。

（28）500kV断路器失灵保护：500kV断路器失灵保护由系统保护配置，发变组保护仅需提供启动接点。

（29）主变压器本体保护：

1）主变压器重瓦斯保护。

2）主变压器冷却器全停保护。

3）主变压器压力释放保护。

4）主变压器轻瓦斯保护动。

5）主变压器油位高低保护。

6）主变压器油温过高保护。

7）主变压器冷却系统故障保护。

主变压器重瓦斯动作于跳闸方式（二）出口继电器，压力释放、冷却器全停、油温过高和绕组温度过高等采用切换片动作于跳闸方式（二）出口继电器或动作于信号。主变压器轻瓦斯、油位高低、油温高、绕组温度高、冷却系统故障和冷却器失电等动作于信号。主变压器本体保护动作后采用跳闸方式（二）动作出口继电器。

（二）高压厂用变压器保护

（1）高压厂用变压器差动保护：防止高压厂用变压器绕组及其引出线发生相间短路故障。差动保护的整定值应能跟踪变压器分接头在运行中的改变而自行变动。差动保护动作后采用跳闸方式（一）动作出口。

（2）高压厂用变压器速断保护：速断保护动作后采用跳闸方式（一）动作出口。

（3）高压厂用变压器高压侧复合电压闭锁过流保护：电压信号取自两个6kV工作段工作进线侧PT电压回路。复合电压闭锁过流保护动作后采用跳闸方式（三）动作出口。高压厂用变压器复合电压闭锁过流保护动作后不启动6kV厂用电源快速切换。

（4）高压厂用变压器低压A侧/B侧中性点过流保护：高压厂用变压器中性点的接地故障电流为600A（一次侧）。高压厂用变压器中性点过流保护动作后分二段：第一段跳本侧开关，第二段采用跳闸方式（三）动作出口。

（5）高压厂用变压器本体保护：

1）高压厂用变压器重瓦斯保护。

2）高压厂用变压器轻瓦斯保护。

3）高压厂用变压器压力释放保护。

4）高压厂用变压器油位高低保护。

5）高压厂用变压器油温过高保护。

高压厂用变压器本体重瓦斯动作于跳闸方式（二）出口，压力释放、油温过高和绕组温度过高等采用切换片动作于跳闸方式（二）出口或动作于信号。高压厂用变压器本体轻瓦斯、油位高低、油温高和绕组温度高等动作于信号。高压厂用变压器本体保护动作后采用跳闸方式（二）动作出口。

（三）保护出口方式说明

1. 跳闸方式（一）：全停1（全停、启动失灵、启动快切）

（1）跳500kV边断路器跳闸线圈I（A相、B相、C相）。

（2）跳500kV边断路器跳闸线圈II（A相、B相、C相）。

（3）跳500kV中断路器跳闸线圈I（A相、B相、C相）。

（4）跳500kV中断路器跳闸线圈II（A相、B相、C相）。

（5）跳6kV A1段、A2段、B1段、B2段工作进线断路器。

（6）关汽机主蒸汽门。

（7）跳灭磁开关。

（8）闭锁500kV边断路器合闸。

（9）闭锁500kV中断路器合闸。

（10）闭锁6kV工作进线断路器合闸回路。

（11）启动6kV A1段、A2段、B1段、B2段厂用电源快速切换。

（12）启动500kV边断路器失灵保护。

（13）启动500kV中断路器失灵保护。

（14）报警、数据采集与监视控制（SCADA）、故障录波（FR）、事件记录（SOE）。

2. 跳闸方式（二）：全停2（全停、不启动失灵、启动快切）

（1）跳500kV边断路器跳闸线圈I（A相、B相、C相）。

（2）跳500kV边断路器跳闸线圈II（A相、B相、C相）。

（3）跳500kV中断路器跳闸线圈I（A相、B相、C相）。

（4）跳500kV中断路器跳闸线圈II（A相、B相、C相）。

（5）跳6kV A1段、A2段、B1段、B2段工作进线断路器。

（6）关汽机主蒸汽门。

（7）跳灭磁开关。

（8）闭锁500kV边断路器合闸。

（9）闭锁500kV中断路器合闸。

（10）闭锁6kV工作进线断路器合闸回路。

（11）启动6kV A1段、A2段、B1段、B2段厂用电源快速切换。

（12）报警、数据采集与监视控制（SCADA）、故障录波（FR）、事件记录（SOE）。

3. 跳闸方式（三）：全停3（全停、启动失灵、闭锁快切）

（1）跳500kV边断路器跳闸线圈I（A相、B相、C相）。

（2）跳500kV边断路器跳闸线圈II（A相、B相、C相）。

（3）跳500kV中断路器跳闸线圈I（A相、B相、C相）。

（4）跳500kV中断路器跳闸线圈II（A相、B相、C相）。

（5）跳6kV A1段、A2段、B1段、B2段工作进线断路器。

（6）关汽机主蒸汽门。

（7）跳灭磁开关。

（8）闭锁500kV边断路器合闸。

（9）闭锁500kV中断路器合闸。

（10）闭锁6kV工作进线断路器合闸回路。

（11）闭锁6kV A1段、A2段、B1段、B2段厂用电源快速切换。

（12）启动500kV边断路器失灵保护。

（13）启动500kV中断路器失灵保护。

（14）报警、数据采集与监视控制（SCADA）、故障录波（FR）、事件记录（SOE）。

4. 跳闸方式（四）：程序跳闸

（1）程序跳闸为保护动作后先跳汽机主蒸汽门，待逆功率保护动作后进入跳闸方式（一）通道。

（2）报警、数据采集与监视控制（SCADA）、故障录波（FR）、事件记录（SOE）。

5. 跳闸方式（五）：跳500kV断路器

（1）跳500kV边断路器跳闸线圈I（A相、B相、C相）。

（2）跳500kV边断路器跳闸线圈II（A相、B相、C相）。

（3）跳500kV中断路器跳闸线圈I（A相、B相、C相）。

（4）跳500kV中断路器跳闸线圈II（A相、B相、C相）。

（5）闭锁500kV边断路器合闸。

（6）闭锁500kV中断路器合闸。

（7）启动500kV边断路器失灵保护。

（8）启动500kV中断路器失灵保护。

（9）报警、数据采集与监视控制（SCADA）、故障录波（FR）、事件记录（SOE）。

6. 跳闸方式（六）：AVR逆变灭磁

（四）启备变保护

1. 微机型启备变500kV引线保护装置

（1）启备变500kV引线速断保护：保护动作后跳500kV断路器和6kV备用进线断路器。

（2）启备变500kV引线复合电压闭锁过流保护：保护动作后跳500kV断路器和6kV备用进线断路器。

（3）启备变500kV引线接地保护：防止启备变高压引线发生单相接地故障，零序电流由500kV侧三相CT组合零序电流组成，经延时后跳500kV断路器和6kV备用进线断路器。

2. 微机型启备变保护装置

（1）启备变差动保护：防止启备变绕组及其引出线发生相间短路故障，当电流互感器发生断线时可发出报警信号。差动保护动作后跳500kV断路器和6kV备用进线断路器。

（2）启备变高压侧速断保护：保护动作后跳500kV断路器和6kV备用进线断路器。

（3）启备变装设高压侧复合电压闭锁过流保护：保护动作后跳 500kV 断路器和 6kV 备用进线断路器。

（4）启备变高压侧接地保护：防止启备变高压绕组发生单相接地故障，零序电流由高压侧三相 CT 组合零序电流组成，经延时后跳 500kV 断路器和 6kV 备用进线断路器。

（5）启备变高压侧中性点零序过流保护：保护动作经延时后跳 500kV 断路器和 6kV 备用进线断路器。

（6）启备变低压 A 侧/B 侧中性点零序过流保护：启备变中性点的接地故障电流为 600A（一次侧），保护动作经延时后跳 500kV 断路器和 6kV 备用进线断路器。

（7）启备变过激磁保护：防止启备变过激磁，即是防止当电压升高和频率降低时，工作磁通密度过高引起绝缘过热老化的保护装置。保护装置设低定值和高定值两个时限：低定值定时限动作于信号，低定值反时限及带延时的高定值动作于跳闸。保护动作后跳 500kV 断路器和 6kV 备用进线断路器。

（8）500kV 断路器失灵保护：500kV 断路器失灵保护由系统保护配置，启备变保护仅需提供启动接点。

（9）启备变本体保护：

1）启备变重瓦斯保护。

2）有载调压重瓦斯保护。

3）启备变压力释放保护。

4）启备变油位高低保护。

5）启备变油温过高保护。

6）启备变冷却系统故障保护。

7）启备变冷却器失电保护。

8）有载调压轻瓦斯保护。

9）启备变本体轻瓦斯保护。

启备变本体重瓦斯、有载调压重瓦斯动作于独立的全停出口继电器，压力释放、油温过高和绕组温度过高等采用切换片动作于独立的全停出口继电器或动作于信号，轻瓦斯、有载调压轻瓦斯、油位高低、油温高、绕组温度高和冷却系统故障等动作于信号。启备变本体保护动作后跳 500kV 断路器和 6kV 备用进线断路器。

（五）升压站母线保护

采用 3/2 断路器接线方式的升压站母线保护按照双重化要求配置微机母线保护装置，实现母线差动保护、断路器失灵经母差跳闸、CT 断线闭锁及 CT 断线告警功能，其中母线差动保护与断路器失灵经母差跳闸共用跳闸出口。

（1）母线差动保护：母线差动保护的启动元件由“和电流突变量”和“差电流越限”两个判据组成。“和电流”是指母线上所有连接支路电流的绝对值之和，“差电流”是指所有连接支路电流和的绝对值。复式比率差动判据在制动量的计算中引入了差电流，能更明确地区分区外故障和区内故障，使其在母线区外故障时有极强的制动特性，在母线区内故障时无制动。

（2）断路器失灵经母差跳闸：当母线所连的某断路器失灵时，由该线路或元件的失灵启动装置提供失灵启动开入给本装置。本装置检测到失灵启动接点闭合后，启动该断路器所连的母线段失灵出口逻辑，50 ms 延时后跳开该母线连接的所有断路器。装置检测到失灵双开入不一致或失灵启动接点长期开入，经 200ms 闭锁本支路失灵开入，失灵开入接点正常后 50ms 解除闭锁。

（3）CT 断线闭锁及 CT 断线告警功能：当差电流大于 CT 断线定值时，延时 9 秒发 CT 断线信号，同时闭锁差动保护；当电流回路正常后，0.9 秒自动恢复正常运行。当差电流大于 CT 告警定值，延时 9 秒发 CT 告警信号，但不闭锁差动保护；当电流回路正常后，0.9 秒自动恢复正常运行。

（六）6kV 厂用电系统保护

6kV 厂用电开关保护采用微机厂用电综合保护测控装置，实现开关柜各个回路的保护、测量、控制以及与通信管理层的通信功能。为防止铁磁谐振过电压，每个母线电压互感器设置微机消谐装置。真空断路器回路及 F-C 回路配备过电压吸收装置，以防止相间及相对地的操作过电压。过电压吸收装置接于负载侧，放电计数器安装在开关柜前。

6kV 厂用电系统综合保护装置具体配置如表 1-3 所示。

表 1-3 6kV 厂用电系统综合保护装置具体配置

序号	保护开关类别	保护功能	备注
1	工作电源进线开关	三段式过流保护、三段式零序过流保护、过负荷保护、合闸加速保护、低周减载保护，低压解列功能、级联功能等	
2	备用电源进线开关	三段式过流保护、三段式零序过流保护、过负荷保护、合闸加速保护、低周减载保护，低压解列功能、级联功能等	
3	母线 PT	三段低电压保护、母线过压告警、零序过压告警、PT 断线告警，铁磁谐振过电压等	
4	低压厂用变压器（$S \geq 2000$kVA）	三段式过流保护、过负荷保护、二段负序过流、高低压侧零序保护、FC 回路闭锁、差动保护等	
5	低压厂用变压器（$S<2000$kVA）	三段式过流保护、过负荷保护、二段负序过流、高低压侧零序保护、FC 回路闭锁等	
6	6kV 电动机≥2000kW	电流速断、二段负序过流、接地保护、过热保护、堵转保护、长启动保护、正序过流、过负荷保护、欠压保护、差动保护等	
7	6kV 电动机<2000kW	电流速断、二段负序过流、接地保护、过热保护、堵转保护、长启动保护、正序过流、过负荷保护、欠压保护等	凝泵改变频后为两套定值，分别对应于工、变频方式

（七）400V 厂用电系统保护

目前，发电厂中 400V 断路器有两种类型：框架断路器和塑壳断路器。其中框架断路器配有智能脱扣器和微机型测控装置；电动机回路配置带脱扣器的高分断塑壳断路器+接触器+智能微机型电动机保护和控制器。基于上述原因，400V 断路器不再另装保护装置。

（1）75KW 以下电动机回路配马达保护器，实现短路、堵转、缺相/不平衡、过电压、欠电压、接地、外部故障、过载、启动时间长保护等分合闸控制。

（2）75KW～200KW 电动机、400V 母线工作（备用）进线开关及联络开关采用框架断路器，配智能脱扣单元，实现短路（短延时）、过载（长延时）、瞬时短路保护、接地保护、超温保护，另配零序电流互感器，并测量回路单相（B）电流上传可编程逻辑控制器（PLC）。

（八）6kV 厂用电快切装置

大容量火电机组的特点之一是采用机、炉、电单元集控方式，其厂用电系统的安全可靠性对整个机组乃至整个电厂运行的安全可靠性有着相当重要的影响，厂用电切换则是整个厂用电系统的一个重要环节。发电机组对厂用电切换的基本要求是安全可靠。其安全性体现为切换过程中不能造成设备损坏；可靠性则体现为提高切换成功率，减少备用变过流或重要辅机跳闸造成锅炉汽机停运的事故。

6kV 厂用母线自动切换系统的主要目的是：在所有正常运行工况和故障工况时，电厂的 6kV 母线的供电能够保持持续，且无电压突降；它能进行厂用 6kV 母线在工作电源（厂高变）和备用电源（高备变）间的切换，也能实现公用 6kV 母线在工作电源（高备变）和备用电源（厂高变）间的切换。

厂用电源切换装置具有以下特征：装置具有事故切换功能，该功能分成快速切换、同期判别、残压切换、长延时切换四种切换方式；每种切换方式能够单独投退；以快速切换为主切换方式，若快速切换失败，可自动转入同期判别、残压切换、长延时切换方式；装置具有同期检定和只动作一次的功能。

1. 厂用电切换方式

（1）按启动原因分类。

1）正常手动切换。由运行人员手动操作启动，快切装置按事先设定的手动切换方式（并联、同时）进行分合闸操作。此方式为双向，工作电源和备用电源可以相互切换。

2）事故自动切换。由保护接点启动。发变组、厂变和其他保护出口跳工作电源开关的同时，启动快切装置进行切换，快切装置按事先设定的自动切换方式（串联、同时）进行分合闸操作。此方式为单向，只能由工作电源切向备用电源。

3）不正常情况自动切换。有两种不正常情况：一是母线失压，母线电压低于整定电压达到整定延时后，装置自行启动，并按自动方式进行切换；二是工作电源开关误跳，由工作开关辅助接点启动装置，在满足切换条件时合上备用电源。本方式是单向的，只能由工作电源切向备用电源。

（2）按开关动作顺序分类（动作顺序以工作电源切向备用电源为例）。

1）并联切换。先合上备用电源，两电源短时并联，再跳开工作电源。这种方式多用于正常切换，如启、停机。并联方式另分为并联自动和并联半自动两种。

2）串联切换。先跳开工作电源，在确认工作开关跳开后，再合上备用电源。母线断电时间至少为备用开关合闸时间。这种方式多用于事故切换。

3）同时切换。这种方式介于并联切换和串联切换之间。合备用命令在跳工作命令发出之后、工作开关跳开之前发出。母线断电时间大于 0ms 而小于备用开关合闸时间，可设置延时来调整。这种方式既可用于正常切换，也可用于事故切换。

（3）按切换速度分类。

厂用电切换方式按切换速度分为快速切换、同期判别切换、残压切换、长延时切换。

2. 厂用电切换过程

上述三种切换方式不是孤立的，当因某种原因（正常、事故、不正常）启动快切时，按定值单中整定的开关动作顺序（并联、串联、同时切换）进行，先快速切换，不成功时依次进行同期判别切换、残压切换、长延时切换。

（1）正常手动切换功能。

该功能由手动启动，在 DCS 或装置面板上均可操作。本方式是双向的，既可由工作电源切换至备用电源，也可由备用电源切换至工作电源。

1）手动并联切换。①并联自动手动启动切换，如满足并联切换条件要求，装置先合备用（工作）电源开关，经一定延时后再自动跳开工作（备用）电源开关。如果在该段延时内，刚合上的备用（工作）电源开关被跳开，则装置不再自动跳开工作（备用）电源开关。如果手动启动后不满足并联切换条件，装置将立即闭锁且发出闭锁信号，等待复归。②并联半自动手动启动切换，如满足并联切换条件要求，装置先合备用（工作）电源开关，而跳开工作（备用）电源开关的操作由人工完成。如果在规定的时间内，操作人员仍未断开工作（备用）电源开关，装置将发出告警信号。如果手动启动后不满足并联切换条件，装置将立即闭锁且发出闭锁信号，等待复归。注意，手动并联切换只有在满足两电源并联条件时才能实现，并联条件可在装置中整定。满足两电源并联条件是指：两电源电压差小于整定值；两电源频率差小于整定值；两电源相角差小于整定值；工作、备用电源开关任意一路在合位，另一路在分位；目标电源电压大于所设定的电压值；6kV 母线 PV 正常。

2）手动串联切换。手动启动切换，先发跳备用（工作）电源开关指令，不等开关辅助接点返回，在满足切换条件时，发合工作（备用）电源开关命令。如开关合闸时间小于开关跳闸时间，自动在发合闸命令前加所整定的延时，以保证开关先分后合。

（2）事故自动切换。

1）事故串联切换功能由跳开工作电源开关的保护接点启动，先跳开工作电源开关，在确认工作电源开关已跳开且满足切换条件时，合上备用电源开关。切换条件包括快速、同期判别、残压及长延时切换。快速切换不成功时自动转入同期判别、残压及长延时切换。

2）事故同时切换由保护接点启动，先发跳工作电源开关指令，在满足切换条件时（或经用户延时）发合备用电源开关指令。切换条件包括快速、同期判别、残压及长延时切换。快速切换不成功时自动转入同期判别、残压及长延时切换。

（3）不正常情况自动切换。

1）开关偷跳。工作电源开关因各种原因（包括人为误操作）引起工作电源开关误跳开，装置可根据选定方式进行串联或同时切换。切换条件包括快速、同期判别、残压及长延时切换。快速切换不成功时自动转入同期判别、残压及长延时切换。

2）母线电压低。当 6kV 厂用母线三线电压均低于整定值且时间大于所整定延时定值时，装置根据选定方式进行串联或同时切换。切换条件包括快速、同期判别、残压及长延时切换。快速切换不成功时自动转入同期判别、残压及长延时切换。

（九）自动准同期并列装置

准同期装置的发展经历了三代产品。第一代，在 20 世纪 60 年代以前，我国大多采用“旋转灯光法”进行准同期并列操作，这是最原始的准同期方法。后来改用指针式电磁绕组的整步表构成的手动准同期装置，这种方法仍然应用在常规的设计中。第二代准同期装置是以许继的 ZZQ3 和 ZZQ5 为代表的模拟式自动准同期装置，它用分立晶体管元件搭建硬件电路，对同期条件进行检测和处理。ZZQ3 和 ZZQ5 自动准同期装置的出现极大地提高了并网速度和可靠性。第三代准同期装置是微机式自动准同期装置，微处理器的诞生使自动准同期装置的技术指标产生了质的飞跃。国内外各主流厂家生产的多功能微机自动准同期装置具有高精度、高可靠性、人机界面友好、操作方便、接线简单等特点，在提高并网速度和可靠性的同时，大大提高了合闸准确度。

1. 准同期并列的条件

发电机实际并网时的准同期条件是：并列断路器两侧电源电压的电压差必须在允许的范围内；并列断路器两侧电源电压的频率差必须在允许的范围内；在并网合闸的瞬间，并列断路器两侧电源电压的相角差在允许的范围内。

以上三条分别是准同期并列的电压条件、频率条件和相位条件。发电机并网的准同期条件要求待并发电机合闸开关的主触头在相位差为零的瞬间闭合，在此情况下，发电机可以平滑地并入电网，而不会有任何冲击。

2. 微机准同期装置同期模式选择

微机准同期装置可能的同期模式有单侧无压合闸、双侧无压合闸、同频并网、差频并网，其中前两种同期模式由相关开入信号确定。发电机与系统并网和已解列两系统间联络线并网都属于差频并网。并网时需要实现在并列点两侧的电压相近、频率相近、在相角差为0时完成并网操作。

如果“同期对象类型”参数设置为“差频”，则不做同频与差频的自动识别，直接进入差频并网。

3. 同期过程

（1）在频差和压差都在整定范围以内时，装置捕捉第一次出现的零相差，进行无冲击并网。

（2）在待并侧电压大于系统侧电压（指相对额定电压的百分比）且超过允许范围时，装置提示信息“电压高”并发出“电压高”遥信信号，如果设置了“允许调压”，装置发出“降压控制”控制信号和“降压信号”遥信信号。

（3）在待并侧电压低于系统侧电压（指相对额定电压的百分比）且超过允许范围时，装置会提示信息“电压低”并发出“电压低”遥信信号，如果设置了“允许调压”，装置就会发出“升压控制”控制信号和“升压信号”遥信信号。

（4）在待并侧过电压时，装置提示“待并侧过电压”，如果设置了“允许调压”，装置持续发出“降压控制”控制信号和“降压信号”遥信信号。

（5）在待并侧频率大于系统侧频率且超过允许范围时，装置提示“频率高”并发出“频率高”遥信信号，如果设置了“允许调频”，装置发出“减速控制”控制信号和“减速信号”遥信信号。

（6）在待并侧频率小于系统侧频率且超过允许范围时，装置会提示信息“频率低”并发出“频率低”遥信信号，如果设置了“允许调频”，装置就会发出“加速控制”控制信号和“加速信号”遥信信号。

（7）在待并侧频率与系统侧频率十分接近时（即出现同频工况），装置提示“同频工况”信息并发出“同频工况”遥信信号，如果设置了“允许调频”，为了快速并网，装置会发出加速指令（“加速控制”控制信号和“加速信号”遥信信号），以改变同频工况，达到快速同期的目的。

（8）如果达到设置的装置允许同期时间而合闸未成功，装置因同期超时，报警并进入闭锁状态，提示“同期超时失败”。

（9）在同期的过程中，如果系统侧或待并侧电压低于整定的低压保护值，装置报警并进入闭锁状态，提示“系统侧低压闭锁”或“待并侧低压闭锁”。

（10）在等待的过程中，如果系统侧或待并侧频率越限，装置报警并进入闭锁状态，提示“频率越限”。

（11）需要说明的是，在待并侧过电压时，装置不发加速指令。

（12）装置发出合闸指令后，检测“断路器辅助接点”信号，以判定断路器是否合上。如果在两倍的合闸时间（整定值）内未检测到辅助接点合上，装置提示“断路器未合上”。如果检测到辅助接点合上，单侧无压合闸，则提示“单侧无压合闸”；双侧无压合闸，则提示“无压空合闸”；同频或差频并网，则提示“同期成功”，同时在“实测合闸时间”栏显示检测到的合闸时间。

（十）自动励磁调节器

电力系统在正常运行时，发电机励磁电流的变化主要影响电网的电压水平和并联运行机组间无功功率的分配。在某些故障情况下，发电机端电压降低将导致电力系统稳定水平下降，为此，当系统发生故障时，要求发电机迅速增大励磁电流，以维持电网的电压水平及稳定性。同步发电机励磁系统的自动控制在保证电能质量、无功功率的合理分配和电力系统运行的可靠性方面起着十分重要的作用。

励磁调节器根据输入信号和给定的调节准则控制励磁功率单元的输出，是整个励磁系统中较为重要的组成部分。励磁调节器的主要任务是检测和综合系统运行状态的信息，以产生相应的控制信号，经放大后控制励磁功率单元以得到所要求的发电机励磁电流。系统正常运行时，励磁调节器就能反映发电机电压高低以维持发电机电压在给定水平。励磁调节器应能迅速反应系统故障，具备强行励磁等控制功能以提高暂态稳定和改善系统运行条件。

随着计算机的快速发展，发电机励磁调节器在不断发展和完善，当今的励磁调节器大多已经采用微机作为硬件的载体，它已经不再单纯地提供自动调节功能，在励磁调节器的内部同时提供了手动调节功能、开环控制功能（或称纯手动功能）。励磁调节器运行在自动方式和手动方式的基本工作原理相同，即通过比较测量反馈值与参考值（有别于设定值）的误差，计算出控制电压（自动方式下还经过一个欠励限制环节），再经过转子电压反馈产生可控硅的控制角，输出相对于同步电压理想自然换流点有一定相位滞后的触发脉冲。

1. 自动励磁调节器的作用

（1）在正常运行工况下维持母线电压为给定水平，即起调压作用。

（2）稳定地分配机组间的无功功率。

（3）提高电力系统运行的动态性能及输电线路的传输能力。装有快速无失灵区励磁调节器的发电机可运行在人工稳定区，在系统事故下高顶值倍数的快速励磁系统能提高系统的暂态稳定度。

（4）励磁控制中引入镇定器后，可提供合适的阻尼力矩，有力地抑制低频振荡和改善电力系统的动态品质。

2. 工作原理

按照调节原理，一个控制调节装置至少要有三个环节或单元。第一是测量单元，它是一个负反馈环节；第二是给定单元，它是调节中的参考点；第三是比较放大单元，它将测量值同参考值进行比较，并对比较结果的差值进行放大，从而输出控制电压 U_k。这里的励磁电源是指可控硅整流装置。

对于一个励磁控制系统来说，电压控制就是维持发电机端电压在设定位置。首先，要有设定电压 U_g，以便明确电压控制值；其次，要测量发电机端电压是多少，这里由发电机电压互感器电压和调节器中的测量板组成；再次，由调节器比较给定值和测量值，当测量值小于给定值时，励磁装置增加励磁电流 I_f，使发电机端电压上升，当测量值大于给定值时，励磁装置减少 I_f 使发电机端电压下降。

微机励磁控制器通过测量发电机三相定子电压和定子电流以及整流桥的阳极交流电流，并计算出发电机端电压 U_t、有功功率 P、无功功率 Q 以及励磁电流 I_f 的当前值，同时测量可控硅同步电压并计算机组当前频率值。将上述当前值与给定值进行比较，再按最优励磁控制的原理计算出可控硅控制角 α。

3. 运行方式

（1）恒机端电压运行即自动运行，它对发电机端电压偏差进行最优控制调节，并完成自动电压调节器的全部功能，是调节器的主要运行方式。

（2）恒励磁电流运行即手动运行，它对励磁电流偏差进行常规比例调节，由于只能维持励磁电流的稳定运行，故无法满足系统的强励要求，是调节器的备用和试验通道。恒励磁电流运行方式，一般是在恒机端电压运行出现强励、PT 断线、功率柜故障等情况时，调节器自动转换，故障消除后又自动恢复。

（3）恒无功运行对发电机无功偏差进行常规比例调节，其投入也是自动的，比如调节器过励或欠励动作后，调节器就自动由恒机端电压运行转入恒无功运行，起稳定无功的作用。当这些限制复归后，其运行方式也自动恢复到恒机端电压运行。

4. 限制功能

（1）强励限制：强励限制指瞬时/延时过励磁电流限制。所谓强励就是励磁电压的快速上升，衡量强励能力的指标是强励倍数，它是指最大励磁电压和额定励磁电压的比值，一般取 1.8 倍。由于励磁装置强励时，励磁电流大大超过其额定值，故为了励磁装置设备的安全，应对强励时的励磁电流进行限制。强励限制曲线是一个反时限曲线，又称为瞬时/延时过励磁电流限制曲线：当励磁电流达到 1.8 倍额定值时，延时 20s；达到 2.4 倍时，延时 0s；只有 1.1 倍时，延时无穷大。强励限制动作后，调节器由恒电压运行方式自动转为恒励磁电流方式，限制励磁电流。

（2）励磁电流限制：当励磁整流柜冷却消失或部分功率柜出现故障时，励磁装置的输出能力就会下降，此时若发生励磁强励或励磁电流太大，就会造成励磁功率柜过载损坏，故一旦发生上述情况，调节器就由恒电压运行自动转化为恒励磁电流运行，相当于取消励磁强励功能，限制励磁电流。

（3）无功功率过励限制：无功功率过励限制的限制值一般为额定无功功率。这样当发电机的无功超过其额定值时，正在恒电压运行方式下的调节器自动转为恒无功运行，由于此时给定值是额定无功值，这样就限制了无功功率过载。

（4）无功功率欠励磁限制：无功功率欠励磁限制也就是发电机无功进相限制。发电机并网运行，由于系统电压变高，调节器就减少励磁电流，当励磁电流减少过多时，定子电流就会超前端电压，发电机开始从系统吸收滞后无功功率即进相运行。如果进相太深，则有可能使发电机失去稳定而被迫停机即失磁保护动作。

（5）伏赫限制：伏赫限制也被称为发电机变压器过激磁保护，就是在发电机频率下降的情况下降低发电机端电压。随着频率的下降，发电机端电压也要下降，而自动电压调节器为维持发电机端电压就不断增加励磁电流，直到励磁电流限制动作为止。显然，此时应对调节器的恒电压运行方式进行适当的调整，伏赫限制就是调整的方法之一。当发电机正常运行时，电压与频率的比值为 1，当频率下降而电压不变时，二者的比值开始大于 1。若频率的继续下降使二者的比值大于 1.1 倍时，伏赫限制动作，调节器自动减少给定值，使发电机端电压下降，保持电压与频率的比值不大于 1.1。当发电机频率下降很多时，伏赫限制直接逆变灭磁。

第二章　机组启动

机组的启动是指将静止状态的机组转变为运行状态的过程，包括锅炉点火、升温升压、汽轮机冲转、电气并网、升负荷至额定负荷的全过程，其实质就是一个对设备部件的加热升温过程。如果不重视机组的启动工作，就会在启动过程中出现一些不该发生的异常情况，甚至还会出现危及设备及人身安全的事故，严重影响了机组的安全、经济、稳定运行。因此，运行人员必须认真做好机组的启动工作。

机组的启动包括定参数启动和滑参数启动两种，对目前的单元机组来说，由于滑参数启动能提高机组的安全性和经济性，所以大部分采用滑参数启动。

第一节　机组启动前的准备

机组启动前的准备包括两部分工作：一部分是设备及系统的检查工作，另一部分是设备的试运工作。机组启动前，设备的检修工作应全部结束，热力工作票和电气工作票都已终结，机组各设备验收合格，各转动机械经试转正常，各项校检和试验工作应完成并符合要求，各系统检查结束并符合启动要求。此外，运行人员还应对机组及相关设备进行全面的检查并做好启动前的准备工作。

一、机组启动前的检查

机组启动前的检查工作是一项内容繁多、细致、重要的工作，一是设备及系统的检查必须符合启动要求，二是设备的试运也必须符合启动要求，此外，还包括机组附属设备及系统的正常运行检查。按照锅炉、汽轮机及发电机等设备划分，主要检查内容如下。

（一）锅炉启动前的检查

（1）汽水系统所有阀门和挡板运作灵活，控制机构的功能应正确；所有阀门和挡板的位置正确。

（2）风烟系统挡板运作应灵活，风道挡板的位置正确。

（3）检查并确认点火油枪和配套的阀门处于正确的启闭状态，炉前燃油系统处于可用状态。

（4）检查并确认所有表计正常。

（5）核查并确认所有驱动装置的润滑油和冷却水系统正常。

（6）检查并确认热工控制、调节、联锁保护及仪表电源正常。

（二）汽轮机在启动前的检查

（1）检查并确认盘车装置及顶轴油泵联锁开关正常，盘车装置供油门开启，汽轮机冲动前应连续盘车不少于2～4h，记录转子偏心度，汽轮机本体保温完整，各种测量元件指示正常。

（2）投入辅机冷却水及压缩空气系统，工质参数正常。

（3）对机组需投运和停止的保护进行确认。

（4）所有变送器及测量仪表信号管路一次门打开，排污门关闭；仪表电源正常；各电动、气动执行机构分别送电及接通气源；控制盘台上仪表、音响、光字牌及操作器送电；数字电液调节系统（DEH）、汽轮机安全监控系统（TSI）、小汽轮机电液控制系统（MEH）、汽轮机紧急跳闸保护系统（ETS）及旁路等控制、监视系统应正常。

（5）检查并确认机组蒸汽、给水、减温水、循环水、凝结水、闭冷水、补给水、回热抽汽、抽真空、疏水系统，凝结水精处理和化学加药系统等汽水系统正常，系统阀门调整到启动前状态。

（6）检查并确认各辅机电动机绝缘良好送电，机械部分完好，润滑油油质合格、油量充足，冷却水、密封水等均正常。

（7）检查并确认汽轮发电机组油系统正常，不应有漏油现象，各设备完好，油质合格，油箱油位正常，检查冷油器出口油温正常。

（8）检查并确认汽轮机调速系统各部件状态正确，DEH 系统处于良好工作状态；高中压自动主蒸汽门及调速汽门关闭；高压缸排汽逆止门和各级抽汽逆止门关闭；汽轮机高中压主蒸汽门、调节门及相应的控制执行机构正常。

（9）检查并确认热工控制、调节、联锁保护及仪表电源正常，各指示仪表、变送器一次门及化学取样一次门开启。

（三）发变组启动前的检查及操作项目

（1）检查并确认发变组系统已处于冷备用状态。

（2）检查并确认发变组控制、保护、信号电源送电良好，系统相关保护正常。

（3）检查并确认励磁开关在分闸状态，合上其控制电源开关。

（4）将启励装置转为热备用。

1）合上 400V 机用 MCC 段母线上发电机启励电源开关。

2）合上励磁操作柜内启励电源小开关。

（5）投入励磁调节柜。

1）合上调节器交流电源开关。

2）合上直流电源开关。

3）合上工控机电源开关。

（6）投入励磁整流柜。

1）送上励磁整流柜风机电源。

2）合上整流柜风机工作、备用电源开关。

3）检查并确认励磁整流柜电压表保险良好。

4）检查并确认各励磁整流柜可控硅整流组均在工作位置，二次插头接触良好。

5）投入各励磁整流柜脉冲电源开关。

6）检查励磁整流柜上电压输入正常。

（7）投入发电机转子励磁回路接地监测装置。

（8）投入发电机封闭母线微正压装置。

（9）投入发电机漏氢检测装置、漏液检测装置。

（10）PT 各组各相均在工作位置，一次插头接触良好后，合上二次小开关。

（11）检查并确认发电机中性点接地变压器良好，合上发电机中性点接地变压器刀闸。

（12）开启主变压器冷却装置两组做油循环，检查并确认主变压器中性点接地良好。

（四）机组附属设备及系统的启动

1．*启动凝补水系统*

（1）值长通知化学运行人员启动除盐水泵。

（2）开启化学除盐水至凝结水储水箱（500m^3）补水电动门、手动门，待水箱水位正常（大于4.5m）后将补水电动门投入自动。

（3）启动一台凝输水泵，确认系统运行正常，选择一台凝输水泵投入备用。

2．*启动闭冷水系统*

（1）通过凝输水泵向闭冷水系统注水、排放空气，并把闭冷水膨胀水箱注水至正常水位（大于1.5m）后将补水调整门投入自动。

（2）启动一台闭冷水泵，确认系统运行正常，另一台闭冷水泵投入备用。

（3）根据各辅机运行要求，适时投入闭冷水（除主、小机润滑油冷却器外，有温度调节控制作用的阀门通水后投入自动）。

二、机组启动前的操作

机组启动前的操作主要包括机组公用系统投运和机组各辅助系统投运。

1．*启动压缩空气系统*

启动一台仪用空压机及一台干燥器运行，向系统供气，检查各储气罐压力应正常，另一台仪用空压机投入备用。

2．*启动循环水系统*

（1）值长通知化学运行人员开启排烟冷却水塔补水门，向排烟冷却水塔补水，并通知化学运行人员检验水质、加药。

（2）确认循环水泵入口滤网清洁无堵塞，解除循环水泵与出水液动门的联锁，开启任意一台循环水泵出口门至30°左右，确认循环水系统沿程所有放空气门处于自动状态（由检修确认放空气门完好，在系统充水后可自动开启）。

（3）开启凝汽器循环水出水电动门、进水电动门和水室排气门。

（4）排烟冷却塔水位不低于1.5m，循环水泵进水室水位不低于6.8m，启动一台循环水泵，凝汽器循环水室排气门有水连续流出后关闭。

（5）投入水－水热交换器和真空泵工作水热交换器的循环水侧。

3．*启动辅助蒸汽系统*

（1）辅助蒸汽系统具备投用条件后，经由邻厂值长同意，可由邻厂向本机组供辅助蒸汽。

（2）依次打开邻厂供汽管道上的各疏放水门（或疏水器的旁路门），对供汽管道进行暖管。

（3）邻厂供汽参数稳定后，开启辅汽联通母管上的各疏放水门（或疏水器的旁路门），开启邻厂来汽至辅汽联通母管电动门，调节调整门开度对辅汽联通母管进行暖管。

（4）辅汽联通母管暖管结束后（确认管道无振动），逐渐开大供汽调整门。关小辅汽联通母管上的各疏放水门（或疏水器的旁路门），并打开本机组辅助蒸汽联箱上的所有疏放水门（或疏水器的旁路门）。

（5）缓慢开启辅汽联通母管至本机组辅助蒸汽联箱进汽电动总门，对辅助蒸汽联箱进行暖管。暖管结束后，提升压力至0.8MPa～1.2MPa，温度至260℃～310℃。

（6）由邻机供汽时，打开辅汽联通母管和本机辅助蒸汽联箱上的各疏放水门（或疏水器的旁路门），缓慢开启邻机至辅汽联通母管手动门、电动门，对辅汽联通母管进行暖管，暖管结束后，全开辅汽联通母管至本机辅助蒸汽联箱的手动门、电动门，对辅助蒸汽联箱进行暖管。暖管结束后，提升压力至0.8MPa～1.2MPa，温度至260℃～380℃。

（7）开启本机组辅助蒸汽联箱各疏水器前后隔离门，关闭疏水器旁路门和疏放水门。

4. 启动主机润滑油系统

（1）确认主油箱油温大于25℃，油质合格，启动润滑油泵前油位高于润滑油箱运行油位（0油位，润滑油箱顶部向下1450mm处）。

（2）启动一台主机润滑油箱排烟风机，将各道轴承和主机润滑油箱处的负压调整至正常。

（3）启动直流油泵对系统进行注油排空，然后启动一台主机交流润滑油泵，检查并确认润滑油滤网后压力在3.1bar以上，停运直流油泵。

（4）启动两台顶轴油泵，检查并确认顶轴油滤网后母管压力约为155bar。

（5）检查并确认主机润滑油冷油器闭冷水侧通水。

（6）投运主机润滑油净化系统。

（7）将各备用设备，包括主机直流润滑油泵投入备用联锁。

5. 启动EH油系统

（1）确认主机EH油箱油位、油质合格，EH油温大于15℃。启动一台EH油泵，检查并确认油泵出口压力在160bar左右，系统无泄漏。

（2）启动EH油循环再生油泵，保证EH油油质，油温升至55℃后，冷却风扇自启动正常。

6. 启动发电机密封油系统

（1）确认主机润滑油系统投运正常。

（2）发电机密封油系统各油箱油位正常，否则执行注油操作。

（3）启动一台防爆风机，调整入口负压为–0.5kPa左右。

（4）启动发电机密封油真空油泵，发电机密封油真空油箱内的负压调整至–40kPa左右。

（5）先启动直流密封油泵对系统进行注油排空，然后启动一台发电机交流密封油泵，确认油压、油流及油氢压差正常。

（6）投入发电机密封油冷油器闭冷水侧，控制发电机密封油温度在43℃～47℃之间。

（7）投入发电机密封油系统各备用设备的联锁。

7. 启动主机盘车

确认主机润滑油系统、顶轴油系统及发电机密封油系统运行正常，投运主机盘车，测量并记录转子偏心度、润滑油压、发电机密封油压和顶轴油压及油温等参数。

8. 发电机充氢

（1）确认发电机气体严密性试验合格。

（2）确认二氧化碳备用充足。

（3）确认发电机密封油系统运行正常，发电机出线套管排氢风扇运行，汽轮发电机组处于静止或盘车状态。

（4）按辅机规程对发电机进行气体置换操作。

（5）充氢完毕，确认发电机内氢气压力在350kPa左右，纯度大于98%，油氢压差为80kPa～120kPa。

（6）氢气冷却器闭冷水侧投运，氢温调节器温度设定在43℃，并投入自动。

9. 启动发电机定子冷却水系统

（1）开启发电机定子冷却水系统补水旁路门，向定子冷却水系统供、回水管路和定子绕组注水排空。

（2）对系统进行氮气吹扫（首次启动）。

（3）启动一台发电机定冷水泵，检查并确认系统压力和流量正常，并控制氢－水压差大于 35kPa。

（4）检查并确认发电机定冷水冷却器闭冷水侧投入自动，控制水温高于氢温 3℃～5℃。

10. 高低压加热器启动前检查

（1）检查并确认高低压加热器汽侧、水侧各阀门状态正确，正常、危急疏水门开关正常，无卡涩。

（2）6 号低压加热器疏水泵处于备用状态。

11. 启动凝结水系统

（1）确认凝结水储水箱水位正常，启动一台凝输水泵向凝汽器热井补水至正常水位（0mm），并向凝结水系统（包括除氧器）分段注水、排气。

（2）投入凝补水母管供凝结水泵密封水。

（3）在满足凝结水泵启动条件后，启动一台凝结水泵。凝结水走再循环，注意凝结水母管压力、流量正常。

（4）通知化学运行人员化验凝结水水质，如水质不合格，开启各组低压加热器进出水电动门和 5 号低压加热器出口电动门前的排水电动门，进行凝结水系统的水侧冲洗排污（必要时可开启各低压加热器的水侧放水门），直至水质合格，关闭 5 号低压加热器出口电动门前的排水电动门。

（5）关闭各组低压加热器水侧旁路门。

（6）通知化学运行人员凝结水泵出口凝结水水质合格后及时投入凝结水精处理系统。

（7）凝结水系统投运正常后，凝结水泵密封水、闭冷水膨胀水箱补水切换至凝结水供给。检查并确认闭冷水膨胀水箱补水自动正常。

（8）随凝结水流量上升，适时投入第二台凝结水泵运行。

12. 锅炉启动疏水系统启动前检查

（1）检查并确认满足大气式扩容器及其启动疏水箱阀门状态正确，锅炉启动疏水泵处于备用。

（2）锅炉启动循环泵及电机注水、放气、清洗。

1）冲洗启动循环泵注水管路，直至清洗放水目视清澈，水质合格。

2）对启动循环泵电机腔室进行注水，严格控制注水流量在 2L/min～3L/min，不得大于 5L/min，控制进水温度 4℃～50℃。

3）对启动循环泵电机冷却器进行注水排空。

13. 除氧器冲洗、上水

（1）凝结水水质合格后，确认系统无空气，开启 5 号低压加热器出口电动门向除氧器上水。

（2）开启除氧器至清疏水扩容器溢流调节门和除氧器底部放水电动门，对除氧器进行冲洗。

（3）当除氧器水质合格后，关闭除氧器底部放水电动门，并将除氧器水位补至 0mm。

14. 投轴封、抽真空

（1）在机组投轴封、抽真空前，应注意轴封汽温度和汽轮机转子温度的匹配。

（2）确认汽封冷却器水侧已投用，汽侧排汽已切至汽冷器风机，汽轮机处于盘车状态且汽轮机本体所有疏水门开启。

（3）检查并确认再热器空气门关闭。

（4）关闭凝汽器真空破坏门并投用其密封水，密封水应维持适当溢流。

（5）按规定投入轴封汽，控制各轴封汽不外冒，防止主机润滑油中进汽（水）。

（6）按规定凝汽器抽真空。

15. 除氧器加热给水

（1）开启辅汽联箱至除氧器供汽管道上的各疏放水门（或疏水器的旁路门），开启辅汽联箱至除氧器供汽电动总门，对供汽管道进行暖管。

（2）暖管结束后，确认管道无振动，开启辅汽联箱至除氧器进汽电动门以小于等于1.4℃/min 的速度加热除氧器水箱水温至锅炉上水要求的温度。

（3）继续向除氧器上水至正常水位（0mm），再将除氧器水箱水加热至锅炉上水要求的温度。

（4）当除氧器给水品质达到锅炉上水水质要求的时候，可向锅炉上水。

16. 启动一台汽动给水泵组

（1）启动汽动给水泵组润滑油系统，投入各备用设备联锁。

（2）启动汽动给水泵组对应的给水前置泵，给水通过再循环管，回到除氧器。

（3）小机投轴封、抽真空。

（4）开启辅汽联箱至小机供汽管路上的各疏放水门（或疏水器的旁路门），进行疏水暖管。

（5）启动小机，在运行稳定后，根据锅炉需求带负荷。

17. 锅炉上水、清洗

（1）汽水系统在按阀门卡检查完毕后具备上水条件，锅炉进水水质满足要求。

（2）开启锅炉省煤器出口、水冷壁悬吊管、一级过热器进口、二级过热器进口、三级过热器出口排空手动门。

（3）锅炉上水时，提高给水温度到 120℃，锅炉给水与金属温度的温差小于等于 111℃，如果锅炉金属温度小于 38℃且给水温度较高，锅炉上水速率应尽可能小，当省煤器、水冷壁及启动分离器在无水状态，以 10% BMCR（310t/h）流量向锅炉上水，并保证锅炉上水温度大于30℃。

（4）当省煤器出口给水流量达 10% BMCR（310t/h）时，关闭省煤器放水门和水冷壁进口联箱放水门。当省煤器、水冷壁悬吊管空气门有水连续流出后关闭。

（5）当汽水分离器疏水箱出现水位且稳定上升后，锅炉上水完成。

（6）两个分疏箱液位控制门投入自动控制。

（7）锅炉大气式扩容器启动疏水箱水位高于 1900mm，锅炉启动疏水泵联锁启动，并将锅炉疏水排放至排烟冷却塔。

（8）上述操作完成后，锅炉开始冷态清洗。

1）把给水流量增加至 30% BMCR，向锅炉进水 2min，再将给水流量降至 15% BMCR 向锅炉进水 8min，最后将给水流量降至零。

2）10min 后将给水流量增加至 15% BMCR，维持 8min，然后增加至 30% BMCR 维持2min，再将给水指令流量降至 15% BMCR，维持 8min 后，将给水流量降至零。重复操作，直至锅炉排放水质达到回收标准。

3）锅炉疏水排往排烟冷却塔。分疏箱疏水含铁量小于500μg/L后，保持锅炉启动疏水箱下部100t/h左右的排放。

4）开启锅炉启动循环泵入口电动门，投入锅炉启动循环泵管路及热备用管路和启动循环泵入口过冷水自动控制。在确认满足后锅炉启动循环泵启动条件后，启动锅炉启动循环泵，调整启动循环流量和锅炉给水流量，按照启动清洗要求继续清洗。

5）当分疏箱水质达到锅炉点火水质时，冷态清洗结束。

（9）投入给水自动控制。

18. 投运火检冷却风系统、油枪冷却系统

确认冷却风压正常，各火检、炉膛火焰电视摄像头冷却风进口手动门开启，火检和火焰电视系统工作正常。

19. 启动风烟系统

（1）启动两侧空预器。

（2）按顺序启动联合引风机、送风机。炉膛负压控制在–150Pa左右，投入负压自动控制。

（3）投入各备用设备的联锁。

（4）一次风机和密封风机具备投运条件。

20. 启动炉前燃油系统

（1）恢复炉前燃油系统。

（2）检查并确认燃油母管调整门、各角阀门及吹扫阀门处于关闭位置。

（3）打开炉前燃油系统的进、回油手动门，及各油枪的燃油、蒸汽隔离手动门，微油点火各油枪压缩空气手动隔离门。

（4）打开辅汽供燃油吹扫蒸汽总门，吹扫蒸汽管道暖管备用。

21. 制粉系统投运前准备

完成六台制粉系统，尤其是2号制粉系统的启动前检查。

22. 启动再热器安全门的压缩空气系统

维持减压阀后的空气压力为0.4MPa。

23. 启动高低压旁路的油系统

检查油质、油位、压力等参数应正常，无渗漏。

24. 进行吹灰系统投用前检查

三、机组启动

机组启动的方式按照锅炉、汽轮机、发变组的不同状态，有不同的划分方式。

按照汽轮机的状态划分：汽轮机高压转子平均温度小于50℃为极冷态；汽轮机停机在150h内，（高压转子平均温度小于150℃）为冷态；汽轮机停机在56h内（高压转子平均温度为150℃～400℃）为温态；汽轮机停机在8h内（高压转子平均温度大于400℃）为热态；汽轮机停机在2h内为极热态。

按照锅炉的启动状态划分：停炉超过72h（主蒸汽压力小于1MPa）为冷态；停炉在72h内（主蒸汽压力为1MPa～6MPa）为温态；停炉在10h内（主蒸汽压力为6MPa～12MPa）为热态；停机小于1h（主蒸汽压力大于12MPa）为极热态。

按照发变组的状态划分：运行状态、热备用状态、冷备用状态和检修状态。

1. 机组存在下列情况之一时，禁止启动

（1）机组及其辅助设备系统存在严重缺陷。

（2）以下任一机组主要保护不能正常工作。

1）锅炉主燃料跳闸保护系统（MFT）。

2）汽轮机紧急跳闸保护系统（ETS）。

3）机组大联锁保护。

4）发变组重要保护。

（3）主要控制系统和自动调节装置失灵，如 DCS、DEH、FSSS、MEH 等系统。尤其是汽轮机数字电液调速系统不能维持空负荷运行，或甩负荷后不能控制机组转速低于 3300r/min。

（4）机组主要试验不合格，主要附属系统设备及安全保护装置（如启动系统、再热器安全门、高低压旁路、火焰监视电视等）无法正常工作。

（5）电除尘、脱硫、脱硝等环保设施无法正常投用。

（6）仪用压缩空气系统工作不正常，或仪用气压力低于 0.45MPa。

（7）机组主要检测、监视信号或仪表失灵。

（8）高低压旁路油站、循环水泵出口液控蝶阀油站、分疏箱液位控制阀油站油质不合格，油箱油位过低。

（9）汽轮机高中压主蒸汽门、调节门、补汽门、高排逆止门、抽汽逆止门、高排通风门任意一门卡涩、关闭时间超时或严密性试验不合格。

（10）凝汽器、除氧器和回热系统各加热器水位指示不正常。

（11）机组本体疏水系统工作不正常。

（12）汽轮机交/直流润滑油泵（包括小机）、顶轴油泵、EH 油泵之一发生故障或其功能失灵。

（13）主机润滑油（包括小机）、EH 油油质不合格，油箱油位过低，润滑油箱油温度低于 10℃。

（14）转子偏心度超过制造厂规定值或与原始值（1 号、2 号机均为 0.02mm）相比矢量变化绝对值大于 0.02mm。

（15）汽轮发电机组盘车无法投入或盘车过程中动、静部分有明显金属摩擦声。

（16）汽轮机高中压外缸上下缸壁温度差绝对值大于 55K。

（17）汽轮机任一转子温度小于 20℃。

（18）汽轮机轴向位移超过跳闸值（±1.0mm）。

（19）发电机氢、水、油系统工作不正常。

（20）汽水品质不合格。

（21）发变组一次系统相关设备不符合运行条件。

（22）发电机励磁调节系统不正常。

（23）发电机同期系统不正常。

（24）UPS、直流系统存在直接影响机组启动后安全稳定运行的故障。

（25）机组主要设备或系统的保温不完整。

（26）上次机组跳闸原因未明或缺陷未消除。

2. 机组存在下列情况之一时，禁止并网

（1）调速系统不能维持汽轮机空转或甩负荷后动态飞升转速超出3300r/min动作值。

（2）高中压主蒸汽门、调速汽门关闭不严、卡涩或动作失灵。

（3）超速试验不合格时。

（4）机组热工任一主要调节控制装置失灵。

（5）汽轮机高中压外缸上下壁温度差绝对值大于45K。

（6）自动灭磁装置存在故障。

（7）发电机定子或转子绕组中有短路。

（8）发电机继电保护装置和发电机控制、测量仪表装置有故障。

（9）励磁控制系统有故障。

（10）发电机同期系统不正常。

（11）500kV升压站或线路不符合并网带电条件。

（12）汽轮机防止进冷汽（水）系统工作不正常。

（13）汽水品质不合格。

3. 机组启动过程中汽水品质要求

（1）锅炉上水水质标准如表2-1所示。

表2-1　锅炉上水水质标准

项目	硬度	铁	溶解氧	二氧化硅
单位	μmol/L	μg/L		
限额	≈0	≤50	≤30	≤30

（2）锅炉点火前的省煤器入口给水水质要求如表2-2所示。

表2-2　锅炉点火前的省煤器入口给水水质要求

项目	氢导率	pH（25℃）	铁	SiO_2	溶解氧
单位	μΩ/cm		μg/L	μg/L	μg/L
限额	≤0.50	9.2～9.6	≤50	≤30	≤30

4. 清洗标准

（1）锅炉冷态清洗合格标准：当分疏箱出口疏水含铁量小于100μg/L时，冷态清洗合格。

（2）锅炉热态清洗合格标准：当分疏箱出口疏水含铁量小于100μg/L、SiO_2含量小于100μg/L时，热态清洗合格。

（3）汽机冲转前的蒸汽品质要求如表2-3所示。

表2-3　汽机冲转前的蒸汽品质要求

项目	氢导率	SiO_2	Fe	Cu	Na
单位	μΩ/cm	μg/L			
限额	≤0.5	≤30	≤50	≤15	≤20

5. 机组启停操作方式的选择

机组的启停操作方式主要有以下三种：

（1）机组级（UNIT CONTROL）。

（2）组级（GC）、子组级（SGC）、子回路级（SLC）。

（3）单操（机组正常启停不得使用单操方式，设备检修后试转和校验除外）。

6. 机组启动方式及时间

机组启动方式及时间如表2-4所示。

表2-4 机组启动方式及时间

项目	冷态	温态	热态	极热态
点火→冲转	180min	85min	40min	30min
冲转→并网	60min	25min	15min	15min
并网→满负荷	200min	140min	95min	68min

7. 汽轮机冲转蒸汽参数选择

汽轮机冲转蒸汽参数选择如表2-5所示。

表2-5 汽轮机冲转蒸汽参数选择

项目		极冷态	冷态	温态	热态	极热态
主蒸汽温度/℃	最低	360	360	380	560	580
	推荐	380	400	440	580	600
	最高	400	440	500	600	600
再热蒸汽温度/℃	最低	360	360	360	450	530
	推荐	380	400	440	510	570
	最高	400	440	500	600	600
主蒸汽压力/MPa	最低	6	6	6	10*	10*
	推荐	8.5	8.5	8.5	12*	12*
	最高	9	不限	不限	不限	不限
再热蒸汽压力/MPa	最低	不限	不限	不限	不限	不限
	推荐	1.2	1.4	1.4	1.7**	1.7**
	最高	2	2	2	2.5**	2.5**

注：*——蒸汽过热度必须满足；**——冷再温度将超过510℃。

第二节 冷态启动

机组冷态启动是指汽轮机高压转子平均温度小于150℃或锅炉停炉超过72h（主蒸汽压力小于1MPa）。启动过程主要包括锅炉点火、升温升压、热态冲洗、汽轮机冲转、并网和升负荷至额定负荷等。

一、锅炉点火前的操作

（1）燃油泄漏试验。

检查并确认所有油角阀关闭，供油泵运行，炉前燃油系统压力正常。

1）先开进油快关门和回油快关门进行油循环后，经过一定时间的油循环关闭回油快关门，对油系统的各管路、阀门进行充油。若“燃油供油母管压力高”开关动作，关闭进油快关门，则充油成功；若“燃油供油母管压力高”开关在一定时间（300s）内未动作，认为充油失败，切除油泄漏试验。

2）充油成功，进油快关门关闭，等待一定时间（180s）。等待中“燃油供油母管压力高”开关动作信号消失，则油角阀泄漏，切除试验；反之，油角阀未泄漏，则试验成功。

3）油角阀泄漏试验成功，打开回油快关门泄压；“燃油供油母管压力高”开关动作信号消失后，关闭回油快关门。等待一定时间（180s），等待中“燃油供油母管压力高”开关动作，则进油快关门泄漏；反之，进油快关门未泄漏，泄漏试验成功。

（2）炉膛吹扫。

在锅炉启动前或 MFT 后必须进行炉膛吹扫，否则不允许再次点火。在整个吹扫过程中 FSSS 逻辑要监视一次吹扫及二次吹扫的允许条件。一次吹扫允许条件是 FSSS 进入吹扫模式所必须具备的条件；二次吹扫允许条件是启动吹扫计算吹扫量所必须具备的条件。

1）一次吹扫条件。

- MFT 条件不存在。
- 至少一台送风机运行且其出口挡板开。
- 至少一台联合引风机运行且其入口、出口挡板开。
- 至少一台空预器在运行，且其二次风出入口挡板开。
- 所有火检探头均探测不到火焰。
- 进油快关门关闭，回油快关门关闭，所有油角阀关闭。
- 所有磨煤机停且其出口门全部关闭
- 所有给煤机停。
- 所有一次风机全停。
- 两台除尘器全停。
- 油母管泄漏试验已经完成。

2）二次吹扫条件。

- 炉膛风量大于 30%。
- 炉膛风量小于 40%。
- 二次风挡板均在吹扫位。
- 炉膛压力正常，–1000～1000Pa。
- 火检冷却风压正常，通常大于 5KPa。

3）炉膛吹扫步骤。

- 调整送风量至 30%～40% BMCR，所有二次风小风门开启至吹扫位。
- 满足操作员站画面上的炉膛吹扫条件，按下锅炉吹扫程控开始走步。
- 锅炉吹扫开始后，控制器开始自动累积吹扫时间，当累积吹扫时间达到 5min 时，炉膛吹扫结束。

- 吹扫完成后，MFT 复归。若吹扫过程中不满足任一吹扫条件，吹扫失败。此时应查明原因并消除，重新吹扫。

（3）MFT 复位后，开启炉前燃油系统进、回油母管快关门，炉前燃油循环恢复。

（4）将燃烧器摆角调至水平位置。

（5）手动开启二级再热器入口联箱疏水手动门，投入锅炉过、再热器疏水程控，检查并确认下列疏水门自动开启。

1）一级过热器出口联箱疏水门。

2）二级过热器出口联箱疏水门。

3）三级过热器入口联箱疏水门。

4）过热器疏水站水位调整门前电动门。

5）再热器疏水站水位调整门前电动门。

6）过、再热器疏水站水位调整门投入自动。

说明： 主蒸汽流量大于30% BMCR，或分离器压力大于18MPa，或过、再热器疏水的过热度大于5K，过、再热器的疏水门自动关。

（6）投入过热器疏水站水位调整旁路门的程控和再热器疏水站高位放水门的程控。

（7）检查并确认锅炉本体各风门挡板开度正确，配风方式合理，二次风箱与炉膛压差约500Pa，第2层燃烧器中间二次风挡板开度大约40%～60%。

二、锅炉点火、清洗

1. 暖风器投运

（1）确认辅汽母管已投运正常。

（2）开启暖风器疏水器手动旁路门。

（3）开启暖风器进汽手动门。

（4）微开暖风器进汽调整门。

（5）当疏水点逐渐有蒸汽冒出且蒸汽中不再带水，开启暖风器疏水器前后手动门，关闭疏水旁路阀门，管道的疏水走疏水器。

（6）根据需要逐渐开启进汽调整门。

2. 使用微油点火

（1）微油点火装置投运前的检查。

1）炉前油系统投入正常，油压、油温正常，系统无漏油。

2）微油系统有关检修工作全部结束，工作票收回，工作人员已撤离，系统恢复正常，表计齐全且正常投入，现场清理干净。

3）检查并确认高能打火装置正常，冷却风已投入。

4）热工仪表取样门全部在开启状态，管道就地压力表、流量变送器完好。

5）2号磨煤机入口暖风器系统暖管结束，投运正常。

6）各放油门、放空气门均在关闭位置，微油点火用压缩空气母管滤网前后手动门开启。

7）旁路门关闭。各压缩空气雾化、吹扫手动门开启。

8）压缩空气投入，压力正常。

（2）微油点火装置的投运。

1）确认油系统检查完毕，各微油点火枪备用良好，微油点火燃烧器系统正常，具备投入条件。

2）开启微油供油手动门、微油供油管道调节阀前手动门、微油供油管道调节阀后手动门、微油滤网前手动门。

3）开启微油系统各油角阀前手动隔离门。

4）确认压缩空气的流量、压力正常，一次风压力大于 6.5kPa。

5）在 DCS 画面上将 2 号磨煤机运行方式设置为“微油模式”。

6）调节 2 号磨煤机入口风量，维持磨煤机出口一次风速在 23m/s 左右。

7）开启 2 号磨煤机出口挡板、入口冷热风挡板，保证 2 号磨煤机入口温度大于 150℃，进行暖磨，直至出口温度大于 60℃。

8）调节下层二次风在适当位置（大约 15%）。

9）确认 2 号磨煤机具备投入条件。

10）依次启动微油枪，检查并确认各燃烧器油枪点火良好，火检稳定。

11）高能打火器在使用过程中连续打火的时间不得超过 30s，两次打火的时间间隔要求大于 1min。

12）启动 2 号磨煤机和 2 号给煤机，检查并确认正常后，逐渐加大给煤量。

13）投入煤粉时就地应有人观察燃烧器出口煤粉着火情况，投粉 10s 后煤粉不着火，应立即停止供粉，经 5～10min 的充分通风吹扫后，找出煤粉不着火的原因，方可重新尝试投入煤粉。

14）检查调整微油油压，就地观察微油点火燃烧器煤粉燃烧情况，确认微油点火燃烧器燃烧稳定正常。适当调整 2 号磨煤机的出力，并对一、二次风进行调整。

3. 油枪点火

（1）投入空预器连续吹灰。

（2）投油之前安排专人就地监视。

（3）根据对角投运原则，投入锅炉第 2 层燃烧器 1、3 号角或 2、4 号角油枪。

（4）首支油枪点火不成功，等待 1min 后可以再试投一支。若仍不成功应分析原因，联系处理，并重新进行锅炉吹扫方可再次点火。

（5）30min 后，切换第 2 层燃烧器剩下的两只对角油枪。

（6）根据燃烧情况投入第 3 层燃烧器油枪。

4. 锅炉热态清洗

（1）当水冷壁介质温度达到 150℃时，锅炉进入热态清洗阶段。

（2）调整锅炉燃料量，保证水冷壁出口工质温度在 150℃～170℃之间，最高不超过 190℃。

（3）当分疏箱疏水含铁量及 SiO_2 含量均小于 100μg/L 时，锅炉热态清洗合格，关闭锅炉大气式扩容器，启动疏水箱至机组排水槽放水门。

（4）当铁含量合格后，检查分疏箱排放水质其他标准情况（如氢电导），当其他标准超标的时候，也要加大分疏箱的排放。

（5）热态清洗水质合格后才可以继续按照升温升压曲线增加燃料。

三、锅炉升温升压

（1）当热态清洗结束后，应严格按照启动曲线增加燃料量，进行升温升压。控制升压速率小于 0.12MPa/min；控制主/再热蒸汽的升温速率小于 1.5℃/min。

（2）锅炉升温升压期间的燃料控制。

1）锅炉热态清洗结束后，使用油枪控制总燃料量不大于 10% BMCR 燃料量，稳定 20min。

2）逐渐把锅炉燃料量加至 15%～20% BMCR 燃料量。在此过程中，启动第二套制粉系统，保持两台制粉系统运行，维持 20% BMCR 燃料量不变，然后再逐渐增加燃料量。

（3）高低压旁路控制系统将根据燃料量的增加情况，逐渐开大阀位，把锅炉蒸汽参数升至符合汽机冲转的参数。

（4）主蒸汽压力达到 0.2MPa，关闭锅炉本体各空气门。

（5）主蒸汽压力达到 0.5MPa，通知检修人员热紧螺栓和进行仪表疏水。

（6）主蒸汽压力达到 1.0MPa，停止锅炉启动循环泵的连续注水。

（7）当主蒸汽温度和再热蒸汽温度上升到 400℃后，维持该温度，同时控制高压缸进口的两侧主蒸汽温度和中压缸进口的两侧热再热蒸汽温度的温差均小于 17℃。

（8）主蒸汽流量大于 30%，检查并确认过/再热器疏水门关。

（9）机组负荷为 300MW～500MW

1）逐步把锅炉的燃料量加至 35% BMCR，并根据氧量情况调整风量。锅炉开始由湿态转为干态运行。

2）在锅炉干湿态转换的时候，宜投用 2、3、4 号磨，不宜投用 1 号磨，防止水冷壁出口金属温度和蒸汽温度不平衡。热工逻辑根据以下条件（或逻辑）判断锅炉进入直流运行方式。

- 在 FIRE ON 情况下，一级过热器入口焓值控制大于设定的焓值，且锅炉给水流量需求大于水冷壁最小流量需求。
- 在 FIRE ON 情况下，一级过热器入口焓值控制大于设定的焓值且水位控制达下限。运行人员还可通过分离器水位和分离器出口蒸汽的过热度来判断。

3）当锅炉转直流工况时，锅炉的控制方式由最低流量（省煤器出口）控制和分离器水位控制转为温度控制和给水流量控制。为保证该转换的平稳进行，首先应保证给水流量不变，再增加燃料量。随着燃料量的增加，分离器出口焓值逐渐上升，上升到一定值后，温度（焓值）控制器参与调节，使给水流量增加，从而达到燃料和给水量的平衡。

4）当锅炉转直流后，确认锅炉启动循环泵出口流量调节门已经关闭，启动循环泵走再循环管路，停止锅炉启动循环泵运行。

5）当锅炉启动循环泵停运后，确认启动循环泵进出口管道、分疏箱至锅炉大气式扩容器疏水管路暖管继续保持运行。

6）机组负荷升至 350MW 左右，轴封汽可实现自密封。

7）启动 4 号制粉系统。逐渐增加燃料量至 40% BMCR，确认磨煤机运行状况稳定，根据燃烧稳定情况逐渐将油枪退出。

8）当省煤器烟气温度大于 315℃，满足脱硝系统投入条件后，将脱硝系统投入运行。

9）机组负荷升至 450MW，把第二台汽动给水泵并入给水系统，并将第一台汽泵汽源切换至四抽（汽轮机第四级抽汽）供给。

10）启动第二台凝结水泵，并把备用凝结水泵投入联锁备用。

11）将各给煤机的控制投入自动运行，确认满足以下条件，投入锅炉主控自动。

- 给水自动控制投入。
- 两台及以上给煤机投入自动控制，磨煤机入口冷热风调节挡板投入自动。
- 两台送风机中至少一台控制在自动。
- 两台联合引风机中至少一台控制在自动。
- 两台一次风机中至少一台控制在自动。

12）当投入锅炉主控自动后，确认汽机压力控制方式在限压方式，机组进入协调控制模式。

13）当机组在并网状态下、机组不处于初压控制方式及机组协调控制（CCS）投入三个条件全部满足后，延时120s和发2s脉冲自动投入DEH侧一次调频功能。

14）当再热蒸汽压力和温度达到后，将空预器吹灰蒸汽汽源由辅助蒸汽切换到本机组再热蒸汽。

（10）机组负荷为500MW～1000MW。

1）当汽水分离器压力大于20MPa的时候，汽水分离器疏水箱液位控制门及前截止门将闭锁开启。

2）当锅炉给水旁路调节电动门开度大于36%且高压加热器出口给水流量大于1200t/h时，主给水电动门自动开启，给水压差调节将停止。

3）当机组负荷为500MW～750MW时，辅汽联箱汽源切换由高排和四级抽同时供汽。当四抽压力大于0.7MPa时，辅汽联箱汽源切换由四级抽汽供汽。

4）当锅炉升到额定负荷的时候，及时对锅炉全面吹灰。

第三节 热态启动

机组热态启动的原则是保证汽机、锅炉的金属温度尽可能不被冷却，尽快过渡到相应工况点之上。因此在启动过程中要严格遵守热态启动曲线，加快锅炉的升温、升压速率；选择较高的汽机冲转参数（包括轴封汽），尽快冲转并网，带至缸温对应的负荷，以此缩短启动时间。

热态启动的详细步骤如下：

（1）温态、热态、极热态启动的汽机冲转操作与冷态冲转相同。升速率和暖机时间按相应的启动曲线进行。

（2）全面检查已投运的系统、设备，确认无异常。重点检查：汽轮机连续盘车投入；轴封汽与汽轮机转子的温差在规定范围之内；凝结水、给水水质合格，精处理装置已投用。

（3）锅炉上水。

1）分疏箱压力小于18MPa，分疏箱出现水位后，允许向锅炉进水。

2）当汽水分离器出现水位且稳定上升后，确认满足锅炉启动循环泵启动条件及锅炉启动循环泵入口过冷水控制正常后，启动锅炉启动循环泵。

3）当分疏箱水位上升后，确认分疏箱液位控制门动作正常。当满足锅炉疏水泵启动条件后，启动锅炉疏水泵，将锅炉疏水回收到凝汽器。

4）检查并确认锅炉上水水质合格，除氧器连续加热投入，并尽可能维持给水温度在150℃以上。

5）锅炉上水时，应严格控制省煤器、水冷壁、汽水分离器的金属壁温度差小于等于28℃，为此控制锅炉上水流量约为310t/h（10% BMCR 给水流量）。待水冷壁出口各金属壁温度差小于 28℃后，可适当加大上水量，建立锅炉最小启动流量。

（4）进行锅炉点火前的燃油泄漏试验和炉膛吹扫。

（5）锅炉点火、升温、升压。

1）确认燃烧器摆角在水平位置，炉膛吹扫风量保持 30%～40% BMCR 风量，炉膛吹扫时间 300s。

2）投入油枪点火装置，锅炉点火。

3）按锅炉温状态下的启动曲线，控制锅炉燃料量。

- 正常时用微油点火启动，尽可能提高汽温。根据汽机要求，可投用第 4 层、第 5 层燃油枪，维持 8% BMCR 的初始燃料量，10min 后，增投一层油枪，燃料量加至 10% BMCR，并再稳定 10min，然后在 30min 内把锅炉燃料量加至 28% BMCR。
- 根据空预器热二次风温度情况适时启动制粉系统。

（6）投入空预器连续吹灰。

（7）主/再热蒸汽升温、升压速率应严格按照温态升温升压曲线要求进行控制。

温态机组启动时，应尽快提高蒸汽的温度，防止联箱和汽水分离器的内外壁温度差过大，并尽快升至额定冲转参数，以防止管道和受热面温度下降过大，导致氧化皮脱落。

1）加强炉水水质监督，发现水质异常（主要是铁离子含量超标）应及时处理。

2）将发变组系统转为热备用状态。

3）检查并确认已经满足汽轮机冲转条件。

4）投入汽轮机自启动顺控子组（SGC TURBINE），汽轮发电机冲转、并网。

- 如果高调节门 50%壳体温度大于 350℃，那么子组第 11 步即在主蒸汽门开启前必须确认蒸汽品质合格。
- 当转速升至 180r/min 后确认盘车自动脱扣，进行摩擦检查，不进行 360r/min 的低速暖机，5min 内直接冲转至 3000r/min。

5）机组负荷升至额定出力，升负荷速率按启动曲线进行。

- 在 20% BMCR 到 30% BMCR 锅炉湿、干态转换点期间，禁止长时间运行。
- 在 34% BMCR 对机组进行全面检查，暖机 15～30min，以后的升负荷时间由锅炉确定。

第四节　机组启动过程中的注意事项

下面详细介绍超超临界直流机组在启动过程中应特别注意的事项。

一、锅炉启动过程中的注意事项

（1）在油枪投用过程中，应安排人员就地观察。油枪应无冒黑烟、火焰黯淡等燃烧不完全的情况，也无滴油、火焰脱火等油枪雾化不良情况，如若发生异常情况，应及时调整二次风挡板的开度及炉前燃油供油压力，调整无效应停止油枪运行。锅炉冷态启动在制粉系统投运初期应密切注意燃烧器的着火情况及炉膛内的火焰情况，若燃烧不稳，应及时调整。

（2）锅炉冷态启动的点火初期，过、再热器处于干烧状态，应根据受热面的金属许用温度来限制炉膛出口烟气温度在540℃以下。另外，在低燃烧率下维持一定时间，控制管壁的升温速度。

（3）锅炉启动期间，应投入空预器连续吹灰，并严密监视锅炉烟道各处的烟气温度、各受热面的金属温度和空预器红外线检测装置，发现异常报警及时到现场确认，防止燃烧不完全引起尾部烟道二次燃烧。

（4）在升温升压过程中，应监视汽水分离器的内外壁温度差不超过限额，若超限，应停止增加燃料量，延长升温升压的时间。

（5）在升温升压过程中应加强对各受热面金属温度的监视，严格控制中间点温度（汽水分离器出口汽温），通过调节减温水和燃烧器摆角，控制主蒸汽温度和再热蒸汽温度在设定范围内。

（6）在锅炉分离器入口汽温第一次达到饱和温度或第二层燃油枪投入运行后，锅炉有汽水膨胀过程，此时应注意分疏箱水位的控制，防止超限。

（7）在机组并网和带初负荷的过程中，必须严格保证锅炉燃烧并保证燃料量的稳定，将主蒸汽压力控制在允许冲转压力范围之内，防止汽机调节门关闭，无法冲转。

（8）锅炉在湿态与干态转换区域运行时，应尽量缩短其运行时间，并应注意保持给水流量的稳定，严格按升压曲线控制升压速度，防止锅炉受热面金属温度的波动。

（9）制粉系统启动、锅炉干湿态切换、停用锅炉启动再循环泵时极易引起汽温波动，因此在上述操作前要做好预想，并做到平稳操作。

（10）锅炉启动后，尤其是锅炉转为干态运行后，应严密监视大气式扩容器凝结水箱的水位并及时关闭水箱至凝汽器的疏水门，防止破坏凝汽器真空。

（11）锅炉升温升压后，应及时联系检修人员检查锅炉膨胀情况，发现异常及时汇报处理，停止锅炉升温升压。

二、汽轮机启动过程中的注意事项

（1）机组跳闸后，在查明原因、锅炉蒸汽参数满足冲转条件且汽轮机转速小于360r/min时，即可投入汽轮机自启动顺控子组，重新进行程控启动步序。

（2）连续盘车时间不得少于4h（极热态除外）并应尽可能避免中间停止盘车，如因故停止盘车，应重新计时。

（3）汽轮机组要充分暖管，疏水子回路控制必须投入，严格检查并保持疏水畅通。

（4）热态启动中，严禁未投轴封抽真空。送轴封前应充分疏水暖管，使轴封进汽温度尽量提高，保证与汽轮机转子金属温度相匹配。如因轴封汽温度超过限值而使轴封调压门联锁关闭，应尽快调整轴封汽温度，恢复轴封汽的供给；如果2h内仍无法恢复，需破坏真空。

（5）主/再热蒸汽的过热度必须满足要求。

（6）在整个启动过程中应根据机组的不同状态按机组温态启动曲线或机组热态启动曲线严格控制机组的升温、升压及升负荷速率。

（7）对于极热态启动，在并网后应尽快升负荷，以免造成高压缸叶片温度高，致使汽轮机跳闸，而影响机组的启动。

（8）热态启动中，因升负荷速率较高，要密切注意凝汽器水位的变化，应使凝汽器水位维持在正常范围内。

（9）注意汽轮机机组升速过程中的振动、各轴承温度、汽轮机高中压外缸上下缸壁温度差、轴向位移以及汽轮机膨胀变化情况，其变化范围均不应超过规定范围，否则应手动停机。

（10）机组升速过程中要注意主机冷油器出口油温及发电机定子冷却水、冷氢温度的变化并保持在正常范围内，还要注意观察各轴承回油温度不超过 70℃，低压缸排汽温度不超过 90℃。

（11）锅炉点火后，根据情况尽早启动第二台汽动给水泵，为并网后快速升负荷做好准备。

（12）汽轮机处于热态时，锅炉不得进行水压试验。

三、发电机启动过程中的注意事项

（1）发电机开始转动后，即认为发电机及其所属设备均已带电。

（2）启动升压时，应在发电机转速大于 2950r/min 后再合上励磁开关，按励磁操作的“远方建压”后，定子电压自动升至额定值，期间注意检查定子三相电压平衡、定子电流指示不大于主变压器空载励磁电流（约 50A），否则应立即拉开励磁开关，停止升压，在查明原因并消除故障后，方可重新升压。

（3）需要做零起升压试验时，由检修人员对励磁调节器控制方式及参数做相应设置后在就地用“升”“降”按钮以间断方式进行操作，试验结束后励磁调节器重新恢复原设置。

（4）发电机定子电压升至额定值时，应核对此时的转子电压、转子电流值。发电机并列时，定子电压不得超过额定值，以防并列时产生无功冲击。

（5）发电机并列必须采取自动准同期方式，并满足下列条件：

1）待并发电机的电压与系统电压近似或相等。

2）待并发电机的频率与系统频率相等。

3）待并发电机的相序与系统相位相同。

（6）自动并列后，必须在确认三相已接带负荷后再复归并列开关。

（7）发电机并网后应及时调整无功以尽量满足系统电压要求。

（8）发电机并网后应立即断开发电机误上电保护及启停机保护出口压板。

（9）当发电机并网后，或以 50%额定负荷以及额定负荷运行时，分别对发电机本体及一次回路进行详细检查，检查项目着重于碳刷运行情况、大电流接头发热情况、主变压器本体及冷却器运行无异常等。

（10）在增加发电机定子电流的过程中，应对机组有关温度（包括定子线圈温度、定子线圈出水温度、进出风温、铁芯温度、主变压器温度及高压厂用变压器温度等）加强监视和分析，以便及时发现异常情况。

（11）发电机并网后，若机组运行稳定，应尽快将厂用电倒由本机接带。

第三章　机组停运

机组停运可分为正常停运和滑参数停运。机组停运检修为缩短检修时间需加快汽机转子、缸体等金属部件的冷却，可采用滑参数停机，除在此情况下，一般不得使用滑参数停机。

无论采用何种方式停运机组，其过程实际就是高温厚壁部件的冷却过程。而金属部件受冷时所受的是拉伸应力，因此在机组停运过程中更要严格按照制造厂提供的停机、停炉曲线进行，严格控制降压、降温速率，尽可能减少金属应力。

第一节　机组停运前的准备

机组停运前需要做好相关准备工作，包括系统检查及相关试验，确保机组安全停运。主要准备工作如下：

（1）选择停机方式、停机参数。

（2）停运前对锅炉、汽机、发电机、励磁系统及辅助系统、设备做一次全面检查，并将发现的缺陷做好记录。

（3）机组负荷大于 500MW 时，应对各受热面进行一次全面吹灰。

（4）完成炉前燃油系统的检查并进行油枪试点；完成汽轮机润滑油泵、顶轴油泵、发电机密封油泵启动试验，高中压主蒸汽门、调节门、抽汽逆止门、高排逆止门、高排通风门的活动试验，高低压旁路及再热器安全门试验。若不合格，应暂缓停机，待缺陷消除后再停机。

（5）确认锅炉启动循环泵电机绝缘合格，锅炉启动系统具备投用条件。

（6）做好公用系统的切换准备工作，及时通知脱硫值班人员做好停机准备。

（7）通知设备部准备好充足的二氧化碳、氮气，以备停机后发电机气体置换和机组停运后的保养所需。

第二节　正常停机

正常停机是指按照计划，机组停运后要处于较长时间的备用，或进行大修等。这种停运需按照降温、降压曲线进行降负荷、降温、降压，停运后进行均匀缓慢的冷却，防止产生热应力。一般情况下，在接到机组停运命令后，应严格按照停运操作顺序，根据负荷下降情况进行操作。所以机组正常停运的过程也是机组负荷逐步下降的过程，在此过程中，一定要按操作规范进行。1000MW 超超临界机组的正常停运操作程序如下所述。

一、机组负荷由 1000MW 降至 500MW

从 1000MW 降负荷到 500MW 的操作程序如下：

（1）在接收到停机命令后，锅炉开始降负荷，按照锅炉、汽轮机滑停曲线要求，设定负荷变化率不高于 3% BMCR/min，主蒸汽压变化率不高于 0.3MPa/min，保持主再汽温度不变，若不能保持，则随燃烧率的降低而下滑（控制主/再热蒸汽温降速率小于等于 0.5℃/min，但应满足汽机 TSC 裕度要求，密切注意轴向位移的变化）。

（2）在机组降负荷过程中，逐渐减少锅炉燃料量，负荷降到 800MW 左右，可停用第一台磨煤机。减少锅炉燃料量一般按先停运 6 号磨煤机，再停运 1 号磨煤机、5 号磨煤机、4 号磨煤机、3 号磨煤机，最后停运 2 号磨煤机的顺序进行。

（3）当负荷降至 800MW 时，将本机辅汽联箱汽源由四抽用汽切换至冷再（或邻机）。开启主机轴封减温器后的疏水器旁路门，加强疏水，确认轴封供汽温度为 280℃～320℃，开启主机轴封供汽旁路门并保持一定开度，做好轴封汽源切换准备工作，检查并确认主机轴封压力、温度正常。

（4）当负荷降至 600MW 左右时，可停运第二台磨煤机。

（5）当负荷降至 500MW 左右时，保留 2 号、3 号和 4 号磨煤机运行，就地退出空预器的密封装置。当降负荷过程中脱硝反应器入口烟气温度小于 315℃时，应及时退出脱硝系统。在只剩三台磨煤机后，通知灰硫值班员可退出电除尘器有关电场。

（6）根据负荷情况对锅炉各受热面进行吹灰，尤其要加强尾部受热面吹灰。

（7）根据汽缸金属温度控制要求，控制主蒸汽、再热蒸汽的温度，同时严密监视高压缸金属温度、中压缸进口金属温度下降率、汽轮机转子温度裕度及轴向位移。

二、机组负荷由 500MW 降至 300MW

当机组负荷降至 500MW 且完成相关操作后，继续降负荷到 300MW。从 500MW 降负荷到 300MW 的操作程序如下：

（1）当机组负荷降至 500MW 时，确认主蒸汽压力滑至 13.9MPa，锅炉应至少维持 15min 稳定运行，然后按 1.5%/min 的速率继续降负荷至 350MW 后稳定运行，主蒸汽压力降至 8.9MPa。

（2）在机组降负荷过程中，应尽量保持主/再热蒸汽温度在额定值。若不能保持，则随燃烧率的降低而下滑（控制温降速率小于 1℃/min），但应满足汽机的要求，并密切注意汽机 TSC 裕度。

（3）当负荷降至 500MW 时，将除氧器汽源由四抽供汽切为辅汽供汽。

（4）当机组负荷降至 450MW 左右时，根据机组运行情况，停运由四抽供汽的汽动给水泵，关闭四抽至辅汽联箱进汽电动门。

（5）当负荷降至 350MW 左右时，根据机组运行情况，停运一台凝结水泵。

（6）按正常降负荷操作把机组负荷降至 320MW 左右，并稳定 49min，在机组降负荷过程中，控制负荷降速率小于等于 1.5%/min、主蒸汽压降速率小于等于 0.5MPa/min、主/再热蒸汽温降速率小于等于 0.5℃/min。

（7）解除机组协调控制（在满足机组不在并网状态下、机组处于初压控制方式及机组协调控制退出三个条件中任一条件后，DEH 侧一次调频功能自动退出），利用锅炉主控逐渐降低燃料量，直至把机组负荷降至 350MW 左右，保留 2 号、3 号磨煤机运行。在该过程中，应注意锅炉的燃烧情况，如果发现燃烧不稳，应及时投入相应层油枪进行稳燃。空预器冷端投入连续吹灰。

（8）当机组控制方式由 CCS（机组协调控制）切至 TF（汽机跟随）后，检查辅汽联箱至轴封汽调节门开启情况，根据轴封汽温度与汽机金属温度的匹配情况，确认轴封汽温度、压力正常。

（9）当SCR（选择性催化还原技术）装置入口烟温为315℃时退出SCR吹灰系统，SCR装置停止喷氨，停运氨气蒸发系统，SCR吹灰系统直到烟风系统停运后再停止。

（10）当负荷降至300MW时，将空预器吹灰汽源切到辅助蒸汽。

（11）当负荷降至300MW时，维持10min后，根据需要逐步增加油枪数量。

三、机组负荷由300MW降至200MW

当机组负荷降至300MW且完成相关操作后，继续降负荷到200MW。从300MW降负荷到200MW的操作程序如下：

（1）机组负荷在300MW至200MW之间，机组采用定压运行方式，控制负荷变化率为10MW/min，缓慢减小锅炉燃烧率，逐渐减少汽轮机负荷指令，关小汽轮机高压调节门，维持主蒸汽压力8.5MPa左右。

（2）锅炉干态转湿态运行。当汽水分离器出现水位且持续上升后，表明锅炉在转入湿态运。当满足以下任一条件时，锅炉给水流量由焓值控制转入分疏箱水位控制。

1）锅炉熄火3min后。

2）焓值控制计算出的高压加热器出口给水流量需求小于水冷壁的最小流量设定值，一级过热器入口蒸气焓值小于焓值设定值。

3）锅炉给水在手动控制方式，高压加热器出口给水流量小于水冷壁最小流量设定值。

（3）当分疏箱水位大于5m后，开启锅炉启动循环泵入口门，调节启动循环泵出口调节门，对启动循环泵入口、出口管路进行暖管，并确认启动循环泵入口过冷水调节门联锁正常，当满足启动循环泵启动条件后，启动锅炉启动循环泵，锅炉转湿态运行后，确认启动循环泵流量调节门将自动控制锅炉的再循环流量。

（4）锅炉转湿态工况时，为保证该转换的平稳进行，首先应保证给水流量不变，再逐步减少燃料量。随着燃料量的减少，分离器出口焓值逐渐降低，当降低到设定值后，分疏箱水位控制器参与调节，使给水流量需求值增加，从而达到燃料和给水量的平衡。

（5）当汽水分离器出现水位后，确认分疏箱至大气式扩容器之间疏水管路暖管正常，当汽水分离器水位大于15m后，确认分疏箱液位控制门正常动作。

（6）锅炉进入低负荷运行阶段后，应连续投入空预器吹灰。当锅炉已投油的时候，根据实际运行情况退出三、四电场。当磨煤机全部退出运行的时候，退出电除尘器全部电场。

（7）当机组负荷降低到300MW时，根据需要将除氧器汽源切换至辅汽供给。

（8）当机组负荷在300MW左右时，将给水由主回路切换到给水旁路调节门控制。

（9）检查并确认轴封汽压力在3.5kPa左右，辅助蒸汽至轴封汽调节门逐渐开启。根据轴封汽温度与汽轮机金属温度的匹配情况，确认轴封汽温度、压力正常。

（10）如果是停机不停炉，根据需要启动备用真空泵，防止低压旁路开启后真空过低。

（11）发电机有功功率降低的同时，无功相应降低，维持发电机电压在正常范围内。当机组负荷降至100MW时进行厂用电切换。

（12）机组控制方式切为手动（BASE）方式后，应控制好主/再热蒸汽参数，保证TSE裕度大于0。当TSE中的裕度小于0，无法在BASE方式下通过DEH中的负荷控制器降低负荷时，可将机组运行方式切回 TF，由锅炉降负荷，降至目标值后，打闸停机，或仍保持 BASE 方式，通过 DEH 中的 MAX LOAD SETP 设定目标负荷来逐步降低机组负荷，降至目标值后，打闸停机。

（13）当机组负荷低于 250MW 时，检查并确认中压缸进汽及其所有本体、抽汽疏水门自动开启。

（14）随着负荷的降低，检查并确认除氧器、凝汽器水位正常，若除氧器水位主调节门振动，可切至副调节门调节。

四、机组负荷由 200MW 降至 50MW

当机组负荷降至 200MW 且完成相关操作后，继续降负荷到 50MW。从 200MW 降负荷到 50MW 的操作程序如下：

（1）当机组负荷低于 200MW 时，检查并确认高压缸进汽及其所有本体、抽汽疏水门自动开启。

（2）按正常降负荷操作，把机组负荷降至 50MW，在机组降负荷过程中，控制负荷降速率小于等于 1%/min，主/再热蒸汽温降速率小于等于 1.5℃/min，当主蒸汽压降至 8.5MPa 后定压运行。

（3）在锅炉降负荷过程中，注意监视高压转子、高压缸、中压转子、高压蒸主汽门、高压调节门的应力裕度应大于 0K。

（4）机组低负荷运行阶段可以视情况调节循环水的运行方式。

（5）机组保持定压运行，高压旁路系统维持主蒸汽压力在 8.5MPa 左右。

（6）当再热冷段压力小于 1.2MPa 时，辅汽联箱汽源切换至邻机或邻厂供给，关闭高排至辅汽联箱进汽调节门、电动门，确认辅汽联箱的压力、温度正常。

（7）锅炉保留最后一层制粉系统运行直到汽轮机打闸（一般为 2 号磨煤机），随着给煤量的减少应严密监视该层燃烧器的运行情况。

（8）当机组负荷降至 100MW 时，检查并确认汽轮机抽汽管道壁温度差正常，汽轮机本体疏水门、抽汽疏水门开启正常。将高压加热器、低压加热器疏水导入事故疏水，防止抽汽压力低造成加热器满水。

（9）正常情况下当机组负荷降至 100MW 左右时，将 6kV 厂用母线倒由备用电源接带。若在停机过程中出现不稳定工况，经值长令将 6kV 厂用母线倒由备用电源接带。

（10）当机组负荷降至 80MW 时，检查并确认过热蒸汽温度、再热蒸汽汽温符合停机汽温曲线。

（11）注意监视低压缸排汽温度，当低压缸排汽温度大于 80℃时，确认低压缸喷水控制门应自动打开，否则手动开启。

（12）确认四级抽汽电动隔离门联锁关闭，辅助蒸汽至除氧器加热电动隔离门自动开启，维持除氧器压力 0.147MPa（a），水温 104℃左右。

（13）当机组负荷降至 50MW 时，撤出所有高低压加热器汽侧，给水和凝水通过加热器旁路进入锅炉。通过最大负荷设定块将机组负荷降到 0。

（14）当负荷降至 0 时，汽机打闸，发电机逆功率保护动作，联跳发电机。严禁带负荷解列发电机。

（15）汽轮机打闸后检查并确认汽轮机高中压主蒸汽门、调节门、补汽门关闭，高排逆止门、各级抽汽电动门、逆止门关闭，高排通风阀开启，汽轮机转速下降，进行机组惰走听音。

（16）注意轴封汽温度与转子金属温度的匹配，一旦发现轴封温度异常，应立即关闭辅汽供轴封调节门。

（17）当汽机转速降至 510r/min 后，检查并确认顶轴油泵应联锁启动，否则手动启动，并确认顶轴油压力正常。

（18）当汽机转速降至 120r/min 后，检查并确认顶轴油供盘车电磁阀打开，盘车装置投入，维持盘车转速在 48～60r/min，记录汽机惰走时间，按规定记录机组启停参数表。

（19）确认锅炉停运、高低压旁路关闭。

（20）当小机全部停运后，且锅炉泄压、系统无热水、蒸汽排至凝汽器，低压缸排汽温度低于 90℃后，可考虑破坏真空，停用轴封汽。

（21）机组全面放水后，隔离与汽机本体相关的疏水门、主/再热蒸汽减温水、旁路减温水、除氧器及各加热器，以防冷汽、冷水倒入汽缸。

（22）停机后，盘车应保持连续运行。汽机转子温度（TAX）小于 100℃，可以停用盘车、顶轴油泵、主机润滑油泵。

五、发电机的解列操作

（1）投入发电机启停机保护。

（2）降发电机有功负荷、无功负荷近零。

（3）当负荷降到零时，汽机打闸，发电机逆功率保护动作。

当汽轮机遮断后，如果逆功率保护回路没有自动将发电机从电网断开，就不允许手动拉开发变组出口开关。必须先进行以下检查：

1）如果实际功率指示为负：

- 检查并确认高排通风门和高压缸疏水门已经打开。
- 检查汽轮机的蒸汽压力。
- 检查抽汽逆止门实际阀位。
- 如果调节门的阀位反馈、主蒸汽门指示阀门已关闭、汽轮机压力显示没有压力，发变组出口开关可以手动拉开。
- 检查并确认逆功率保护回路没有跳开发变组出口开关的原因，在下次开机之前排除故障。

2）如果实际功率指示保持正值：

- 检查并确认高排通风门和高压缸疏水门已经打开。
- 通过关掉蒸汽管道上的相关阀门或通过降低锅炉流量，减小进入汽轮机的蒸汽流量。
- 检查汽轮机中的蒸汽压力。
- 在控制室和就地检查抽汽逆止门实际阀位。
- 从发电机保护组检查报警系统的故障信息，特别是逆功率保护回路。

3）只有在确认没有蒸汽再进入到汽轮机中后，发变组出口开关才可以手动拉开。

（4）抄录发电机电量读数。

（5）检查并确认主变压器高压侧中开关、边开关跳闸，励磁开关跳闸。

（6）检查并确认主变压器高压侧中开关、边开关在分闸位置。

（7）拉开主变压器高压侧500kV闸刀，断开主变压器高压侧500kV闸刀操作电源开关。

（8）退出发变组保护跳发变组出口开关（两台）压板。

（9）投入主变压器高压侧短引线保护。

（10）在接收调度令后将发变组边开关、中开关恢复成串运行。

六、锅炉停运操作

当机组负荷降至0MW，汽轮机打闸，发电机解列后，锅炉按照以下程序操作：

（1）汽轮机停运后，将高压旁路压力设定为手动，正常停炉的时候，手动设定主蒸汽压力在8.5MPa左右，高压旁路开始调节主蒸汽压力，低压旁路则开始调节再热蒸汽压力。特别需要注意的是必须保证高压旁路减温减压门后温度设定值高于冷再压力对应的蒸汽饱和温度，避免冷再带水。当锅炉短期停运没有检修工作的时候，应适当提高主蒸汽压力的设定值，锅炉保压。

（2）逐一停运3号和2号两套制粉系统，在制粉系统全部停运后，退出电场。

（3）锅炉MFT，确认锅炉所有减温水门关闭，一次风机、磨煤机密封风机跳闸，炉前燃油速关阀关闭，并手动把各油枪角阀前手动门关闭。

（4）停止锅炉启动循环泵运行，确认锅炉启动循环泵出口截至门关闭。

（5）高压旁路控制转为【D】（高压旁路转为正常运行/停机检修方式）方式，关闭高低压旁路。

（6）维持30%～40% BMCR的风量对锅炉吹扫5min。完成后停运送、联合引风机，停止脱硝氨稀释风机，停止运行脱硝系统吹灰器，进行闷炉。

（7）锅炉在停炉、冷却过程中必须严格控制汽水分离器、过热器出口集箱内外壁温度差不超过28℃。

（8）锅炉停运后保持输灰、石子煤、底渣系统运行直至灰、渣全部出清。

（9）按需要进行锅炉保养。

（10）当空气空预器进口烟气温度小于150℃时，允许停运空气空预器。

（11）当螺旋水冷壁出口金属温度小于70℃时，可停用火检探头冷却风。

七、汽轮机相关系统的停运

当机组负荷降至0MW，汽轮机打闸，发电机解列后，汽轮机按照以下程序操作：

（1）给水系统程控停用，确认高压加热器程控停用，水侧走旁路。给水泵程控停用，关闭小机排汽蝶阀，当小机凝汽器真空压力降至0kPa时，停用小机轴封系统。

（2）当发电机氢置换完毕且高中压转子最高金属温度小于100℃后，程控停用主机真空系统。

（3）主机盘车停用，主机润滑油、顶轴油系统、主机EH油系统停用。

（4）当主机盘车停用后，停用发电机密封油系统、发电机定冷水系统。

（5）主机汽封冷却器系统已停用，程控停用凝结水系统，确认低压缸排汽温度小于50℃，所有凝结水用户已停用。

（6）程控停用循环水系统，确认循环水泵停运、胶球清洗装置停运，确认所有循环水用户已停用且低压缸排汽温度小于50℃。

（7）程控停用闭冷水系统，确认闭冷水泵停运，确认闭冷水无用户。

（8）凝补水系统停用，确认凝补水无用户，确认凝补水泵停用。

八、发电机停运后的操作

（1）检查并确认励磁开关在分闸位置，断开励磁开关的控制电源开关。
（2）停用励磁整流柜。
1）断开励磁整流柜脉冲电源开关。
2）检查并确认励磁整流柜输出电流为0。
3）有检修工作时，根据工作票要求将励磁整流柜可控硅整流组摇至检修位置。
4）断开整流柜风机工作、备用电源开关。
5）停用励磁整流柜风机电源。
（3）停用励磁调节器。
1）将励磁调节器风机控制开关切至停用位置。
2）断开工控机电源开关。
3）断开直流电源开关。
4）断开调节器交流电源开关。
（4）断开发电机PT二次小开关（有检修工作需要时再由检修人员拆除PT柜固定挡板并停用发电机所属PT）。
（5）主变压器停电1h后停运主变压器冷却装置。
（6）根据情况，将定冷水、氢气、密封油等系统停运。
（7）根据需要把发电机转入不同的运行状态，做好发电机停机保养。
（8）将高压厂用变压器工作分支转为冷备用状态。

第三节 滑参数停机

机组滑参数停机实质上是锅炉、汽轮机联合停止运行。机组在额定参数、负荷工况下，用逐步降低锅炉汽压、汽温的方法，使汽轮机逐步降低负荷，当汽压、汽温降到一定数值（具体数值各厂有不同的规定）后，可将机组停运。

单元机组滑参数停机是在逐渐降低汽温和汽压的情况下进行汽轮机和锅炉的降负荷。在整个停机过程中，锅炉负荷和蒸汽参数的降低主要是按照汽轮机的要求。在接收到机组滑停指令后，按照机组滑停曲线逐渐减弱锅炉的燃烧，降压，减温。

在滑停过程中，必须严格控制锅炉的蒸汽温度，其参数控制的标准如下：主/再热蒸汽降温速度小于或等于1.5℃/min；主/再热蒸汽过热度不小于50℃；先降负荷，再降汽温，分段交替下滑。

滑参数停机过程中的主要控制数据如表3-1所示。

表3-1 滑参数停机过程中的主要控制数据

负荷/MW	主蒸汽压力/MPa	主蒸汽温度/℃	温降率/（℃/min）	分离器进口温度/℃	时间/min
1000→550	26.2→14.0	600→530	1.5	430→345	80
550→500	14.0	530→500	1	345	120
500→350	14.0→8.9	500→450	1	345→275	90

续表

负荷/MW	主蒸汽压力/MPa	主蒸汽温度/℃	温降率/（℃/min）	分离器进口温度/℃	时间/min
350	8.9	450	1	275	90
350→150	8.9→8.5	450→430	1	275→270	60
150	8.5	430	1	275→270	30
150→50	8.5	430	1	275→270	10
50	解列操作				10

注：总的滑停时间约为 9～14h。

一、滑参数停机步骤

机组滑参数机运的操作程序如下：

（1）退出自动发电控制（AGC）方式。主蒸汽压力可以参照机组滑压曲线执行，主蒸汽温度逐渐降至 530℃运行，温降率为 1.5℃/min。

（2）当负荷降至 800MW 时，将本机辅汽联箱汽源由四抽用汽切换至冷再（或邻机）。开启主机轴封减温器后的疏水器旁路门，加强疏水，确认轴封供汽温度为 280℃～320℃，开启主机轴封供汽旁路门并保持一定开度，做好轴封汽源切换准备工作，检查并确认主机轴封压力、温度正常。

（3）当负荷降至 750MW 时，停运一套制粉系统，将主蒸汽温度、再热蒸汽温度逐渐降到 520℃，汽压降到 20MPa，降负荷速率控制在 13.5MW/min 左右，降压速率小于 0.1MPa/min。

（4）当负荷降至 540MW 时，停运第二套制粉系统，主蒸汽温度、再热蒸汽温度逐渐降到 460℃，汽压降到约 14.3MPa，降压速率小于 0.1MPa/min。

（5）当机组负荷降至 500MW 时，要求机组稳定运行 120min，同时将主蒸汽压力逐渐降至 13.0MPa，主蒸汽温度逐渐降至 500℃，降温率不大于 1℃/min，降压率不大于 0.1MPa/min。

（6）当机组负荷降至 400MW 时，根据需要投运旁路系统，缓慢降低锅炉燃烧率，停用汽动给水泵组和凝结水泵。

（7）当机组负荷降至 350MW 时，控制滑压时间在 150min 左右，主蒸汽压力降至 8.9MPa，主蒸汽温度降至 450℃左右，降温率不大于 1℃/min，降压速率不大于 0.08MPa/min。

（8）当负荷降至 350MW 时，解除协调控制，投入第 2 层燃烧器的微油油枪进行稳燃，投入空预器连续吹灰。

（9）当满足机组不在并网状态下、机组处于初压控制方式及机组协调控制退出三个条件中任一条件后， DEH 侧一次调频功能自动退出。

（10）当机组负荷降至 350MW 时，要求机组稳定运行 60min，防止主蒸汽参数的回升。

（11）将锅炉燃料量减至 28% BMCR 的过程中停运第三套制粉系统。

（12）主蒸汽温度、再热蒸汽温度逐渐降至 450℃，当降负荷期间，高压旁路转入【C】（汽轮机故障或停机时，高压旁路转为压力控制方式）模式后，手动逐渐将主蒸汽压降到约 8.5MPa，锅炉给水维持 30% BMCR。

（13）锅炉转入湿态运行。

（14）注意分疏箱水位，待满足锅炉启动循环泵启动条件后，启动程控，分疏箱液位控制门投入自动控制分疏箱液位。

（15）从350MW滑至150MW左右时，控制主蒸汽压力缓慢降至8.5MPa左右，主蒸汽温度缓慢降至430℃左右。

（16）当汽轮机高压缸内缸温度降至430℃以下时，机组负荷可继续滑低，汽压维持在约8.5MPa，主蒸汽温度、再热蒸汽温度降到400℃。

（17）当机组负荷在150MW左右稳定运行30min左右后，若高压缸内缸温度已降至400℃左右，可迅速降负荷至50MW，汇报给值长进行机组解列。

（18）正常情况下当机组负荷降至100MW左右时，将6kV厂用母线倒由备用电源接带。

（19）负荷减至0，汽机打闸，发电机逆功率保护动作，联跳发电机。严禁带负荷解列发电机。

二、汽轮机停运程序

1. 汽轮机SGC停运的条件

汽轮机润滑油泵功能组已投入，确认汽轮发电机辅助系统运行正常。

2. 汽轮机SGC停运步骤

（1）第51步：高排逆止门释放（监测时间为5s，等待时间为10s）。

1）11号、12号高排逆止门释放（开度不大于85%，旁通条件是高排逆止门达到中间位置）。

2）高压排汽温度控制释放。

3）高压旁路（HP PROP）压力控制释放。

（2）第52步：设定负荷控制器降负荷。

1）负荷设定值降低（有功功率指令下降，旁通条件为机组甩负荷、发电机未并网）。

2）温度下限裕度小于30K。

3）汽轮机控制器由初压模式切换到限压模式（旁通条件为温度裕度小于2K、高排温度控制器动作、汽轮机已停机）。

（3）第53步：阀门泄漏试验，等待发变组出口开关跳闸（监测时间为45s，等待时间为60s，旁通条件为转速控制器动作、下降的温度裕度小于2K、高排温度控制器动作、汽轮机停机开始、发变组未并网）。

1）负荷控制器输出为0%（调节门关闭）。

2）AVR=0 BLALNCE（励磁装置置零）。

3）满足下列任一条件即转第54步：

- 高压缸排汽温度大于450℃。
- 发电机逆功率保护动作，延时20s。

（4）第54步：关闭主蒸汽门，继续等待发变组出口开关跳闸（监测时间：5s）。

1）汽轮机启动装置输出为0%。

2）高中压主蒸汽门关闭。

3）励磁系统切除。

4）发变组出口开关断开。

5）汽轮机跳闸系统跳闸。

6）发电机干燥器子程序（SGC）投用。

（5）第55步：启动汽轮机疏水子程序（SGC）（监测时间：60s），汽轮机疏水子回路投入。

（6）第56步：顶轴油泵准备完毕，当汽轮机转速下降到510r/min时顶轴油泵自启动。

（7）第57步：油泵启动试验。

1）顶轴油系统投入。

2）汽轮机转速小于120r/min。

3）油泵试验子组控制（SGC）启动（旁通条件：油泵测试手动重新启动）。

（8）第58步：油泵试验无故障。

1）油泵试验子组控制（SGC）已停用。

2）油泵试验子组控制（SGC）无故障信号。

（9）第59步：等待高压调节门冷却，高压调节门壳体平均（50%处）温度小于200℃，所有高中压调节门前和补汽门前疏水门在关闭位置。

（10）第60步：开启汽轮机疏水门（监测时间：60s）。

1）1号、2号高压调节门前疏水门开。

2）1号、2号中压调节门前疏水门开。

3）补汽门前疏水门开。

（11）第61步：停机程序完成，信号返回至汽机SGC停运反馈端。

三、机组停运后的操作

机组停运后，发电机系统、汽轮机系统及锅炉系统按照以下程序进行操作。

（一）发电机的解列操作

发电机解列操作步骤同正常停机过程。

（二）汽轮机停运后的操作

汽轮机停运后的操作步骤如下：

（1）汽轮机打闸后检查并确认汽轮机高中压主蒸汽门、调节门、补汽门关闭，抽汽电动门、逆止门、高排逆止门关闭，高排通风门开启，汽轮机转速下降，进行机组惰走听音。

（2）检查并确认除氧器、凝汽器热井水位正常。

（3）汽机转速低于510r/min，检查并确认顶轴油泵联锁启动、顶轴油压力正常。

（4）当汽机转速降至120r/min后，检查并确认顶轴油供盘车电磁阀打开、盘车装置投入，维持盘车转速在48～60r/min。

（5）记录汽机惰走时间。

（6）机组停运后，按规定记录汽机缸温度、转子温度、调节门壳体温度、大轴偏心度、轴承金属温度、缸胀、缸温、低压缸排汽温度等重要参数，直至盘车停用。

（7）当确认锅炉停运、高低压旁路关闭，且系统无热水、蒸汽排至凝汽器，低压缸排汽温度低于90℃后，可考虑破坏真空，停用轴封汽。

（8）机组全面放水后，隔离与汽机本体相关的疏水门、主/再热蒸汽减温水、旁路减温水、除氧器及各加热器，以防冷汽、冷水倒入汽缸。

（9）当低压缸排汽温度降至50℃，确认凝结水无用户后，可停凝结水泵及循环水泵。

（10）停机后，盘车应保持连续运行。汽机转子TAX温度小于100℃，可以停用盘车、顶轴油泵、主机润滑油泵。

（11）按要求做好汽轮机的保养。

（三）锅炉停运后的操作

当汽机打闸、发电机解列后，锅炉按照下列步骤操作：

（1）当汽机打闸、发电机解列后，继续降低燃料量，控制温降速率不大于 5℃/min，逐步停用第四、第五套制粉系统，停用油枪、锅炉 MFT，高压旁路动作正常。

（2）完成以下停炉操作：

1）检查并确认两台一次风机联跳、风机出口挡板和动叶关闭，停用磨煤机密封风机。

2）锅炉燃油跳闸阀关闭，主/再热蒸汽减温水电动门、调节门关闭。

3）锅炉炉膛吹扫后闷炉，炉膛吹扫的要求：维持 30%～40% BMCR 的风量对锅炉吹扫 5min，不超过 10min。

4）保持一台给水泵运行，除氧器加热继续保持，锅炉小流量上水。送风机、联合引风机在吹扫 5～10min 后停运闷炉。

5）锅炉启动循环泵连续运行，利用高低压旁路、汽机疏水门控制分离器降压、降温速度，使得汽水分离器金属温度下降速率在 15～20℃/h 左右。

6）锅炉分离器出口汽压降至 1.5MPa，锅炉热炉放水。放水完毕后及时关闭锅炉所有疏放水门和空气门防止冷空气进入汽水系统引起管路热剧冷。带压放水阶段和受热面抽真空防腐阶段不得进行通风。

7）锅炉分离器降压到 0.2MPa，快速打开水冷壁各放空气门、过热器疏水门进行疏水，利用余热烘干锅炉。

8）炉膛吹扫后停运送、引风机，停止脱硝稀释风机，停止脱硝系统吹灰器运行，关闭各风烟系统各挡板进行闷炉，闷炉时间不小于 36h，自然通风至少 8h，省煤器出口烟温小于 200℃后才可强制通风。通风冷却时烟温下降速率不超过 10℃/h。通风过程中不得破坏炉底密封。

9）强制通风冷却要有经过副总经理或总工程师审批的冷却方案。

10）空预器入口烟温低于 150℃，允许停运空预器。

11）炉膛出口烟温低于 50℃，允许停运火检冷却风机。

（四）发电机停运后的操作

发电机停运后，操作步骤同正常停机过程。

第四节 滑参数停机过程中的注意事项

滑参数停机过程中，为确保机组安全需要特别注意下列事项：

（1）滑参数停机时，遵守先降压后降温的原则逐步使蒸汽参数下滑，并控制锅炉主/再热蒸汽的降压速率小于 0.1MPa/min，降温速率小于 1℃/min。一旦汽温下降过快，10min 内降低 50℃以上应立即打闸停机。

（2）滑参数停机过程中，每降低一挡主蒸汽温度或负荷，应等再热蒸汽温度下降后再继续降温。主蒸汽温度主要靠调整锅炉燃水比控制汽水分离器出口蒸汽温度，若投用减温水应注意一、二级减温器后汽温应高于对应压力下的饱和温度在 15℃以上，防止大量喷水造成水塞；再热器温度调节主要通过减少上层燃烧器出力、降低风量、投运减温水和调节燃烧器的二次风来辅助降温。

（3）当汽机顺控停运子组启动后，走到第 52 步，汽机压力控制方式切换至限压方式（Limit Mode）后，高压旁路将转为【C】方式，高压旁路开始调节主蒸汽压力，低压旁路则开始调节再热蒸汽压力。特别需要注意的是必须保证高压旁路减温减压门后温度设定值高于冷再压力对应的蒸汽饱和温度，避免冷再带水。

（4）滑停过程中，应注意主/再热蒸汽温偏差小于 28℃，并保证主/再热蒸汽有 80℃以上的过热度。

（5）为保证汽温平稳下滑，在滑停过程中不建议进行切除高压加热器操作。当锅炉转入湿态运行后，锅炉启动循环泵投入运行时也要防止汽温出现大幅波动。

（6）注意监视高压主蒸汽门、调节门、转子、缸体和中压主蒸汽门、转子的 TSC 裕度下限应大于 3℃。

（7）主/再热蒸汽温度降至 400℃，维持汽温稳定一段时间，使汽机转子内外温度趋于一致。

（8）密切监视机组振动、轴向位移、瓦温、缸胀、振动、上/下缸温等参数，发现异常应立即打闸停机。

（9）在锅炉降负荷过程中应加强对风量、中间点焓值（温度）及主蒸汽温度的监视，进入湿态运行后，加强分离器水位和大气式扩容器凝结水箱水位的监视和控制。

（10）滑停过程中，各项重大操作，如停磨、给水泵、风机等应分开进行，及时调整轴封汽压力和温度，使轴封汽温度与转子金属温度差控制在许可范围内。

（11）在高负荷阶段，蒸汽流量大，冷却效果好。因此建议在高负荷阶段开始降参数，先将汽压降至对应负荷下的最低压，再开始降汽温，并维持一定的时间。

（12）控制高压缸排汽温度有 20℃以上的过热度。

（13）在滑参数停机过程中，减温水的调节尤需谨慎。为防止引起水塞，过热器减温器后温度应确保过热度在 10K 以上，在投用再热器事故喷水减温时，应防止低温再热器内积水，减温后温度的过热度亦应大于 20K。

（14）在滑参数停机过程中，主要控制数据按滑停曲线执行。根据汽缸金属温度控制要求控制主蒸汽、再热蒸汽温度，同时严密监视和控制高压缸金属温度、中压缸进口金属温度下降率、转子温度裕度及轴向位移。

（15）严密监视主/再热蒸汽温度，确保有 50℃的过热度，控制高中压缸金属温降率和高中压外缸上下缸壁温度差在 TSE 温度裕度控制限额内。当汽温在 10min 内急剧下降 50℃时，应紧急停机。

（16）密切注意汽轮机振动，并严密监视推力瓦块的金属温度和回油温度。

（17）加强锅炉启动循环泵和储水箱水位的监视。

（18）加强锅炉水冷壁壁温度的监视，避免超温及偏差过大。

（19）在从降负荷到停炉的过程中，应检查锅炉膨胀情况，避免异常情况发生。

（20）滑参数停机过程中，除氧器、小机供汽、轴封汽应及时切至备用汽源供应。注意轴封汽温度与转子金属温度的匹配，一旦发现轴封温度异常，应立即关闭辅汽供轴封调节门。

（21）滑参数停机过程中，严禁进行高中压主蒸汽门、调节门严密性试验和汽轮机超速试验。

第四章　机组正常运行的控制与调整

整台机组是由锅炉、汽轮机和发电机纵向串联构成的一个不可分割的整体，其中任何一个环节运行状态的改变都将引起其他环节运行状态的变化，所以锅炉、汽轮机和发电机的运行控制与调整是互相联系的。但在正常运行中各设备的工作都有其特点，锅炉侧重于调整，汽轮机侧重于监视，发电机及电气部分则与机组其他环节以及外部电力系统紧密联系。

机组正常运行调整的主要任务及目的是满足电网负荷需求、保持运行参数正常及汽水品质合格、提高效率及经济性、减少污染物排放。

目前百万瓦机组控制方式共有三种：手动（BASE）、汽机跟随（TF）和机组协调控制（CCS）。机组正常运行时应采用 CCS 方式，根据机组的不同工况或在系统及设备发生故障时，可灵活地采用 TF 方式或 BASE 方式。

手动方式指汽机、锅炉主控均在手动控制方式。

汽机跟随方式指锅炉主控在手动方式，汽机主控在自动方式，即由汽机调节门控制汽压，在该控制方式下压力控制响应快，但负荷波动较大。当汽机主控在自动方式且满足以下任一条件时，切至 TF 方式：

（1）锅炉主控在手动方式。

（2）RB（辅机故障减负荷）动作。

（3）所有磨煤机控制在手动方式。

（4）压力控制方式。

机组协调控制方式指机、炉主控均在自动方式，汽机主控按照功率偏差控制调节门开度，兼顾压力偏差；锅炉主控将经过修正的机组负荷指令和压力指令发送到风量和燃料控制回路，以协调锅炉出力与负荷指令之间的匹配。当满足下列所有条件时，控制系统即投入机组协调控制方式：

（1）机组已并网。

（2）所有燃料控制在自动方式。

（3）无 RB 信号。

（4）锅炉主控在自动方式。

（5）汽机主控在自动方式。

第一节　锅炉正常运行的控制与调整

为保证锅炉运行的经济性与安全性，在运行中应对锅炉进行严格的监视与必要的调整。在运行过程中对锅炉进行监视的主要内容如下：主蒸汽压力、温度；再热蒸汽压力、温度；各受热面管壁温度，特别是过热器与再热器的壁温度；一、二次风量及风压；炉膛压力等。对于直流锅炉还应监视煤水比等。

锅炉运行调整的内容通常可分为燃烧调整、参数调整和运行方式调整三个方面。燃烧调整的目的是减少炉内各种不完全燃烧损失；通过参数调整减少锅炉排烟热损失和提高整个机组的热力循环效率；通过运行方式调整，优化辅机运行组合，降低辅机能耗和自用水、汽的消耗量。

锅炉运行调整的主要任务如下：使锅炉蒸发量随时适应外界负荷的需要；根据负荷需要均衡给水；保证蒸汽压力、温度在正常范围内；对于变压运行机组，应按照负荷变化的需要适时地改变蒸汽压力；保证合格的蒸汽品质；合理调节燃烧，设法减小各项热损失，以提高锅炉的热效率；合理调度、调节各辅助设备的运行，努力降低厂用电量的消耗；保证锅炉的安全运行。

一、锅炉主要运行参数及限额

锅炉主要运行参数及限额包括锅炉本体部分及辅机部分，在机组运行时必须保持这些参数在正常范围内，否则就不能保证锅炉安全稳定运行。

（一）锅炉本体部分

锅炉本体部分运行参数及限额如表4-1所示。

表4-1 锅炉本体部分运行参数及限额

序号	项目	单位	BMCR工况	报警值		MFT	备注
				高报警	低报警		
1	过热器出口蒸汽压力	MPa	27.46	27.5		29.3	
2	过热器出口蒸汽温度	℃	605	610	595		
3	水冷壁流量	t/h	3099		1000	816	三选二
4	水冷壁出口蒸汽温度	℃		420			
5	再热器出口蒸汽温度	℃	603	608	593		
6	再热器出口蒸汽压力	MPa	5.87	5.9			
7	再热器入口蒸汽温度	℃	376	381			
8	螺旋水冷壁金属壁温度	℃		515			
9	一级过热器出口管金属壁温度	℃		525			
10	二级过热器出口管金属壁温度	℃		594			
11	三级过热器出口管金属壁温度	℃		625			
12	一级再热器出口管金属壁温度	℃		593			
13	二级再热器出口管金属壁温度	℃		641			
14	分疏箱水位	m		15		30.7	分离器压力小于20MPa
15	锅炉总风量	%			30%	25%	三取二
16	炉膛压力	Pa		+1500	−2000	2500～3000	三取二
17	省煤器出口烟气含氧量	%			3.0		
18	省煤器出口烟气温度	℃	379	420	302		
19	火检冷却风压力	kPa	>5		4	2.8	

（二）主要辅机运行参数及限额

锅炉主要辅机包括联合引风机、送风机、一次风机、空预器、磨煤机等，其参数正常与否同样影响机组安全运行，所以必须将这些参数控制在规定范围内。

1. 联合引风机运行参数及限额

联合引风机运行参数及限额如表4-2所示。

表4-2　联合引风机运行参数及限额

序号	运行监视项目	单位	正常值	报警值		跳闸值
				高报警	低报警	
1	电机线圈温度	℃	≤100	≥130		
2	电机轴承温度	℃	≤70	≥85		≥95
3	电机轴承润滑油温度	℃	≤45	≥50		
4	电机轴承润滑油压力	MPa	0.2～0.3	≥0.3	≤0.2	
5	电机轴承润滑油流量	L/min		≥23	≤5.6	
6	润滑油过滤器压差	bar		≥4.5		
7	风机液压油压力	MPa		>7	<0.7	
8	风机液压油温度	℃	≤45	50	15	60
9	风机轴承振动	mm/s	≤2	≥4.5		任一方向大于等于7.1
10	风机滚子轴承温度	℃	≤70	≥85		
11	风机推力轴承温度	℃		≥90		≥100
12	失速	Pa		≥500		

2. 送风机运行参数及限额

送风机运行参数及限额如表4-3所示。

表4-3　送风机运行参数及限额

序号	运行监视项目	单位	正常值	报警值		跳闸值
				高报警	低报警	
1	风机轴承振动	mm/s	≤2	4.5		>11
2	风机轴承温度	℃	≤70	90		110
3	电机轴承温度	℃	≤70	85		95
4	油压力	MPa		2.5	0.8	
5	风机润滑油温度	℃				
6	风机油站滤网压差	MPa				
7	风机油站电加热温度	℃		35（停）	25（投）	

3. 一次风机运行参数及限额

一次风机运行参数及限额如表4-4所示。

表4-4　一次风机运行参数及限额

序号	运行监视项目	单位	正常值	报警值		跳闸值
				高报警	低报警	
1	风机轴承振动	mm/s	≤2	4.5		>11
2	风机轴承温度	℃	≤70	90		110
3	电机轴承温度	℃	≤60	70		80

续表

序号	运行监视项目	单位	正常值	报警值		跳闸值
				高报警	低报警	
4	风机控制油压力	MPa		2.5	0.8	
5	风机润滑油压力	MPa			0.2	小于 0.07 且轴承温度达到高报警值
6	风机油站润滑油流量	L/min				
7	风机润滑油温度	℃				
8	风机油站滤网压差	MPa				
9	风机油站电加热温度	℃		35（停）	25（投）	

4. 空预器运行参数及限额

空预器运行参数及限额如表 4-5 所示。

表 4-5　空预器运行参数及限额

序号	运行监视项目	单位	正常值	报警值		跳闸值
				高报警	低报警	
1	导向轴承温度	℃	60～70	80	50	
2	支承轴承温度	℃	50～60	70	45	
3	过滤器的两侧压差	MPa		≥0.35		

5. 密封风机运行参数及限额

密封风机运行参数及限额如表 4-6 所示。

表 4-6　密封风机运行参数及限额

运行监视项目	单位	正常值	报警值		跳闸值
			高报警	低报警	
密封风压	kPa	15～17		≤15	

6. 磨煤机运行参数及限额

磨煤机运行参数及限额如表 4-7 所示。

表 4-7　磨煤机运行参数及限额

序号	运行监视项目	单位	正常值	报警值		跳闸值
				高报警	低报警	
1	磨煤机电机额定电流	A	<113			
2	磨煤机出口温度	℃	70～75	85	65	>104
3	磨煤机本体压差	kPa		3.25		
4	磨煤机通风量	t/h	110～140		104	<86.4
5	电机两端轴承温度	℃	<70			
6	减速箱推力轴承温度	℃	<65	75		>80（四取二）
7	减速箱输入端轴承温度	℃	<65	75		>80

续表

序号	运行监视项目	单位	正常值	报警值		跳闸值
				高报警	低报警	
8	旋转分离器上下轴承温度	℃	<80	93		>107
9	密封风与一次风压差	kPa	>2.5		2	<1
10	润滑油泵出口压力	MPa	>0.8			
11	轴承润滑油压力	MPa	0.15～0.35		0.09	<0.07
12	润滑油泵出口滤网压差	MPa	0.1	>0.2		
13	磨煤机轴承润滑油温度	℃	45～55	60	30	

7. 锅炉启动循环泵正常运行参数及限额

锅炉启动循环泵正常运行参数及限额如表 4-8 所示。

表 4-8 锅炉启动循环泵正常运行参数及限额

序号	运行监视项目	单位	正常值	报警值		跳闸值
				高报警	低报警	
1	电机电流	A	95			
2	电机线圈温度	℃	≤80	≥120		
3	电机腔室温度	℃	≤40	≥60		≥65
4	泵进出口压差（冷/热态）	MPa	1.5/0.8		≤0.35	

二、锅炉燃烧的调整

锅炉燃烧调整的目的是合理组织炉内燃烧工况，维持正常炉膛压力，防止锅炉灭火、爆燃、受热面结焦及减少热偏差；通过一、二次风配比在炉膛内形成合适的温度场、动力场，使炉膛热负荷分配均匀；选择适当的煤粉细度、过剩空气系数和排烟温度，充分提高燃烧的经济性；此外还应减少粉尘、硫化物和 NO_x 的排放，确保锅炉安全、稳定、经济、环保运行。

为达到上述燃烧调整的目的，在运行操作上应进行以下方面的调整。

（1）当锅炉运行时，运行人员应了解燃煤、燃油的品种和化学分析，以便根据燃料特性及时调整运行工况。当正常运行时运行人员应经常对燃烧系统的运行情况进行全面检查，发现燃烧不良时应及时调整。

（2）锅炉燃烧时应具有金黄色火焰，燃油时火焰白亮，火焰应均匀地充满炉膛，且不冲刷水冷壁，同一标高燃烧的火焰中心应处于同一高度。

（3）保持磨煤机入口风量与给煤机煤量一致以保证燃烧器着火点稳定，距离太近易引起燃烧器周围结焦而烧坏喷嘴；距离太远又会使火焰中心上移，使炉膛上部结焦，严重时还会使燃烧不稳。

（4）根据燃料的特性以及锅炉的设计特性，合理组织锅炉的分级配风和控制燃烧的过量空气；炉膛出口氧量值应根据不同的燃料特性和负荷来决定。各负荷段锅炉风量设定如表 4-9 所示。

表 4-9　各负荷段锅炉风量设定

负荷项目	单位	BMCR	BRL（额定工况）	THA（机组热耗保证工况）	75% BMCR	50% BMCR	30% BMCR	高压加热器切除
一次风量	kg/s	110	108	105	93	70	49	125
二次风量	kg/s	775	738	735	686	555	347	718

（5）正常运行时，应维持炉膛负压在−150Pa 左右，炉墙不向外冒烟。锅炉在运行中应尽量减少各部位漏风，各门、孔应关闭严密，发现漏风处应联系相关人员封堵。

（6）为确保锅炉经济运行应维持合格的煤粉细度，定期对飞灰、炉底渣取样分析，进行比较，及时进行燃烧调整。

（7）锅炉进行燃烧调整或升负荷时，除了保证汽温、汽压正常外，还应使水冷壁出口温度维持在正常范围内。燃烧器投用后，应检查着火情况是否良好，及时调整风量，防止燃烧不完全。

（8）当燃烧调节时应注意各段过热蒸汽和再热蒸汽温度的变化，以及左、右两侧的烟温偏差，防止汽温超出规定范围和管壁超温。当燃烧器摆角和风门挡板长时间固定在某一位置工作时，为保证燃烧器和风门摆动机构正常工作，每班至少手动调节 1 次，摆动范围在±5%。

（9）当锅炉由于各种原因造成燃烧不稳时，应及时启动油枪，稳定燃烧。但当炉膛已经熄火或局部灭火并濒临全部灭火时，严禁投助燃油，应立即停止向炉膛供给燃料，避免引起锅炉爆燃。重新点火前必须对锅炉进行充分通风吹扫，排除炉膛和烟道内的可燃物质。

（10）在锅炉运行中，进入锅炉的燃料成分变化会对燃烧工况和受热面的工作过程产生很大影响（尤其是燃烧中的挥发分、灰分、水分的影响），运行人员应明确知道当值锅炉所用煤种的发热量、灰熔点及其主要成分，并根据不同燃料品质进行合理的燃烧调整。

（11）锅炉结渣是影响运行安全和经济的主要因素之一。锅炉燃煤灰渣特性和炉内燃烧空气动力特性是锅炉受热面产生结渣的主要因素。调整燃烧时，防止炉膛火焰冲刷炉壁或形成贴壁气流是防止结渣的主要运行措施。运行中应加强结渣监视和吹灰工作，发现结渣应及时采取措施。

（12）锅炉正常运行时应根据负荷情况投运燃烧器：当低负荷运行时，尽量投运相邻层燃烧器并保持较高的煤粉浓度，以利于煤粉着火燃烧；当高负荷运行时，要多投运燃烧器，使炉内热负荷均匀、燃烧稳定。磨煤机运行台数与负荷的对应关系如表 4-10 所示。

表 4-10　磨煤机运行台数与负荷的对应关系

负荷范围（% BMCR）	投入磨煤机台数
30	2
30～54	3
50～80	4
75～100	5

三、主蒸汽压力的调整

在超超临界直流锅炉正常运行中，负荷和汽压息息相关，应根据机组负荷的需要相应地调整锅炉蒸发量，维持主蒸汽压力，保持锅炉负荷和汽压的匹配，在负荷的调整过程中一定要兼顾汽压的变化。汽压过高将使锅炉承压部件承受过大的应力，影响设备寿命；汽压低于额定值会使蒸汽在汽轮机内膨胀做功的焓降减小，降低汽轮机做功能力。如果汽压频繁波动，就会使承压部件经常处于交变应力的作用下，引起部件金属的疲劳损坏，所以在运行操作上应进行以下几个方面的调整。

（1）锅炉采用定－滑变压运行方式，变压运行的范围为 30%～100% BMCR，定压运行的范围为 0～30% BMCR。

（2）在锅炉正常运行中，应注意锅炉受热面汽水压差的监视，锅炉汽水侧的阻力（从省煤器集箱入口至三级过热器出口集箱）不超过 3.6MPa（按 BMCR 工况计算）。其中过热器蒸汽侧的压降一般不大于 2.1MPa，省煤器水侧的压降不大于 0.14MPa，水冷壁压降（包括水冷壁和汽水分离器）不大于 1.37MPa。

（3）炉侧再热器蒸汽的压降不大于再热蒸汽系统压降的 50%且最大不超过 0.2MPa（按 BMCR 工况）。

（4）当机组正常运行时，应将高低压旁路压力控制在跟随状态，当机组负荷变化速度较快及处于 RB 等情况时，旁路自动开启以防止锅炉超压。

（5）当在机组正常运行时，应将再热器安全门投入自动控制并监视再热器安全门跟随再热蒸汽压力应正常。当达到动作条件而拒动的时候，应手动开启安全门，以保证受热面安全。

（6）当手动调节燃料以及减温水的时候，应缓慢调节，防止锅炉的减温水大幅度变化而引起主蒸汽压力波动。

（7）当运行中的主蒸汽压力发生变化时，应及时判断原因并针对不同的原因采取措施。

四、过热蒸汽和再热蒸汽温度的调整

当超超临界直流锅炉正常运行时，应严格监视和调整过热蒸汽出口温度和再热蒸汽出口温度在规定值，过热蒸汽和再热蒸汽温度左右两侧偏差不超过规定值，并监视各段过热器和再热器的管壁温度应不允许超温，以保证机组安全经济运行。如果蒸汽温度过高，金属强度将降低，设备使用寿命将缩短甚至设备将损坏；如果蒸汽温度过低，不仅使蒸汽的做功能力降低，而且还降低了机组的循环热效率，严重时将发生水冲击。所以在运行操作上应进行以下方面的调整。

（1）当锅炉在正常运行时，过热汽温在 30%～100% BMCR 负荷范围、再热蒸汽温在 50%～100% BMCR 负荷范围内保持在额定值，波动不超过±5℃。

（2）在 30%～100% BMCR 负荷范围内，应保证过热器和再热器两侧出口的汽温偏差均小于 10K。

（3）主蒸汽温度的调整是通过调节燃料与给水的比例，以控制中间点温度为基本调节，并以减温水作为辅助调节来完成的。中间点温度设定是分离器压力的函数，中间点温度应保持微过热，当中间点温度过热度较小时应适当调整燃水比，控制主蒸汽温度正常。

（4）再热蒸汽温度的调节以燃烧器摆角调节为主，当燃烧器摆角不能满足调温要求时，还可以采用以下方法：

1）在氧量控制范围内改变过量空气系数。

2）改变制粉系统的投用层次和燃尽风挡板的开度。

3）对再热器受热面进行吹灰，加强再热器受热面吸热。

4）再热器微量减温水仅在采用上述措施后仍未解决汽温偏高的时候使用，一般不使用。

5）在高压旁路开启的时候利用一级再热器入口事故喷水减温水控制再热器入口蒸汽温度，防止超温。

（5）锅炉运行中进行燃烧调整，升降负荷、投停燃烧器、启停给水泵、风机、吹灰、除焦等操作，都将使主蒸汽温度和再热蒸汽温度发生变化，此时应特别加强监视并及时进行汽温的调整工作。

（6）当高压加热器投入和停用时，给水温度变化较大，各段受热面的工质温度也发生相应变化，应严密监视给水、省煤器出口、螺旋管出口工质温度的变化，待中间点温度开始变化时，维持燃料量不变，调整给水量，控制恰当的中间点温度值，使各段工质温度控制在规定范围内。

（7）过热减温水的使用及注意事项。

1）一级减温水用以控制二级过热器的壁温度，防止超限，并辅助调节主蒸汽温度的稳定；二级减温水是对蒸汽温度的最后调整，保证过热器出口温度在规定范围内。

2）当正常运行时，二级减温水应保持有一定的调节余地，但减温水量不宜过大，以保证水冷壁运行工况正常。

3）一级、二级减温的调节门后的手动门保持常开，当所需减温水超过其流量后，调节门后的电动门自动开启。

4）调节减温水维持汽温，有一定的迟滞时间，调整时减温水不可猛增、猛减，应根据减温器后温度的变化情况来确定减温水量的大小。

5）当低负荷运行时，减温水的调节尤须谨慎。为防止引起水塞，过热器、减温器后温度应确保过热度在 10K 以上。当投用再热器事故喷水减温水时，应防止低温再热器内积水，减温后温度的过热度应大于 20K，当降负荷或机组停用时，应及时关闭事故喷水减温水隔绝门。

五、锅炉吹灰

锅炉吹灰的目的是保持受热面的清洁和烟道的畅通。在正常运行过程中，锅炉进行吹灰操作时应特别注意以下事项：

（1）当锅炉负荷大于或等于 50% BMCR 负荷且燃烧稳定时，方可对炉膛和烟道进行吹灰；在 50% BMCR 负荷以下时，可以根据积灰情况有选择地进行吹灰。

（2）锅炉吹灰进行前应进行吹灰蒸汽系统暖管工作，当疏水温度高于 230℃后自动关闭疏水门，确保无水，防止蒸汽带水吹损受热面管材或积灰与水发生反应后板结。

（3）运行人员应根据各受热面的积灰和结渣情况合理安排投运锅炉吹灰器，当低负荷投油稳燃时空预器要投入连续吹灰。

（4）当锅炉吹灰时，保持较高炉膛负压，避免炉膛正压。在吹灰过程中严禁打开吹灰器附近的观察孔检查炉内状况。

（5）吹灰器投入顺序一般为：尾部回转式空气空预器→炉膛短伸缩吹灰器→锅炉受热面长伸缩行程吹灰器→锅炉受热面半长伸缩行程吹灰器→尾部烟道回转式空气空预器。锅炉各受热面吹灰器按烟气流程自下而上的顺序进行。

第二节　汽轮机正常运行的控制与调整

汽轮机正常运行的控制与调整的主要内容：按照正常运行的要求控制参数限额，监视汽轮机主要参数及其变化值应符合规定，按照规定内容进行设备定期巡检及维护，使机组在经济状态下运行。汽轮机正常运行中的一些重要参数，如主蒸汽参数、主蒸汽压力、凝汽器真空、轴向位移、轴瓦温度、振动及监视段压力等，对汽轮机安全经济运行起着决定性的作用。因此，运行中必须对这些参数认真监视并及时调整，使其保持在规定范围内。

一、汽轮机主要运行参数及限额

汽轮机主要运行参数包括主/再热蒸汽温度，各监视段压力，汽轮机各级抽汽温度及各种保护定值等，运行中必须使这些参数保持在规定范围内。

1. 主/再热蒸汽温度限额

主/再热蒸汽温度限额如表4-11所示。

表4-11　主/再热蒸汽温度限额

项目	单位	额定值	年平均值	每年不超过400h	每年不超过80h 每次不超过15min
主蒸汽温度	℃	600	600	610	616
再热蒸汽温度	℃	600	600	610	616

注：①汽机主/再热蒸汽两侧进汽温差分别小于17K，可以长期运行。
②汽机主/再热蒸汽两侧进汽温差分别在17～28K，允许运行的时间不超过15min。
③汽机主/再热蒸汽两侧进汽温差分别超过28K，应紧急停机。
④汽机主/再热蒸汽入口温度分别大于624℃，应紧急停机。

2. 各监视段压力限制

各监视段压力限制如表4-12所示。

表4-12　各监视段压力限制

项目	单位	额定值	长期运行①	短期运行②
主蒸汽压力	MPa（a）	26.25	27.6	31.5
高压第一级前压力	MPa（a）	25.81	27.1	28.4
补汽门后压力	MPa（a）	16.23	18.6	18.8
一级抽汽压力	MPa（a）	7.76	8.9	9.5
高压排汽压力	MPa（a）	5.95	7	7.3
再热蒸汽压力	MPa（a）	5.35	6.3	6.52
二级抽汽压力	MPa（a）	5.95	7	7.3
三级抽汽压力	MPa（a）	2.27	2.9	2.9
四级抽汽压力	MPa（a）	1.14	1.43	1.43
五级抽汽压力	MPa（a）	0.62	0.73	0.73

续表

项目	单位	额定值	长期运行①	短期运行②
六级抽汽压力	MPa（a）	0.24	0.3	0.3
七级抽汽压力	MPa（a）	0.07	0.09	0.09
八级抽汽压力	MPa（a）	0.025	0.04	0.04
低压第一级前压力	MPa（a）	0.6	0.73	0.73
低压排汽压力	MPa（a）	0.0047	0.028	0.028
轴封蒸汽压力	MPa（a）	0.0035		

注：①长期运行：无时间限制。
②短期运行：有允许的瞬时值，均有报警。每年超过该压力的时间累计不能超过12h。

3. 各级抽汽温度限制

各级抽汽温度限制如表4-13所示。

表4-13 各级抽汽温度限制

项目	单位	正常值	长期运行①	每年不超过80h 每次不超过15min	空负荷运行
高压排汽温度	℃	363	384	463	530②
一级抽汽温度	℃	399	416	463	530②
二级抽汽温度	℃	363	384	463	530②
三级抽汽温度	℃	464	467	501	
四级抽汽温度	℃	363	372	405	
五级抽汽温度	℃	283	292	335	
六级抽汽温度	℃	183	199	238	
七级抽汽温度	℃	91	119	159	
八级抽汽温度	℃	65	180	230	
低压排汽温度	℃	32	90	110	

注：①长期运行：无时间限制。
②仅在满负荷热再压力高跳机后允许。机组不带负荷，锅炉维持最小负荷，或汽机立即再带负荷，也允许在此温度值下运行。机组不带负荷，允许锅炉维持最小负荷在额定蒸汽条件下运行，无时间限制。

4. 转速限制

转速限制如表4-14所示。

表4-14 转速限制

项目	单位	数值
盘车转速	r/min	48～54
无时间限制的最大转速	r/min	3090
无时间限制的最小转速	r/min	2850

续表

项目	单位	数值
在低压叶片寿命期内不超过两小时的转速	r/min	<2850
		>3090
空负荷运行状况下不允许停留的转速范围（叶片可能共振的转速）	r/min	402～840
		900～2850
电超速保护脱扣转速	r/min	3300（两组、各三取二）

5. ETS 保护（报警）定值

ETS 保护（报警）定值如表 4-15 所示。

表 4-15　ETS 保护（报警）定值

项目	单位	定值		信号	逻辑	备注
		报警	保护			
主保护						
超速保护 BRAUN1	r/min		3300	模拟量	三取二	
超速保护 BRAUN2	r/min		3300	模拟量	三取二	
发电机保护			TRUE	开关量	二取一	
锅炉保护			TRUE	开关量	三取二	
跳闸电磁阀断线保护			TRUE	开关量		
汽轮机按钮遮断保护			FLASE	开关量	二取二	就地/集控室
高压缸叶片温度保护	℃	动态	动态（530）	模拟量	三取二	高压转子温度的函数
1 号低压缸末端汽缸温度保护	℃	90	110	模拟量	三取二	
2 号低压缸末端汽缸温度保护	℃	90	110	模拟量	三取二	
主机轴向位移保护	mm	<–0.5 >+0.5	<–1 >+1	模拟量	三取二	
1 号凝汽器压力保护	bar（a）	>0.2	>0.3	模拟量	三取二	主机转速大于 390r/min，延时 1s
2 号凝汽器压力保护	bar（a）	>0.2	>0.3	模拟量	三取二	主机转速大于 390r/min，延时 1s
主机润滑油母管油压保护	bar	<2.5	<2.3	模拟量	三取二	主机转速大于 9.6
附加保护						
1 号凝汽器水位保护	mm	>+400	>+550	模拟量	三取二	延时 3s
EH 油压力保护	bar		<105	模拟量	二取二	两台泵出油压力与母管油压相同时，延时 5s
1 号轴承温度保护	℃	>90	>130	模拟量	三取二	任意一组

续表

项目	单位	定值		信号	逻辑	备注
		报警	保护			
2 号～5 号轴承温度保护	℃	>110	>130	模拟量	三取二	任意一轴承任意一组
推力轴承温度保护	℃	>110	>130	模拟量	三取二	任意一组
6 号轴承温度保护	℃	>90	>120	模拟量	三取二	任意一组
7 号、8 号轴承温度保护	℃	>90	>107	模拟量	三取二	任意一轴承任意一组
1 号～5 号轴承振动保护	mm/s	>9.3	>11.8	模拟量	二取二	任意一轴承
6 号～8 号轴承振动保护	mm/s	>9.3	>14.7	模拟量	二取二	任意一轴承
发电机定子线圈进水温度保护	℃	>50	>58	模拟量	三取二	延时 3s
发电机定子冷却水流量保护	m^3/h	<108	<96	模拟量	三取二	延时 10s
发电机出线盒上部漏液保护			TRUE	开关量	三取二	
发电机出线盒下部漏液保护			TRUE	开关量	三取二	
发电机 1 号冷氢温度保护	℃	>43	>53	模拟量	三取二	延时 3s
发电机 2 号冷氢温度保护	℃	>43	>53	模拟量	三取二	延时 3s
主机润滑油箱油位保护	mm	动态（1400）	动态（1350）	模拟量	三取二	主机转速的函数，延时 1s

6. 本体运行参数

本体运行参数如表 4-16 所示。

表 4-16 本体运行参数

项目	单位	正常值	报警值		跳闸值	备注
			高限	低限		
转子晃度	mm	转子大轴晃动值不超过制造厂规定值，且与原始值相比矢量变化值不大于 0.02				
频率	Hz	50	51.5	47.5		
轴向位移	mm		+0.5	−0.5	±1	三取二
1 号～5 号轴承座振动	mm/s		9.3		11.8	二取二
6 号～8 号轴承座振动	mm/s		9.3		14.7	二取二
1 号～8 号轴承振动	μm		83		130	手动停机
1 号轴承温度	℃		90		130	任一部位三取二
2 号～5 号轴承温度	℃		110		130	任一部位三取二
任一推力轴承瓦块温度	℃		110		130	任一部位三取二
6 号轴承温度	℃		90		120	任一部位三取二

续表

项目	单位	正常值	报警值		跳闸值	备注
			高限	低限		
7 号～8 号轴承温度	℃		90		107	任一部位三取二
高中压外缸中部上、下缸壁温度差限制（并网前）	K		+30	−45	±55	手动停机
高中压外缸中部上、下缸壁温度差限制（并网后）	K		+30	−30	±45	手动停机
高压缸压比				1.08	1.05	手动停机
高压缸叶片级（12 级后）蒸汽温度	℃		430		530	三取二
高压缸排汽温度	℃		460		480	符合限制曲线
中压缸排汽温度	℃		300		337	手动停机
低压缸静叶环温度	℃		180		230	手动停机
低压缸排汽温度	℃		90		110	三取二
低压缸排汽真空	kPa			−80	−71	三取二（主机转速大于390r/min），延时 1s
抽汽管道上下管壁温度差	K		20			
凝汽器压力限制	kPa（a）		计算值		计算值	符合限制曲线
轴封供汽温度	℃	280～320	340	260		符合限制曲线
轴封供汽压力	kPa	3.5				
汽封冷却器压力	kPa		−2	−3		

7．汽轮机润滑油系统参数

汽轮机润滑油系统参数如表 4-17 所示。

表 4-17　汽轮机润滑油系统参数

项目	单位	正常值	报警值		跳闸值	备注
			高限	低限		
轴承润滑油温升	℃	20	25			
润滑油箱油温度	℃	45	68	35	70	停机时停顶轴油泵
润滑油箱油位	mm	1450	1500	1400	1350	符合限制曲线，延时 1s
润滑油箱压力	kPa	−1.5				
排烟风机前压力	kPa	−1.5				
交流润滑油泵出油压力	MPa	0.48		0.45		
润滑油系统母管压力	bar	3～4		2.5	2.3	三取二
润滑油滤网前油温度	℃	50	57	37		
润滑油滤网压差	MPa		0.08			
顶轴油滤网后压力	MPa	15.5	18	12.5		
顶轴油滤网前油温度	℃		65		70	停机时停顶轴油泵
顶轴油滤网压差	MPa		0.42			

8. EH 油系统参数

EH 油系统参数如表 4-18 所示。

表 4-18 EH 油系统参数

项目	单位	正常值	报警值		跳闸值	备注
			高限	低限		
EH 油箱油位	mm	>265				从上向下
EH 油箱油温度	℃	35～55	60	30		
EH 油母管压力和泵出油压力	MPa	15.5～16	18.5	15	10.5	两台泵出油压力与母管油压相同时，延时 5s
EH 油泵滤网压差	MPa		0.69			
EH 循环/再生油泵回油滤网压差	MPa		0.24			
EH 蓄能器（氮气）压力	MPa	9.3		8.27		

9. 小汽轮机本体参数

小汽轮机本体参数如表 4-19 所示。

表 4-19 小汽轮机本体参数

项目	单位	正常值	报警值		跳闸值	备注
			高限	低限		
小机推力轴承温度	℃		99		107	四取二
小机轴承温度	℃		99		107	二取一，延时 1s
小机轴向位移	mm		+0.9	−0.9	±1.2	二取一
小机轴承相对振动	mm		0.076		0.120	二取一，延时 1s
小机转子偏心	mm		0.08			
小机转速	r/min	2850～5800	6000	2800	6300	
小机第一阶临界转速	r/min	1700～2202				
小机排汽温度	℃		70		120	手动停机
小机排汽真空	kPa			−74	−69	三取二，延时 1s
小机排汽压力限制	kPa（a）		计算值		计算值	符合限制曲线
小机高压（本机高排）进汽压力	MPa	4.5～7				
小机高压（本机高排）进汽温度	℃	300～400				
小机低压（本机四抽）进汽压力	MPa	0.9～1.6				
小机低压（本机四抽）进汽温度	℃	300～400				
小机低压（辅汽母管）进汽压力	MPa	0.8～1.3				
小机低压（辅汽母管）进汽温度	℃	260～350				
小机轴封供汽压力	kPa	11.7～13.8	13.8	11.7		
小机轴封供汽温度	℃	150～180	200	120		

10. 小汽轮机油系统参数

小汽轮机油系统参数如表 4-20 所示。

表 4-20　小汽轮机油系统参数

项目	单位	正常值	报警值		跳闸值	备注
			高限	低限		
小机 EH 油母管油压	MPa	16		12	9.3	手动停小机
小机润滑油箱油位	mm	1110	1210	1010		
小机润滑油箱油温	℃		55	20		
小机润滑油滤网前油温	℃	46～52	57	37		
小机润滑油母管压力	MPa	0.363～0.403	0.423	0.343	0.323	三取二，延时 1s
小机润滑油滤网压差	kPa		40			

11. 高低压旁路油站参数

高低压旁路油站参数如表 4-21 所示。

表 4-21　高低压旁路油站参数

项目	单位	正常值	报警值		跳闸值	备注
			高限	低限		
旁路油泵站油位	mm			150	120	跳油泵
旁路油泵站油温	℃		50	25	70	跳油泵
旁路油泵站油压	MPa		21	18		
旁路油泵站滤网压差	MPa		0.1			

12. 给水除氧和高低压加热器系统参数

给水除氧和高低压加热器系统参数如表 4-22 所示。

表 4-22　给水除氧和高低压加热器系统参数

项目	单位	正常值	报警值		跳闸值	备注
			高限	低限		
给水泵进水流量	t/h			660	440	单泵
给水泵进水滤网压差	kPa		100			
给水泵平衡水流量	t/h		66.53			
给水泵泵体上下温差	K	20	50			
给水泵轴承密封水母管压力	MPa			3.0		
给水泵密封水滤网压差	kPa		80			
给水泵轴承密封水回水温度	℃		80		90	
给水泵轴承温度	℃		90		100	
给水泵推力轴承温度	℃		110		120	
给水泵轴承相对振动	mm		0.076		0.120	
给水泵组轴承回油温度	℃		70			
给水泵推力轴承回油温度	℃		70			

续表

项目	单位	正常值	报警值		跳闸值	备注
			高限	低限		
给水前置泵进水滤网压差	kPa		40			
给水前置泵轴承密封水滤网压差	kPa		100			
给水前置泵轴承密封水温度	℃		85			
给水前置泵轴承温度	℃		90		100	
给水前置泵轴承振动	mm/s		7		11	
给水前置泵电动机线圈温度	℃		125			
除氧器水位	mm	0±150	Ⅰ：+200 Ⅱ：+300 Ⅲ：+400 Ⅳ：+500	Ⅰ：−200 Ⅱ：−700 Ⅲ：−2060		
除氧器压力	MPa		1.138	0.047		
除氧器温度	℃		185	115		
高压加热器水位	mm	0±35	Ⅰ：+38 Ⅱ：+88 Ⅲ：+138	−38		+138 切除高压加热器组
1 号高压加热器汽侧压力	MPa		9.6			
2 号高压加热器汽侧压力	MPa		7.4			
3 号高压加热器汽侧压力	MPa		2.9			
高压加热器水侧压力	MPa		39			
低压加热器水位	mm	0±25	Ⅰ：+38 Ⅱ：+88 Ⅲ：+138	Ⅰ：−38 Ⅱ：−88		+138 切除低压加热器组，7、8 号低压加热器低Ⅰ值为−78
5 号低压加热器汽侧压力	MPa		0.63			
6 号低压加热器汽侧压力	MPa		0.24			
低压加热器水侧压力	MPa		4.5			
6 号低压加热器疏水泵出水母管流量	t/h		150	100		
6 号低压加热器疏水泵出水母管压力	MPa		2.5	1.5		
6 号低压加热器疏水泵进水滤网压差	kPa		20			
6 号低压加热器疏水泵轴承温度	℃		75		85	
6 号低压加热器疏水泵电机轴承温度	℃		75		85	
6 号低压加热器疏水泵电机线圈温度	℃		130		140	手动停泵

13. 凝结水系统参数

凝结水系统参数如表 4-23 所示。

表 4-23　凝结水系统参数

项目	单位	正常值	报警值		跳闸值	备注
			高限	低限		
凝结水泵轴承（包括推力）温度	℃		80		90	
凝结水泵电机线圈温度	℃		130		140	手动停泵
凝结水泵电机下轴承温度	℃		90		95	
凝结水泵电机推力轴承温度	℃		80		95	
凝结水泵进水滤网压差	kPa		8			
凝结水泵出水压力	MPa			变频：1.7 工频：3		
凝结水泵出水母管流量	t/h		1400	300		单泵
凝结水泵出水母管压力	MPa		4	变频：1.7 工频：3		
低压旁路减温水压力	MPa			变频：1.7 工频：3		
低压旁路减温水调节门前后压差	MPa		1.05			
凝结水泵密封水压力	MPa			0.1		
凝汽器水位	mm	0±115	Ⅰ：+200 Ⅱ：+300 Ⅲ：+400 Ⅳ：+550	Ⅰ：−200 Ⅱ：−500 Ⅲ：−690		−690 跳凝泵/ +550 跳机
凝汽器汽侧温度	℃		60			
凝结水储水箱水位	mm		Ⅰ：8500 Ⅱ：8800	Ⅰ：4500 Ⅱ：4300 Ⅲ：2000 Ⅳ：1500		
凝输水泵进水滤网压差	kPa		20			
凝输水泵组轴承温度	℃		80			

14. 抽真空系统参数

抽真空系统参数如表 4-24 所示。

表 4-24　抽真空系统参数

项目	单位	正常值	报警值		跳闸值	备注
			高限	低限		
真空泵汽水分离器水位	mm		270	60		
真空泵抽气门后真空	kPa		−95	−86		
真空泵抽气门前真空	kPa			−89		
真空泵电动机定子线圈温度	℃		120		140	手动停泵
真空泵组轴承温度	℃		80			
真空泵工作水（冷却器出口）温度	℃		35			

15. 辅助蒸汽系统参数

辅助蒸汽系统参数如表4-25所示。

表4-25 辅助蒸汽系统参数

项目	单位	正常值	报警值		跳闸值	备注
			高限	低限		
辅助蒸汽联箱压力	MPa		1.2	0.7		
辅助蒸汽联箱温度	℃			260		
辅汽联通管压力	MPa		1.2	0.5		

16. 闭冷水系统参数

闭冷水系统参数如表4-26所示。

表4-26 闭冷水系统参数

项目	单位	正常值	报警值		跳闸值	备注
			高限	低限		
闭冷水泵轴承温度	℃		70		80	
闭冷水泵电动机轴承温度	℃		80		90	
闭冷水泵电动机线圈温度	℃		130		140	手动停泵
闭冷水膨胀水箱水位	mm		2500	Ⅰ：1500 Ⅱ：1200 Ⅲ：1000		
闭冷水泵进水滤网压差	kPa		20			
闭冷水泵出水母管压力	MPa			0.5		
水一水热交换器闭冷水出水母管压力	MPa			0.4		
水一水热交换器闭冷水出水母管温度	℃		40			

17. 循环水系统参数

循环水系统参数如表4-27所示。

表4-27 循环水系统参数

项目	单位	正常值	报警值		跳闸值	备注
			高限	低限		
电动滤水器前后压差	kPa		5	2.5		
循环水泵出水门蓄能器压力	MPa		16	14		
循环水泵出水压力	MPa			0.15		单泵
循环水泵电动机上导轴承温度	℃		75		80	
循环水泵电动机下导轴承温度	℃		75		80	
循环水泵电动机线圈温度	℃		130		140	手动停泵
循环水泵进水室平板滤网压差	Pa		300			
循环水泵进水室水位	mm		9	6.8	5	

续表

项目	单位	正常值	报警值		跳闸值	备注
			高限	低限		
循环水泵推力轴承温度	℃		75		80	
循环水泵润滑冷却水流量	t/h			4		
循环水泵润滑冷却水滤网压差	kPa		20			
循环水泵组润滑冷却水压力	MPa			0.15		
循环水泵出水母管压力	MPa		0.4	0.15		
循环水泵组轴承振动	mm	≤0.1	0.15		0.18	手动停泵
胶球清洗装置收球网前后压差	kPa		60			

18. 清洁疏水系统参数

清洁疏水系统参数如表4-28所示。

表4-28　清洁疏水系统参数

项目	单位	正常值	报警值		跳闸值	备注
			高限	低限		
清洁疏水扩容器压力	MPa		0.5			
清洁疏水扩容器温度	℃		560			
清洁疏水箱水位	mm		500	200		
凝汽器系统疏水立管真空	kPa			−81.3		
凝汽器系统疏水立管温度	℃		70			
凝汽器本体疏水立管真空	kPa			−81.3		
凝汽器本体疏水立管温度	℃		70			

19. 发电机氢油水系统参数

发电机氢油水系统参数如表4-29所示。

表4-29　发电机氢油水系统参数

项目	单位	正常值	报警值		跳闸值	备注
			高限	低限		
氢冷器出口氢气温度	℃		43		53	延时3s
氢冷器进口氢气温度	℃		88			
补氢系统氢气压力	MPa	1	1.2	0.6		
补氢系统氢气流量	m^3/h		1			
发电机内氢气压力	MPa	0.5	0.52	0.47		
发电机内氢气纯度	%	≥97		96		
发电机绝缘	%	100		80		
发电机内温度	℃	<0	0			
氢气干燥器出口温度	℃	<0	0			
发电机密封油真空油箱真空	kPa	−37	−40	−20		

续表

项目	单位	正常值	报警值		跳闸值	备注
			高限	低限		
发电机密封油过滤器出口油压	MPa	1.1～1.3		0.8		
发电机密封油过滤器前后压差	kPa	<80	80			
发电机密封油冷却器出口油温	℃	45	50	35		
发电机密封油一氢气压差	kPa	120		80		
发电机密封油防爆风机进口真空	kPa	−1.0		−0.5		
定子线圈进出水压差	kPa	220	242			
定冷水箱水位	mm			400		
定冷水泵出水压力	MPa	0.6		0.5		
定子线圈进水电导率	μΩ/cm	<2	2			
定子线圈进水温度	℃	45～48	50		58	延时 3s
定子冷却水过滤器前后压差	kPa	<80	80			
定子冷却水补水过滤器前后压差	kPa	<80	80			
定子冷却水补水电导率	μΩ/cm	<1	1			
定子冷却水进水压力	kPa	400	440			
定子冷却水流量	m^3/h	120		108	96	延时 10s
定子线圈出水温度	℃	70	75			
定冷水一氢气温差	K	5		3		

二、汽轮机正常运行的监视与调整

汽轮机正常运行的监视和调整主要包括参数监视和运行维护两方面，确保汽轮机安全高效运行。

1. 汽轮机的主要监视参数

（1）汽轮机转速、转子偏心度、振动、汽轮机缸胀、轴向位移。

（2）汽轮机高中压主汽蒸门、调节门、缸体、转子、转子的金属温度及其 TSC 裕度、高中压缸上下缸壁温度。

（3）各级抽汽压力、温度。

（4）主/再热蒸汽压力、温度，高压缸排汽温度，中压缸排汽温度，低压缸排汽温度，凝汽器背压。

（5）主给水流量、主凝结水流量。

（6）汽轮机轴承金属温度，润滑油压力、温度及回油温度。

（7）EH 油压力、温度。

（8）凝汽器、除氧器、高低压加热器的水位。

（9）EH 油、主机润滑油、发电机密封油等油箱油位。

（10）凝汽器及各加热器的端差、温升。

（11）轴封汽压力、温度。

2. 汽轮机的运行维护

（1）按正常运行参数限额规定监视汽轮机的主要参数。

（2）运行人员在投、切机组 CCS 控制方式时应注意在 DEH、DCS 中检查一次调频状态显示是否正确。

（3）当机组出现异常致使机组控制方式切至 TF、BASE 方式时，运行人员应注意确认 DEH、DCS 一次调频自动退出。当异常消除，全部满足机组在并网状态下、机组不处于初压控制方式及机组协调控制投入三个条件后，延时 120s、发 2s 脉冲，自动投入 DEH 侧一次调频功能。

（4）在机组正常运行过程中，主/再热蒸汽温度在 10min 内急剧下降 50℃，应紧急停机。

（5）定期对设备进行巡检和维护。

（6）定期记录或打印重要的参数并进行分析，使机组在经济状态下运行。

（7）定期对设备进行切换及试验。

（8）控制蒸汽参数不超限，发现超限或有超限趋势应及时调整，并准确记录超限值、超限时间及累计时间。

（9）定期联系化学人运行员进行汽、水、油品质的化验，发现异常及时处理。

（10）在正常运行过程中，当高压加热器单列或全部撤出时，控制主蒸汽流量及各监视段压力不超过最大允许值，否则应限制机组出力，同时注意锅炉分离器出口温度和主蒸汽温度的变化。

（11）当凝汽器半侧停运后，应控制凝汽器背压在允许范围之内，否则降负荷运行，并重点监视汽轮机缸胀、轴向位移、推力瓦温度等应不超限。

三、机组低负荷运行的控制与调整

当机组负荷在小于 55%的满负荷运行时可看作低负荷运行。锅炉最低不投油稳燃负荷为 30% BMCR 负荷。当机组低负荷运行时，不但锅炉燃烧不稳定，而且汽轮机各系统参数变化较大，为保证汽轮机各参数的平稳变化及安全运行，应做如下调整。

（1）在低负荷运行过程中，加强主蒸汽压力的监视和调整。注意凝汽器、除氧器和加热器水位及调整情况。

（2）在低负荷运行期间，控制好主/再热蒸汽温度变化速率，保证在 DEH 的 TURBINE TSE MARGINS（汽轮机热应力计算）的中汽轮机 MARGIN（温度裕度）值大于 0，汽轮机两侧进汽温度偏差在 17K 以内。

（3）在低负荷运行期间，注意小机运行情况、小机排汽温度上升情况及小机排汽减温水门的动作情况，通过开启给水泵再循环调节门控制小机转速在 2800 r/min 以上。

（4）在低负荷运行期间，注意两台机组辅汽联箱压力、温度的监视和调整，在两台机组负荷相同、小机汽源相同的情况下，两台机组高排至辅汽联箱的调节门开度应尽量保持一致，确保两台机组不串汽。此外，还应注意保证主机轴封供汽温度和压力正常，主机轴封供汽调节门前温度应保持在 280℃～320℃之间（通过电加热器就地 PLC 控制柜手动调整电加热器出口温度设定值）。

（5）在低负荷运行期间，注意监视小机轴封供汽温度的变化，当发现温度降低较多（降至 125℃左右）时，应立即到就地关小减温水调节门前后手动门，若实在无法控制小机轴封供汽温度或者发现温度仍然继续降低，应关闭减温水调节门前后手动门和旁路手动门。

（6）当机组负荷降至450MW以下时，随着四抽压力的降低，四抽至辅汽联箱供汽电动门会自动关闭（1号机由于压力测点位置错误，暂不会自动关闭，请运行人员参考2号机组四抽至辅汽联箱电动门动作情况手动关闭，并交接班），监盘人员应注意辅汽联箱压力和高排至辅汽联箱调节门动作情况的监视，并确认四抽至辅汽联箱供汽电动门前疏水器前后手动门全开。待机组负荷升至750MW以上，对四抽至辅汽联箱供汽管道进行充分疏水暖管后，再缓慢开启（就地手动开启）四抽至辅汽联箱电动门。

（7）如果机组负荷降至400MW左右，应开启小机本体的蒸汽室疏水、调节级后疏水和高压进汽管下部疏水，并加强小机振动的监视。待机组负荷上升至450MW以上后，再关闭小机本体的蒸汽室疏水、调节级后疏水。

（8）在低负荷运行期间，注意监视闭冷水系统压力、温度（冬季应控制在25℃～30℃），重点关注氢冷器、定冷水冷却器等供水调节门开度（必要时应关闭各调节门的旁路门，防止调节门开度过小），加强就地检查，关注主机润滑油、密封油温度的波动，避免温度过低对主机振动造成不利影响。

（9）在低负荷运行期间，加强四抽至辅汽联箱供汽压力（随着负荷降低应逐渐下降）的监视，在机组负荷接近500MW时，注意检查机组（包括邻机）补水量是否过大、除氧器压力是否居高不下（0.9MPa左右）、高压加热器正常疏水是否顺畅等情况，避免由于四抽至辅汽联箱供汽逆止门不严带来的不利影响。

第三节　电气正常运行的监视与控制

电气正常运行的监视与控制包括发电机运行的监视与控制、变压器运行的监视与控制、厂用电系统运行的监视与控制、直流系统运行的监视与控制及电气运行的相关参数，当参数超出规定时应进行及时调整。

一、发电机运行的监视与控制

（一）发电机及励磁系统的运行方式及规定

1. 额定工况下的运行方式

（1）发电机按制造厂铭牌规定数据运行的方式称为额定运行方式，在此方式下，可以长期连续运行，但应满足下列条件：

1）水系统正常运行。

2）发电机充氢且氢压正常，四组氢冷器全部投入且运行正常。

3）发电机的频率在正常范围内。

4）发电机的电压在正常范围内。

（2）发电机不允许无励磁运行，也不允许长时间进行逆功率运行。

2. 发电机正常运行时的非电气量限制

（1）发电机的载荷能力要受到其各部分温度限额的限制。发电机在运行中各部分的温度不得超过规定报警值。

（2）如果四组氢冷却器中的一组退出运行，则允许发电机以不超过75%的额定负荷运行，但发电机定冷水系统必须正常运行，进风温度应在规定范围内。

（3）发电机不允许在定冷水系统发生故障后继续运行。

3. 电压、频率、功率因数变化时的运行方式

（1）当发电机在额定容量、频率、功率因数下运行时，发电机定子电压在额定电压的95%～105%范围内变动，且当功率因数为额定值时，其额定容量不变，即当定子电压在该范围内变动时，定子电流可按比例进行相反变动。

（2）当发电机电压低于额定值的95%时，定子电流长期允许的数值不得超过额定值的105%。

（3）当发电机频率在正常运行过程中变化时，定子电流、励磁电流及各部分温度不得超过限额值。

（4）当发电机正常运行时，定子电流三相应平衡，其各相电流之差一般不得超过额定值的10%，同时最大一相电流不得大于额定值。

（5）当频率变化在48.5～51Hz范围内且功率因数为额定值时，发电机可按额定容量运行。

（6）在正常运行过程中，应调整发电机的无功出力，使500kV母线电压在相应时段电压曲线的上下限之间运行。若需进相运行，则按调度命令及进相规定执行。

4. 励磁系统

（1）发电机励磁系统为自并激励磁系统。

（2）微机励磁调节器一般由A、B两套通道组成，可任选一个通道工作，另一通道备用（由继保人员在每次机组大小修后、启动前轮换运行通道），备用通道跟踪运行通道，当运行通道发生故障时，备用通道可以无扰自动切换。A套通道测量电压量取自发电机出口2号PT，B套通道测量电压量取自发电机出口1号PT。定子电流量取自发电机出口CT，转子电流量取自励磁变压器低压侧CT。每台机组配置四台励磁整流柜。

（3）发电机启励电源由本机400V厂用母线供给。在启励过程中，当发电机定子电压达到10% U_e 或启励时间超过8s时自动退出启励回路，而后由自动励磁调节装置控制励磁整流柜向发电机供给励磁电流。

（4）励磁系统的运行规定。

1）在正常运行情况下四台励磁整流柜并列运行，特殊情况下可由一至三台励磁整流柜运行，某1000MW机组励磁系统的运行参数如表4-30所示。

表4-30 励磁系统的运行参数

运行方式	无功负荷	转子电流/A	强励功能
四台励磁整流柜运行	额定值	5887	有
三台励磁整流柜运行	额定值	5887	有
两台励磁整流柜运行	额定值	5887	无
一台励磁整流柜运行	限制	3500	无

2）运行人员不得对励磁调节柜和励磁整流柜所属系统进行绝缘测量，必须测量时应由检修人员进行。在进行相邻设备系统绝缘测量时应将上述系统隔离。

3）励磁调节柜、励磁整流柜不允许无风机运行，必须先开启风机，再投入励磁调节柜、励磁整流柜运行。

4）当励磁整流柜并列运行时，各组整流柜的输入、输出电压和电流应基本平衡。当一台整流柜运行时，发电机带负荷以转子电流不超过限值为准，超过此值时应降低无功出力。

5）在正常情况下励磁整流柜风机按自动方式运行。风机运行受功率柜智能控制器直接监视和控制，自动检测风压并进行风机智能切换。

6）励磁调节柜背面去各整流柜的脉冲输出开应在投入位置，运行中不得进行操作，以防整流柜输出为零。发电机运行中严禁将某一台整流柜组件摇出仓外，当某一台整流柜故障需将其退出时，断开其脉冲输出开关即可。

（5）电力系统稳定器（PSS）的运行规定。

1）PSS 的投入与退出必须按照上级调度部门的命令执行，原则上，当机组运行时 PSS 必须投入。严禁随意改变 PSS 的运行方式。

2）PSS 功能投退可通过励磁调节器上的 PSS 投入小开关投退，也可通过 DCS 中发变组主画面“励磁操作”按钮的下一级菜单选择 PSS 的投入与退出。上述两种操作方式为并联，正常情况下以 DCS 中的按钮方式为主，当 DCS 中操作无效时改用调节器面板方式。

3）DCS 画面中的“PSS 投入”和“PSS 退出”按钮，红色为当前有效功能，黑色为等待操作的功能。

4）在机组正常运行过程中，当因任何原因引起 PSS 功能故障而退出时，均应及时向上级调度部门汇报。

（6）AVC（自动电压控制）装置的运行。

1）AVC 装置接收网调 AVC 主站下发的对机组的无功调节指令。网调主站根据 500kV 母线电压的控制目标值，经过对机组运行方式、参数的判别计算和相应的无功优化分配策略，确定机组无功目标值并分别下发至机组励磁装置，实现对机组无功的自动控制，从而达到调整 500kV 系统电压的目的。AVC 装置由上位机、下位机、通信通道、转发通道、信号采集与控制输出接口、电源装置六大部分组成，在值长调度台配置一台后台机，实现机组 AVC 控制与监控管理功能。

2）AVC 装置运行规定。

- 机组 AVC 控制的正常投退应按网调调度员的指令进行。
- 当机组在 AVC 自动控制方式运行时，应严密监视机组的运行工况及 500kV 母线电压的变化情况，若发现机组运行参数越限、AVC 装置出现双向闭锁而无法调节或设备出现其他异常情况，应立即汇报给网调调度员，人工将 AVC 控制退出运行，正常后再投入并做好记录。
- 如因通道故障或某一安全约束条件越限引起 AVC 自动退出且无法投入运行，应立即汇报给网调调度员并联系检修人员检查处理。
- 单元机组正常降负荷可能至 450MW 以下运行时，应提前联系网调调度员退出机组 AVC 控制方式。
- 运行人员不得随意修改 AVC 系统中的有关约束条件及参数。AVC 系统中有关参数的修改应依据网调下达的通知单或变更单由继保人员负责修改。

5. 发电机进相运行规定

（1）当系统需要时，根据调度要求，发电机允许进相运行。

（2）当发电机进相运行时，失磁保护必须投入运行。

（3）当发电机进相运行时，AVR 必须在恒压运行方式，调节器中低励限制器不得停用或调低定值，机端电压不得低于 95% U_e，6kV 厂用母线电压不得低于 5.7kV，400V 母线电压不得低于 365V。当上述电压满足不了要求时，应及时向上级调度部门汇报，必要时将厂用电倒为备用电源接带。

（4）当发电机进相运行时，发电机各部温度不得超过允许值。

（5）当额定氢压时，进相限额不得低于厂家规定参数，具体数据以进相试验报告数值为准。某 1000MW 机组各工况下的进相限额如表 4-31 和表 4-32 所示。

表 4-31　厂用电为工作电源接带时，发电机的进相运行限额

有功/MW	1000	900	800	750	700	600	500
无功/Mvar	-45	-75	-105	-120	-128	-144	-160

表 4-32　厂用电由备用电源接带时，发电机的进相运行限额

有功/MW	1000	900	800	750	700	600	500
无功/Mvar	-45	-103	-161	-190	-213	-259	-305

6. 发电机温度、氢压变化及其设备异常时的运行规定

（1）发电机定冷水电导率正常应不高于 2μΩ/cm；pH 值应维持在 6～8 之间；进出水压差为 0.22MPa 左右，当压差升高到 0.242MPa 时报警。

（2）发电机定冷水流量正常运行时为 120m^3/h，当降到 108m^3/h 时报警，当降到 96m^3/h 时跳机。

（3）发电机定子线圈的进水温度变化范围为 45℃～50℃，当超过 53℃时报警，当超过 58℃时跳闸。

（4）当发电机（绕组、铁芯、冷却介质）的温度、温升、温差与正常值有较大的偏差时，应立即分析、查找原因。当发电机定子线棒层间测温元件的温差达 8℃或定子线棒引水管同层出水温差达 8℃报警时，应检查定子三相电流是否平衡，定子绕组水管路流量与压力是否异常。如果发电机的过热是由内冷水中断或内冷水量减少引起的，则应立即恢复供水。当定子线棒温差达 14℃或定子引水管出水温差达 12℃，或任一定子槽内层间测温元件温度超过 90℃或出水温度超过 85℃时，应立即降低负荷，在确认测温元件无误后，为避免发生重大事故，应立即停机，进行反冲洗及有关检查处理。

（5）发电机定子铁芯温度不得大于 120℃。

（6）发电机转子绕组温度不得大于 110℃。

（7）发电机运行氢压为 0.5MPa，当低于 0.47MPa 或高于 0.52MPa 时报警；当氢压低于 0.47MPa 且不能及时补充时，必须将发电机的负荷降至 85%的额定负荷，查找并消除造成氢压降低的原因。

（8）当正常运行时发电机进风温度应小于等于 46℃，当高于 48℃时报警，当高于 53℃时跳闸；发电机出风温度小于 84℃，当高于 88℃时报警，最大不得超过 90℃。

（9）在额定工况下（氢压为 0.5MPa），当四组冷却器中的一组冷却器停用时发电机能安全运行的最大负荷为 75%的额定负荷（750MW）。此时，要求定子冷却水系统正常运行，发电

机氢气露点温度大大低于发电机进风温度。

（二）发电机正常运行中的监视、检查

1. 一般规定

（1）按运行日志规定内容每两小时抄表一次。

（2）严格监视发变组系统各种仪表的指示不得超过规程规定的数据，当发生异常时应进行必要的调整操作。

（3）发电机无功负荷的调节，应在保证发电机定子电压和功率因数运行在允许范围内的前提下，满足系统对电压的需要，同时还应兼顾厂用电压的运行要求。

（4）当 500kV 母线电压值超过上限时，无论 AVC 投入与否，均应保证将 500kV 电压调整至合格的范围内。此时，若 AVC 未投入，应迅速减励磁以降低机组无功直至进相；若 AVC 在投入状态，应汇报给调度，将 AVC 短时退出，人工降低机组无功直至进相以保证 500kV 电压合格，之后再将 AVC 投入。

（5）当 500kV 母线电压值低于电压曲线的下限时，应迅速增加励磁以提高机组无功。当有功负荷未达到额定值时，应以发电机定子、转子电流为限额进行监视，同时要防止主变压器过负荷。

2. 发电机运行中的监视

（1）发电机有功负荷的增减一般由 AGC 控制或集控值班人员调整。

（2）当正常运行时，每班应抄录发电机各运行工况参数，特别是当发现个别参数显示异常时，应加强监视并分析原因，及时汇报，通知检修人员处理。同时应根据情况加强对该部位的监视，并进行比较和针对性分析。

（3）每班应对发电机本体及碳刷、励磁变压器、励磁调节器、发电机绝缘过热监测装置、继电保护装置等进行一次全面认真的检查，核对上述设备正常且与当前运行工况相符，若发现缺陷，则及时记录、汇报、处理。

3. 发电机正常运行检查项目

（1）发电机各部温度正常，无局部过热现象，进出水温、风温正常。

（2）发电机各部声音正常，振动正常。

（3）发电机及冷却水管路无渗漏现象。

（4）定子线圈冷却水各参数符合规定的要求。

（5）机壳内氢气压力、纯度、温度、湿度各参数符合规定的要求。

（6）转子大轴接地碳刷接地良好，碳刷与转轴接触良好，无异常情况。

（7）励磁系统的绝缘合格，无接地现象；励磁碳刷与滑环接触良好，无跳动、卡涩、冒火情况，碳刷长度符合要求。

（8）励磁系统各元件无松动和过热情况，保险无熔断现象，各开关位置正确，风机运行正常，指示灯指示正常。

（9）励磁变压器温度正常，无异声、焦臭、变色和异常振动情况，无异常报警。

（10）励磁变压器前后门应关闭，冷却风扇运转情况与线圈温度相对应。

（11）发变组保护投入运行正常，指示灯指示正常，压板位置正确。

（12）各 CT、PT、中性点变压器无发热、振动及异常现象。

（13）封闭母线无振动、放电、局部过热现象，封闭母线微正压装置运行正常。

（14）漏液、漏氢检测装置运行正常，无报警信号。

（15）发电机绝缘过热监测装置投入正常，电流指示在100%。

4. 滑环碳刷的维护

（1）维护滑环碳刷工作时的注意事项。

1）在转动着的发电机上更换碳刷应由有经验的人员进行，一人监护，一人工作。工作时应穿长袖工作服，袖口应扎紧，禁止穿短袖衣服或把衣袖卷起来。女工还应将长发盘在帽子内。

2）工作时应穿绝缘靴或站在绝缘垫上，使用绝缘良好的工具并应采取防止短路及接地的措施。当励磁系统有一点接地时，应停止工作。

3）禁止两人同时在同一转动的电机的两极上工作。禁止同时用双手直接接触不同极的带电部分，或一手接触导电部分，另一手或身体其他部位接地。

（2）对滑环的维护除按发电机检查项目进行外，还需注意以下各点：

1）所更换的碳刷型号规格应一致。

2）每次更换时，同一滑环碳刷不应超过6块。

3）更换的碳刷要研磨良好，与滑环的接触面不应小于三分之二。

4）更换碳刷时应检查其压簧压力是否正常，无过热、断裂现象。

（3）对滑环碳刷定期测量温度及电流的规定。

1）每月单日中班工作人员对发电机碳刷的电流及温度测量一次。

2）测量电流方法：使用钳型电流表直流挡将一块碳刷的2根刷辫一起放入钳口内测量。

3）测量温度方法：用红外线测温仪对准碳刷刷体、刷辫等处进行测量，记录最高点温度。

4）当发现有碳刷电流小于10A时，迅速检查是否有卡涩或接触不良等情况并进行调整，经过处理仍然无效时联系检修人员处理。

5）测量工作由两人进行，一人操作，另一人监护并记录数据。测量中要严防异物落入刷握内或滑环上引起短路、碳刷卡住损坏、冒火或人身意外。

6）当测量时，戴好耳塞，做好个人防护。

7）将测量数据按表格认真、准确地做好记录。

二、变压器运行的监视与控制

（一）变压器的运行标准

变压器在运行中一旦发生故障，将给电厂带来巨大的经济损失，所以应当了解运行标准，掌握运行规律，以避免事故的发生。变压器的运行标准将在以下内容中进行阐述。

1. 允许温升

当变压器运行时，绕组和铁芯中的电能损耗都转变为热量，使变压器各部分的温度升高，它们与周围介质存在温差，热量便散发到周围的介质中去。在油浸式变压器中，绕组和铁芯热量先传给油，受热的油又将其热量传至油箱及散热器，再散入外部介质（空气或冷却水）。变压器的绝缘温升决定于绝缘材料。油浸电力变压器的绕组一般用纸和油做绝缘，属A级绝缘。我国电力变压器允许温升的国家标准是基于以下条件规定的：变压器在环境温度为+20℃下带额定负荷长期运行，使用期限为20～30年，相应的绕组最热点的温度为98℃。

变压器的绝缘材料随着运行时间的延续会出现老化现象，即失去它初期具有的绝缘性质。温度越高，绝缘老化越严重、迅速，以致发脆而碎裂，使线圈失去绝缘层的保护；温度越高，绝缘材料的绝缘性能也越差，容易被高压击穿，造成故障。因此，变压器正常运行时不准超过绝缘材料所允许的温升。

对自然油循环和一般的强迫油循环变压器，绕组最热点的温度高出绕组平均温度约 13℃；对于导向强迫油循环变压器，则约高出 8℃。因此，对于自然油循环和一般强迫油循环变压器，在保证正常使用期限下，绕组对空气的平均温升限值为(98–20–13)℃=65℃；同理可得出导向强迫油循环变压器的绕组对空气的平均温升限值为 70℃。

在额定负荷下，绕组对油的平均温升在设计时一般都保证：自冷式变压器为 21℃，一般强迫油循环冷却和导向强迫油循环冷却变压器为 30℃。

为了保证绕组在平均温升限值内运行，变压器油对空气的平均温升应为绕组对空气的温升减去绕组对油的温升，即：自冷式变压器，油对空气的平均温升为(65–21)℃=44℃；一般强迫油循环变压器，油对空气的平均温升为(65–30)℃=35℃；导向强迫油循环变压器，油对空气的平均温升为(70–30)℃=40℃。

在一般情况下，自冷式变压器的顶层油温高出平均油温约为 11℃；一般强迫油循环和导向强迫油循环变压器的顶层油温则高出 5℃。所以，为保证绕组在平均温升限值内运行，变压器顶层油对空气的温升要求如下：自冷式变压器，顶层油对空气的温升为(44+11)℃=55℃；同理一般强迫油循环变压器和导向强迫油循环变压器顶层油对空气的温升分别为 40℃、45℃。

我国标准规定的在额定使用条件下变压器各部分的允许温升如表 4-33 所示。额定使用条件如下：最高气温为 40℃，最高日平均气温为 30℃，最高年平均气温为 20℃，最低气温为–30℃。

表 4-33 变压器各部分的允许温升

冷却方式 温升/℃	自然油循环	强迫油循环风冷	导向强迫油循环风冷
绕组对空气的平均温升	65	65	70
绕组对油的平均温升	21	30	30
顶层油对空气的温升	55	40	45
油对空气的平均温升	44	35	40

自然冷却或吹风冷却的油浸式电力变压器事故过负荷的允许时间如表 4-34 所示，其所列的温升是对额定负荷而言的。但对强迫油循环变压器，当循环油泵停用时，一般仍可以自然油循环冷却方式工作，带比额定负荷小的负荷运行，这也是强迫油循环变压器的一种运行方式，此时顶层油的温升限值就是 55℃。因此，对顶层油的允许温升限值就不分冷却方式，定为 55℃。

2. 允许负载

变压器在有负载时因铜损和铁损而发热。负载越大，发热量越多，温升也越高。当负载过大时，有可能超过允许温度，对绝缘材料是不利的。为此，变压器在运行时有一个允许连续稳定运行的额定负载，即变压器的额定容量。当变压器三相负荷不平衡时，应严格监视最大电流相的负荷，使之不超过额定值，不平衡值不得超过额定电流的 10%。除正常过负载以外，变压器在运行时一般不能超过铭牌上规定的容量。

表 4-34 自然冷却或吹风冷却的油浸式电力变压器事故过负荷允许时间（单位：小时～分）

过负荷倍数	环境温度/°C				
	0	10	20	30	40
1.1	24～00	24～00	24～00	19～00	7～00
1.2	24～00	24～00	13～00	5～50	2～45
1.3	23～00	10～00	5～30	3～00	1～30
1.4	8～30	5～10	3～10	1～45	0～55
1.5	4～45	3～10	2～00	1～10	0～35
1.6	3～00	2～05	1～20	0～45	0～18
1.7	2～05	1～25	0～55	0～25	0～09
1.8	1～30	1～00	0～30	0～13	0～06
1.9	2～00	1～35	0～18	0～09	0～05
2.0	0～40	0～22	0～11	0～06	不允许运行

3. 允许过负荷

变压器的过负荷能力是指为满足某种运行需要而在某些时间内允许变压器超过其额定容量运行的能力。按过负荷运行的目的不同，变压器的过负荷一般又分为正常过负荷和事故过负荷两种。

（1）变压器的正常过负荷。

变压器运行时的负荷是经常变化的，日负荷曲线的峰谷差可能很大。根据等值老化原则，可以在一部分时间内小于额定负荷运行，只要将在过负荷期间多损耗的寿命与在低于额定负荷期间少损耗的寿命相互补偿，变压器仍可获得原设计的正常使用寿命。变压器的正常过负荷能力就是以不牺牲变压器正常寿命为原则制定。同时还规定过负荷期间的负荷和各部分温度不得超过规定的最高限值。我国的限值如下：绕组最热点的温度不得超过 140℃；自然油循环变压器的负荷不得超过额定负荷的 1.3 倍，强迫油循环变压器的负荷不得超过额定负荷的 1.2 倍。

（2）变压器的事故过负荷。

变压器的事故过负荷也称短时解救过负荷。当电力系统发生事故时，保证不间断供电是首要任务，防止变压器绝缘老化加速是次要的。所以，事故过负荷和正常过负荷不同，它是以牺牲变压器寿命为代价的。当事故过负荷时，其绝缘老化率允许比正常过负荷时高得多，即允许较大的过负荷，但我国规定绕组最热点的温度仍不得超过 140℃。

我国《电力变压器运行规程》对油浸式电力变压器事故过负荷运行允许时间的规定如表 4-35 所示，对干式变压器的事故过负荷运行允许时间的规定如表 4-36 所示。

变压器在过负荷运行时应注意以下几点：当变压器存在较大缺陷时，如冷却系统故障、严重漏油、色谱分析异常等，不准过负荷运行；当变压器过负荷运行时，应投入全部冷却器；

当变压器经过事故过负荷后，应进行一次全面检查并将事故过负荷大小和持续时间记入变压器的技术档案中。

表 4-35　油浸强迫油循环冷却变压器事故过负荷运行允许时间（单位：小时～分）

过负荷倍数	环境温度/℃				
	0	10	20	30	40
1.1	24～00	24～00	24～00	14～30	5～10
1.2	24～00	21～00	8～00	3～30	1～35
1.3	11～00	5～10	2～45	1～30	0～45
1.4	3～40	2～10	1～20	0～45	0～15
1.5	1～50	1～10	0～40	0～16	0～07
1.6	1～00	0～35	0～16	0～08	0～05
1.7	0～30	0～15	0～09	0～05	不允许运行

表 4-36　干式变压器的事故过负荷运行允许时间

过负荷倍数	1.2	1.3	1.4	1.5	1.6
允许运行时间/min	60	45	32	18	5

4. 允许电压波动

当变压器原线圈所加电压升高时，其铁芯磁化由于过饱和，使铁损耗迅速增大而造成铁芯过热，在这种情况下变压器只能轻载运行。当电压升高时，还有可能使绝缘损坏。

根据上述情况，国家有关标准规定变压器线圈所加电压一般不超过 105%的额定电压，并要求副线圈电流不大于额定电流。

5. 绝缘电阻的允许值

当变压器线圈受潮时，绝缘材料的电气性能就要下降，以致发生闪络或击穿的危险。当绝缘材料浸入水分后泄漏电流会增大，因此从变压器线圈的绝缘电阻值的大小可判断其绝缘的好坏。一般用 1000～2500V 的兆欧表来测量变压器的绝缘电阻值。绝缘电阻值的大小随温度不同而变化，温度每升高 10℃，阻值可降低 1/2，所以测量时必须记录油面的温度。刚停运的变压器由于线圈的温度高于油温，因此不应立即测量其数值。测得的线圈绝缘的电阻值可以在相应温度下与前一次测得的数值相比较，若不低于前次数值的 70%，可认为是合格的，但不应低于表 4-37 所列的最低允许值。

表 4-37　电力变压器绝缘电阻 1min 测量值（单位：MΩ）

线圈电压/kV	判断标准	10℃	20℃	30℃	40℃	50℃	60℃	70℃	80℃	90℃
3～10	要求值	900	600	225	120	64	36	19	12	8
	最低允许值	600	400	150	80	45	24	13	8	5
20～35	要求值	1200	800	600	155	83	50	27	15	9
	最低允许值	800	450	200	105	55	33	18	10	6

（二）变压器的运行方式

1. 正常运行

变压器在制造厂规定的冷却条件下，可按铭牌规范长期连续运行。

2. 运行变压器的电压和电流的规定

（1）变压器的运行电压一般不应高于该运行分接头额定电压的 105%，变压器二次侧可带额定负荷。

（2）无载调压变压器在额定电压的+5%范围内改变分接头位置运行时，其额定容量不变（如主变压器、低压厂用变压器）。如在–7.5%和–10%的额定电压下分接时，其容量相应降低 2.5%和 5%。有载调压变压器在改变分接头时，其额定容量也不变。

（3）正常运行的变压器，其负荷电流不得超过额定值。

（4）当变压器三相负荷不平衡时，必须严格监视最大电流相的负荷，使之不超过额定值，不平衡值不得超过额定电流的 10%。

3. 运行温度的规定

（1）油浸式变压器运行中的允许温度和温升按上层油温检查。最高允许温升：上层油面为 55℃，线圈绕组为 65℃。

各种冷却方式的变压器上层油温和温升的允许值如表 4-38 所示。

表 4-38　变压器上层油温和温升的允许值

冷却方式	油浸风冷	油浸自冷	强油风冷
最高允许温度/℃	95	95	80
正常允许温度/℃	85	85	75
允许温升/℃	55	55	55

（2）干式变压器的运行场所必须冷却通风良好，确保室内温度在规定的数值（40℃），变压器与其他物体的距离不小于 200～300mm，以便通风冷却，对于装有强迫通风装置的厂变应经常投入运行。

（3）当干式变压器运行时，温显及温控装置必须投运。

（4）干式变压器冷却风扇能够手动启动，也可根据变压器温度自启动。其冷却方式为 AN（自然空气冷却）/AF（强迫空气冷却），冷却装置的启停受变压器绕组温度控制。

（5）在干式变压器运行中，不允许其防护罩、进线、出线、铁芯、线圈等积有灰尘，其整个工作环境应保持清洁，且变压器的涂漆层应完好。

（6）当干式变压器在封闭的室内运行时，其上部外壳温度不得超过 70℃。

4. 变压器过负荷规定

（1）变压器有两种过负荷状态：正常过负荷和事故过负荷。正常过负荷是依据变压器峰谷负荷，在绝缘寿命互补的前提下的过负荷。正常过负荷允许值根据变压器的负荷曲线、冷却介质温度及过负荷前变压器所带负荷情况来确定。变压器事故过负荷只允许在系统事故情况下，并严格控制在规定允许的时间内运行。

（2）当变压器过负荷时，应调整负荷电流使其恢复正常值，如果不能恢复正常，则运行时间应严格控制在规定允许的时间内，并汇报给值长。

（3）当分裂式变压器单线圈运行时，变压器的负荷不得超过额定容量的 50%。

（4）当环境温度不超过 20℃时，干式变压器带 130%的额定负荷长期运行。当在 AF 运行方式下，变压器能够带 150%的额定负荷长期运行。

（5）当变压器过负荷时应注意：存在较大缺陷的变压器不允许过负荷运行（如严重漏油、色谱分析异常、冷却系统不正常等）；全天满负荷运行的变压器不宜过负荷运行；变压器过负荷运行时应投入全部工作冷却器运行，必要时投入备用冷却器，加强对上层油温的监视；过负荷的大小和持续时间应做好记录；主变压器的过负荷应以发电机的过负荷能力为限。

5. 变压器冷却装置的运行规定

（1）当正常运行时，油浸式变压器及干式变压器的冷却电源均要送上，电源控制开关应投入自动，冷却装置的控制开关应投入自动。

（2）当强油循环冷却变压器运行时，必须投入冷却器。当空载和轻载时不应投入过多的冷却器。当风扇停运潜油泵仍在运转时，变压器允许运行时间按油面温升不超过 55K 控制。按温度或负载投入冷却器的自动装置应保持正常。

（3）当主变压器运行时，其冷却装置必须可靠投入运行，当主变压器退出运行后，方可停用风扇、油泵。当风扇和油泵全停后，主变压器带额定负荷允许运行 30min，但油温不超过允许值。

（4）当风扇全停且在油温不超过规定值时，油浸风冷的高压厂用变压器允许长期运行的负荷电流不得超过规定值。

（5）高压厂用变压器采用油浸风冷，当正常运行时，变压器的冷却装置控制箱内的风扇启动回路中“手/自动”切换开关投入自动，各台风扇电源开关均合上，冷却风扇按设定的绕组温度自启动。

6. 变压器分接头运行规定

（1）当变压器检修后，在投运前，应确认有载调压开关顶部的瓦斯继电器中的残留气体放净，检查油位是否正常，油路通畅。投运前，至少进行一轮升压、降压的操作试验，确认切换操作正常，电动操作机构状态良好，方可正式带负荷运行。任何状态下就地分接开关操作箱门要关严，防止灰尘、雨水浸入。

（2）无载调压分接开关的切换，必须在变压器停电并做好安全措施后由检修人员进行。值班人员在分接开关切换后，应检查其位置是否正确，由高试人员测量直流电阻，三相电阻的不平衡值应符合如下标准：$(R_{max}-R_{min})/Rave\times100\%<2\%$。

（3）有载调压分接开关的切换调整，可在额定容量范围内根据厂用母线电压的高低带负荷调节。调节方式分远方电动、就地电动、就地手动三种。正常情况采用电动调压，只有在电动失灵时才允许手动调整，每次调整后应检查分接开关位置指示与机构位置是否一致。

（4）有载调压变压器严禁在变压器严重过负荷的情况下进行分接头开关的切换；在正常的过负荷情况下不得频繁调整分接开关，严禁用手动方式操作有载调压开关。

（5）当操作有载调压开关时应注意：有载调压开关原则上每次操作一挡，隔一分钟后再调下挡，当电动操作时不得连续按住转换开关，以防连续切换数级；应严密监视电压的变化、指示灯的变化、分接头位置指示是否正确，当调整结束后，应确认三相电压平衡、分接开关位置指示与机构位置一致；当在调压过程中出现异常时，应停止操作，查明原因，必要时断开有载调压电源。

（三）变压器的运行维护及操作

1. 变压器的绝缘监督

（1）若变压器新安装或大小修后，或备用时间太长，在投入运行前均应测量各侧线圈对地和各侧线圈之间的绝缘电阻及吸收比，并将测得的绝缘电阻记入值班员工作日志。

（2）当测量绝缘电阻时被测设备必须各侧都停电，在放电并验明无电后才能进行。

（3）变压器线圈电压在 6kV 以上者，测绝缘电阻应选用 2500V 摇表；变压器线圈电压在 500V 及以下者，则应用 500～1000V 摇表。

（4）绝缘电阻 $R_{60''}$值应不低于上次测定值的 60%，吸收比 $R_{60''}/R_{15''}\geqslant 1.3$。

（5）当发现测量的变压器绕组绝缘电阻不合格时，应及时汇报给值长，并联系检修人员查找原因，及时处理，在绝缘电阻合格后方可投入运行。

2. 变压器运行中的检查

变压器运行中的正常检查项目如下：

（1）检查并确认变压器上层油温、油位正常，油色透明。

（2）变压器内无异音，各部分无漏油、渗油现象。

（3）检查并确认变压器本体及外部套管清洁，无破损裂纹，无放电痕迹，变压器本体无杂物。

（4）检查并确认吸湿器应完好，硅胶无变色。

（5）检查并确认变压器的安全释压阀应完好。

（6）故障并确认气体监测仪无报警信号。

（7）检查并确认变压器的充油套管油色、油位正常，无渗油、漏油现象，套管监测仪无报警信号。

（8）检查并确认变压器的冷却系统运行正常，PLC 程序控制装置无异常报警信号，强油循环的潜油泵运转正常，无过热现象；油流继电器指示正确，风扇运行正常（无反转、振动、声音异常等现象）。

（9）检查并确认各引线接头无过热现象，各端子箱、控制箱门关好，外壳接地良好。

（10）对于有载调压装置应检查并确认其操作机构箱完好，分接头位置正确且就地与远方指示一致，有载调压装置机构箱内的恒温装置运行正常。

（11）干式变压器声音正常，线圈及铁芯无局部过热现象和绝缘烧焦的气味。

（12）变压器室门窗完好，房屋无漏水、渗水，照明充足且空气温度适宜。

（13）对于 Y/Y0 接线形式的变压器的中性线电流不应超过额定电流的 25%。

三、厂用电系统运行的监视与控制

（一）6kV 及 400V 系统运行方式

1. 6kV 系统运行方式

当机组正常运行时，6kV 各段由高压厂用变压器供电，启备变作为备用电源，当机组故障、开机及停机前后，机组 6kV 厂用段由启备变供电。

2. 400V 系统运行方式

400V 系统正常运行方式：400V 母线各段联络开关断开，分段运行，分别由两台低压厂用变压器供电。

400V 系统特殊运行方式：400V 母线各段联络开关闭合，合段运行，由一台低压厂用变压器供电，另一台低压厂用变压器停用。

柴油发电机作为机组机用、炉用、保安 MCC 段的紧急备用电源。

（二）厂用电系统的运行维护

（1）厂用 6kV 系统的运行维护。

1）6kV 母线正常工作电压为 6.3kV，允许范围为 5.7kV～6.6kV。

2）检查并确认开关位置指示器正确。

3）各开关及接头无发热及放电现象。

4）各表记指示正常，保护及自动装置运行正常，投入正确。

5）各馈线及变压器无过载现象。

6）各互感器无异常发热及声音。

7）各开关储能电源合上。

8）6kV 小车开关在工作位置时，严禁就地合闸。

9）6kV 开关柜在正常运行时，其控制方式切换开关均切至远方位置。当小车开关在试验位置时，小车在停送电过程中，以及发生人身、设备事故需就地打跳时将切换开关切至"就地"。

10）6kV 配电装置合地刀前，应检查并确认柜门上的带电显示装置显示开关负荷侧三相无电压，同时确认负荷开关已断开且开关小车已拉至试验或检修位置。当开关柜上带电显示装置正常运行时其检测开关处于断开位置，只有在验电或试验显示装置完好时才投入。

11）确定 6kV 小车开关在断开位置，须判断其小车开关本体上开关状态显示和柜门上状态指示器显示是否在断开位置。

12）6kV 开关柜内加热器装置除检修外其他时间应处于投入状态。

（2）400V 开关停送电操作必须戴手套。在 400V 配电柜（PC 和 MCC）内测量设备绝缘时，必须戴手套。判断 400V 开关确在断开，除根据开关位置指示判断外，还须在其电缆接线处测量确无电压。当配电装置正常运行时，任何部件均不得超过额定电流运行，其运行电压不得超过额定值的 110%。若运行中的开关和电动、手动跳闸均失灵，则应停用上一级开关，将拒动开关隔离后恢复上一级开关供电。

（3）配电装置室内温度不得超过 40℃、低于–15℃，如超过或低于应查明原因。温度高就加强室内通风，视情况降低设备的工作电流；温度低就采取措施恢复温度。

（4）配电室不得堆放易燃易爆、腐蚀性物品。

（5）当操作开关时（合/跳闸），不要站在开关柜的正对面。

（6）未经生产厂长或总工同意，不得解除防误闭锁和机械闭锁装置。

（7）在用备用开关代替原开关前，须在电气维修人员进行详细检查和试验以及检修交待后进行。

（8）6kV 配电装置中装有机械或电气闭锁，其防误功能如下：

1）不能将合闸的小车开关从试验位置推至工作位置。

2）不能将合闸的小车开关从工作位置拉出至试验位置。

3）小车开关在工作位置与试验位置之间，无法合上开关。

4）接地刀闸合上后无法将小车开关从试验位置推至工作位置。

5）当小车开关在工作位置时，柜内的接地刀闸无法合上。

6）当开关在工作位置时，无法打开柜门。

7）当柜内接地刀闸未合时，电缆室柜门无法打开；当柜门未关时，接地刀闸无法合上。

8）当断路器柜门打开时，无法将小车开关送至工作位置。

9）当保险熔断后，真空接触器无法合上。

（9）6kV 配电装置中小车开关有三个位置。

1）工作：小车触头插入柜内母线的固定触头内，二次回路接通，开关柜门关闭。

2）试验：小车触头与固定触头分开，二次插头接通。

3）检修：二次插头拔下，小车拉至柜外，控制回路电源开关断开，其他开关根据检修工作要求确定是否断开。

（10）6kV 设备停电检修，小车开关拉至何种位置，规定如下所列。

1）机械回路检修（电机及小车开关无检修工作）：设备停电，，小车开关应在试验位置，控制电源开关均断开，地刀处于断开位置。

2）开关、电机检修：设备停电，应断开开关的操作电源开关，取下二次插头，将小车拉至检修位置，按规定合上接地刀闸。

（11）400V 开关装有机械或电气闭锁，其防误功能如下所列。

1）无法将合闸的小车开关从试验位置推至工作位置。

2）无法将合闸的小车开关从工作位置拉出至试验位置。

3）小车开关在工作位置与试验位置之间，无法合上开关。

4）只有小车开关在工作、试验、检修位置时，操作手柄才能推压到位。

5）当开关操作手柄未复位时，开关无法合上。

（12）400V 配电装置中小车开关有三个位置。

1）工作：小车触头插入柜内母线的固定触头内，二次回路接通，开关柜门关闭。

2）试验：小车触头与固定触头分开，二次插头接通。

3）检修：小车触头与固定触头分开，二次插头分离。

（13）当 400V 设备停电时应将小车拉至检修位置，当 400V 开关做分合闸试验时将开关拉至试验位置。

（14）小车开关的绝缘规定

1）当小车开关在送电之前处于检修位置（柜外）时，应测量开关触头对开关本体、触头间的绝缘合格。

2）当小车开关在机组 C 级（含 C 级）以上检修时，应测量绝缘合格后再送电。

3）开关触头对开关本体、触头间的绝缘值在 120MΩ 以上，且各处的绝缘值相差不超过 200MΩ。

（15）母线绝缘规定。

1）若母线检修或停电超过 15 天以上，送电前应测量母线之间、母线对地绝缘合格。

2）当 6kV 母线绝缘（对地和相间）值在 6MΩ 及以上、400V 母线绝缘（相间和对地）值在 0.5MΩ 及以上时为合格。

四、直流系统运行的监视与控制

（一）直流系统的运行方式

交流电源输入充电装置，充电装置输出稳定的直流，一方面通过充电母线对蓄电池组浮充电，另一方面通过母线进线开关向负荷母线供电，为负载提供正常的工作电源；绝缘监测单元可在线监测直流母线和各支路的对地绝缘状况；集中监控单元可实现对交流输入、充电装置、直流馈电、绝缘监测单元、直流母线和蓄电池组等运行参数的采集与各单元的控制和管理，并可通过远程接口上传厂用电监控系统（ECS）。

1. 机组 220V 直流系统的运行方式

标准运行方式：机组 220V 动力直流系统分两段动力控制母线，两须动力控制母线独立运行，Ⅰ组（Ⅱ组）蓄电池、1 号（2 号）充电装置接入相应段直流控制母线，充电装置带该段母线上的负荷及对蓄电池组进行浮充电运行。

非标准运行方式：在 1 号机（Ⅰ组）或 2 号机（Ⅱ组）蓄电池组需充放电时，由 2 号机（2 号）和 1 号机（1 号）充电装置共同承担直流负载。

2. 机组 110V 直流系统的运行方式

标准运行方式：每台机组 110V 控制直流系统分两段控制母线，两段控制母线独立运行，Ⅰ组（Ⅱ组）蓄电池、1 号（2 号）充电装置接入相应段直流控制母线，充电装置带该段母线上的负荷及对蓄电池组进行浮充电运行。

非标准运行方式：当 1 号或 2 号充电装置故障需停运时，可用 2 号或 1 号充电装置替代运行。在 1 号或 2 号蓄电池组需充放电时，由 2 号或 1 号充电装置共同承担直流负载。1 号和 2 号蓄电池组不能并列运行，开关本身具有闭锁功能。

（二）直流系统运行的一般规定

（1）直流系统的并列原则。

1）直流系统两电源的并列原则：待并列的两电源的极性相同、电压相等。

2）直流母线上各分路负荷分支的并列合环必须在其两组电源母线并列后方可进行。

3）当禁止两组母线发生不同极性接地时并列。

4）禁止将连于不同分段母线上的控制母线并列合环运行。

5）当两组直流母线都有接地信号时，严禁并列运行。

（2）充电装置正常使用条件。

1）设备运行的周围空气温度不低于–5℃，不高于 40℃；在设备停用期间，周围空气温度不低于–25℃，不高于 55℃。

2）周围空气最大相对湿度不超过 90% （相当于周围空气温度为 25℃时）。

3）运行地点无导电或爆炸尘埃，无腐蚀金属和破坏绝缘的气体或蒸汽。

（3）110V 直流系统母线绝缘低报警值为 7kΩ；220V 直流系统母线绝缘低报警值为 25kΩ。

（4）110V 直流系统浮充电压为 115V，均充电压为 120V；220V 直流系统浮充电压为 245V，均充电压为 255V。

（5）当正常运行时，110V 直流系统正常工作电压为 115V，电压允许波动范围为 110～120V；220V 直流系统正常工作电压为 230V，电压允许波动范围为 225～240V。

（6）在正常情况下，不允许充电机单独向直流负荷供电。

（7）当直流母线运行时，其绝缘监测装置应投入。

（8）当机组正常运行时，直流系统的任何倒闸操作均不应使直流母线停电。

（9）当蓄电池欠压报警时，表明蓄电池放电已经达到它的最小设计电压，当发出这种警报时，应切断负荷，避免蓄电池处于危险放电状态。

（三）直流系统的检查及维护

1. 直流柜与充电装置的检查

所有导电部件连结处连接牢固，无松动，焊接头无脱落、开焊现象。各开关应操作灵活，无卡涩，机械闭锁装置完好。直流系统的运行方式与直流屏上各刀闸的实际位置相符。

浮充电装置运行正常，导线连接良好，无松动、发热情况，无异常声音及放电现象。各熔断器接触良好，无熔断现象。电流输出正常，备用浮充电机在良好备用状态。母线电压正常，直流系统绝缘情况良好，无接地现象。

检查并确认直流盘柜内各表计指示正常、直流盘柜内各信号灯指示正常、集中监控器运行正常、绝缘监测仪运行正常。

2. 蓄电池的检查维护

检查环境温度、湿度及蓄电池外表温度。检查蓄电池的壳、盖是否有裂纹或变形，连接导线、螺栓是否有松动和污染现象，电解液是否泄漏。蓄电池室应清洁、干燥、阴凉、通风良好，禁止带入火种。

五、1000MW 机组典型电气运行监视参数

1000MW 机组典型电气运行监视参数如表 4-39 所示。

表 4-39　1000MW 机组典型电气运行监视参数

项目	单位	正常	报警	跳闸	备注
额定容量	MVA	1112			
额定功率	MW	1000			
发电机额定电流	A	23778			
发电机额定电压	kV	27		$1.2U_N$　0.5″ $1.4U_N$　0.1″	机端电压正常运行范围为±5%
频率	Hz	50（±0.5）			
额定功率因数	$\cos\varphi_n$	0.9（滞后）			发电机具有进相运行能力
额定励磁电压	V	437			空载励磁电压约为 144V
额定励磁电流	A	5887			空载励磁电流约为 1952A
发电机负序电流	A	6			短时负序电流满足 $I_2^2t \leqslant 6s$
发电机氢压	MPa	0.5	≤0.47 ≥0.52		
发电机进风温度	℃	≤46	48	53	在汽机保护逻辑中
发电机冷氢与定子内冷水温差	K	5	3 和 1		在所有运行工况下，定子内冷水温度比冷氢温度高 5K
发电机出水温度	℃	<84	88		最大允许运行温度为 90℃
发电机内氢气露点温度	℃	−25～−5			
氢气纯度	%	≥98	95		
发电机漏氢量	Nm^3/日	≤12			

续表

项目	单位	正常	报警	跳闸	备注
补氢压力	MPa	1	≤0.6 ≥1.4		
补氢流量	m^3/h	小于 1			
氢冷器进水温度	℃	≤39 （一般 35）			
氢冷器进水流量	m^3/h	725			
定子线圈的冷却水进水温度	℃	45～50 一般约 48	≥53	58	定子冷却水温度 大于冷氢温度 5℃
定子绕组出水温度	℃	<70	75		
定子线棒汽端总出水管温度	℃	70	≥85		可根据现场运行 情况设定报警值
定子线圈槽内层间温度	℃	<75	<90		
定子铁芯端部温度	℃	100	120		
定子铁芯端部磁屏蔽温度	℃	100	120		
转子绕组温度	℃	95	110		
绝缘过热监测仪读数	%	100	80		
发电机强励持续时间	s	≤10			
主变绕组温度	℃	<100	115	127	
主变油温	℃	<70	75	97	
高压厂用变压器绕组温度	℃	<90	105	115	
高压厂用变压器油温	℃	<80	85	105	
启备变绕组温度	℃	<90	105	115	
启备变油温	℃	<80	85	105	
干式变压器	℃	<100			
6kV 母线电压	kV	5.7～6.6	<5.7		
380V 母线电压	V	361～418	<360		
220V 直流母线电压	V	230±5	<210		
110V 直流母线电压	V	110±5	<100		
定冷水电导率	μΩ/cm	≤2	2		
补充水电导率	μΩ/cm	≤1	1		
定冷水进出水压差	MPa	0.22	0.242		
定冷水流量	m^3/h	120	<108	<96	在汽机保护逻辑中
定子线圈层间温差	℃		8	14	

第五章　机组主要辅助设备及系统启停

一个完整的火力发电机组是由锅炉、汽轮机、发电机及数量庞大的辅机、阀门、执行器等辅助设备和其组成的系统构成的。任何辅助设备及其系统的不正常运行都可能导致整个热力系统和热力循环的瘫痪，甚至可能引发整个发电机组的损坏，更严重的还可能导致机毁人亡。所以对机组辅助设备及系统的运行维护、监视和日常管理是发电厂运行工作的一个重要组成部分，其运行正常与否，直接影响整台机组的经济性和安全性。本章主要介绍辅助设备及系统的运行及控制。

第一节　锅炉辅助设备及系统启停

锅炉主要辅助设备及系统包括磨煤机、给煤机、空预器、送风机、引风机、一次风机、锅炉循环泵及涉及上述设备的系统，例如制粉系统、风烟系统、燃油系统及锅炉启动循环系统等。

一、制粉系统的运行

制粉系统是锅炉机组的重要组成部分。制粉系统运行的好坏直接关系到锅炉的安全性和经济性。制粉系统的正常运行，主要表现在一次风压、磨煤机通风量、出口温度、磨煤机进出口压差以及煤粉细度、均匀性、湿度的稳定上。

制粉系统运行的基本要求是：制备并连续供给锅炉燃烧所需的煤粉；维持正常的风温、风压，防止发生煤粉自燃、爆炸等事故；保证制粉系统及锅炉机组的安全运行；降低制粉电耗，提高制粉系统运行的经济性。

（一）制粉系统启动前的检查

制粉系统能否正常启动与启动前的检查息息相关，启动前检查一般按照以下程序进行：

（1）按照辅机通则对制粉系统进行详细检查，确认系统具备投运条件。

（2）检查并确认磨煤机润滑油箱油位正常、油质合格，冷却水系统投入。

（3）检查并确认旋转分离器轴承润滑油脂已加好。

（4）检查并确认给煤机驱动辊减速箱机油已加好，油质合格。

（5）开启磨煤机石子煤斗进口隔绝门，确认石子煤斗内的杂物已经清理完毕。

（6）磨煤机消防蒸汽系统处于备用状态。

（7）送上给煤机、磨煤机、旋转分离器以及各附属设备的电源。

（8）制粉系统挡板和阀门状态已按“制粉系统投运阀门检查卡”确认无误。

（9）检查并确认给煤机内照明良好，观察孔清晰。

（10）确认煤仓煤位正常，给煤机内无杂物，皮带无偏斜、无损坏。

（11）接通煤仓疏松机电源并投入自动。

（12）检查并确认一次风压大于 7kPa，密封风压力大于 15kPa。

（二）制粉系统的启动

制粉系统检查结束后，如果满足启动条件，则按以下程序进行启动。

（1）根据油温情况投入油箱电加热装置和回油伴热带，控制油温在 30℃～40℃。启动磨煤机润滑油泵，检查并确认轴承润滑油压大于 0.2MPa，投入备用油泵联锁，检查并确认磨煤机减速箱油位正常。当润滑油温度较低的时候，在启动磨煤机之前应将磨煤机润滑油冷油器闭冷水进出口门关闭，待启动磨煤机后再调整冷却水流量以控制润滑油温度。

（2）投入磨煤机及给煤机密封风。

（3）旋转分离器的启动。

1）检查并确认满足旋转分离器启动条件。

2）检查并确认旋转分离器变频器已准备好。

3）就地启动旋转分离器电机风扇。

4）设定旋转分离器转速 10%，启动旋转分离器。

5）检查并确认旋转分离器电流正常，就地无异音。

6）投入旋转分离器转速自动。

（4）磨煤机、给煤机的启动。

1）检查并确认满足磨煤机启动条件。

2）当第一台磨煤机启动时，注意将燃烧器摆角调到水平位置。

3）当启动第四台磨煤机时，应保证两台一次风机均在运行。

4）当检查磨煤机满足点火能量。

5）开启磨煤机出口气动插板。

6）开启磨煤机消防蒸汽门，吹扫 2min 关闭磨煤机消防蒸汽门。

7）开启磨煤机入口冷热风混合风门冷风气动隔离门、开启冷风调整门 20%，启动磨煤机，开启给煤机出口闸板门，开启热风气动隔离门，缓慢开启热风调节挡板对磨煤机进行暖磨，开启热风调节挡板的时候注意同时调节冷风调节挡板以控制磨煤机入口一次风量。

8）控制升温率不大于 3℃/min，待磨煤机出口温度稳定在 60℃～70℃时，将磨煤机热冷风调节挡板投入自动，磨煤机开始暖磨，暖磨至少 15min。

9）暖磨结束后，控制磨煤机一次风量大于 104t/h，启动给煤机，将给煤量控制在 25t/h 左右。

10）给煤机启动后，自动调整冷热风调节挡板以保证磨煤机出口温度稳定在 75℃～80℃。

11）给煤机启动后，应密切注意磨煤机电流，当磨煤机电流达到 40A 以上后表示咬煤成功，待磨煤机着火稳定后才可以继续增加给煤机煤量。

12）要注意磨煤机石子煤量，当石子煤持续大量进入磨煤机时，应及时对磨煤机的运行工况进行调整，无法调整时将磨煤机退出检查。

13）当给煤机煤量和其他给煤机的煤量平衡后，将给煤机给煤量投入自动控制。

（三）制粉系统的运行维护

制粉系统的日常运行维护非常重要，一般按以下方面进行检查维护。

（1）按照辅机正常运行检查、监视和维护通则要求进行制粉系统的运行监视。

（2）增减给煤量应维持磨煤机出口温度稳定，磨煤机出口温度正常维持在 75℃～80℃。

同时要根据燃煤种类严格控制磨煤机入口一次风温度不大于280℃，防止磨煤机爆炸。

（3）当给煤机平均出力达到80%时应增加一套制粉系统；当给煤机平均出力降到50%时应减少一套制粉系统。

（4）检查并确认磨煤机本体及电机振动正常、电流正常；各轴承和减速箱润滑良好，润滑油站油位、油温、油压正常，滤网压差小于0.2MPa。在进磨煤机前润滑油压力大于0.09MPa。

（5）检查并确认磨煤机进出口压差正常，当磨煤机进出口压差和电流超过正常值且无法调整时，将磨煤机退出检查。

（6）定期检查磨煤机石子煤排放量，当石子煤排放量异常增加或含煤量较多的时候，应及时对磨煤机的运行工况进行调整，无法调整时将磨煤机退出检查。当磨煤机长时间没有石子煤排放时应检查石子煤排放管是否堵塞，石子煤刮板是否损坏等。

（7）检查并确认旋转分离器润滑良好，轴承及电机振动、温度正常，电流正常。

（8）维持旋转分离器和磨煤机密封风机与磨碗压差正常，检查并确认磨煤机本体及管道各部分不漏粉。

（9）润滑油箱温度小于15℃，禁止第一台油泵启动；润滑油箱温度小于35℃，自动启动润滑油箱电加热；润滑油箱温度大于40℃，自动停运润滑油箱电加热。

（10）给煤机内煤流正常，皮带导向和张力正常，无跑偏、损坏、打滑现象。给煤机内部无杂物，给煤机内皮带清扫装置运行良好。给煤机减速箱油位正常，给煤机驱动辊运行平稳。

（11）检查并确认旋转分离器转速电流正常，传动皮带没有打滑现象，可以根据锅炉燃烧情况对旋转分离器转速偏值进行适当调整。

（四）制粉系统的停运

制粉系统的停运，除因锅炉保护、连锁动作跳闸或制粉系统故障跳闸外，一般分为正常停运模式和检查停止模式。

1. 制粉系统正常停运模式

（1）给煤机切至手动，热冷风调整门切至手动，逐渐降低给煤机给煤量到25t/h，维持磨煤机适当风量，逐渐降低出口温度。

（2）当给煤机给煤量降至25t/h后，关闭热风气动隔离门、调节门，全开冷风调节门。

（3）当磨煤机出口温度降至50℃时，确认燃烧稳定，停止给煤机运行。

（4）以不低于额定风量的风量对磨煤机吹扫10min以上。在磨煤机电流降至空载值且吹扫结束后关闭给煤机出口电动门，停止磨煤机运行，检查并确认磨煤机消防蒸汽自动投入且在吹扫2min后自动关闭磨煤机消防蒸汽门。

（5）将旋转分离器转速降低到10%，停运旋转分离器。

（6）将磨煤机冷风调节门关至5%冷却磨煤机。

（7）当磨煤机轴承温度降至常温后，根据需要停运润滑油泵。

（8）在停运磨煤机、关闭冷热风调节门的过程中，注意一次风机动叶调节正常，保持一次风母管压力正常。

（9）当磨煤机停运不做备用时，关闭磨煤机冷风调节门、冷热风气动隔离门、冷热风混合风门、密封风门、给煤机密封风门、磨煤机出口门和煤粉管插板门。

（10）在机组长期停运的停机过程中停运磨煤机需要保持原煤仓空仓。

（11）该制粉系统停运后，关闭该制粉系统对应的二次风挡板。

2. 制粉系统检查停止模式

当给煤机需要进行检修、称重比标定或防自燃的时候，需要保持给煤机皮带上无煤，应按照检查停止模式停止制粉系统运行。具体步骤如下：

（1）逐渐降低给煤机给煤量至25t/h，维持磨煤机适当风量，逐渐降低出口温度至正常。

（2）当给煤机转给煤量降至25t/h时，关闭热风气动隔离门、调节门，全开冷风调节门。

（3）当磨煤机出口温度降至50℃时，确认点火能量正常，关闭煤斗至给煤机落煤闸门，给煤机继续运行。

（4）当给煤机上无煤开关动作或运行一定的时间后，确认给煤机皮带上煤已走空，停止给煤机运行。

（5）以不低于额定风量的风量对磨煤机吹扫10min以上，关闭给煤机出口电动门，停运磨煤机。

（6）检查并确认磨煤机消防蒸汽自动投入，且吹扫2min后自动关闭磨煤机消防蒸汽门。

（7）将旋转分离器转速降低到10%，停止旋转分离器运行。

（8）将磨煤机冷风调节门关至5%，冷却磨煤机。

（9）磨煤机轴承温度降至常温后，根据需要停止润滑油泵运行。

（10）在停运磨煤机、关闭冷热风调节门的过程中，注意一次风机动叶调节正常，保持一次风母管压力正常。

（11）关闭磨煤机冷风调节门、冷热风气动隔离门、冷热风混合风门、密封风门、给煤机密封风门、磨煤机出口门和煤粉管插板门。

（12）在机组长期停运的停机过程中停运磨煤机需要保持原煤仓空仓。

（五）制粉系统的故障处理

1. 磨煤机出口温度异常

（1）磨煤机出口温度异常的原因。

磨煤机冷热风门故障或自动控制失灵；给煤量不合适或给煤机故障；原煤太湿；给煤管堵塞；磨煤机着火；温度测量不准确；风量测量不准确。

（2）磨煤机出口温度异常的处理。

1）调节冷热风门开度，恢复磨煤机出口温度正常；当冷热风门故障时，联系检修处理。

2）调整给煤量，适当调整冷热风门开度，恢复磨煤机出口温度正常；当给煤机故障时，停止磨煤机运行，联系检修处理。

3）当原煤太湿时，适当降低给煤率，调整冷热风门。

4）当风量测量不准确的时候，检查风量测量装置的接头是否有漏气现象。

5）检查热控校对温度仪表是否准确。

2. 磨煤机电流异常或磨碗压差异常

（1）磨煤机电流异常或磨碗压差异常的原因。

给煤量太少或磨煤机过载；煤粉过粗或过细；磨煤机驱动装置故障；磨辊装置故障；磨煤机通风量过高或过低；磨碗周围风环流通面积不合适；磨煤机石子煤刮板损坏；热风室杂物增多。

（2）磨煤机电流异常或磨碗压差异常的处理。

1）调整给煤量，注意控制磨煤机出口温度正常。

2）调整旋转分离器转速。

3）当磨煤机驱动装置或磨辊装置发生故障时，联系检修处理。

4）调整冷热风挡板，保持磨煤机合适的通风量。

5）清扫磨碗周围风环，清除大块石子煤或异物。

6）联系检修，检查磨煤机石子煤刮板。

3. 煤粉细度不合格

（1）煤粉细度不合格的原因。

分离器转速不合适、皮带打滑或跳闸；煤种变化；分离器叶片损坏；加载弹簧失效；磨煤机入口通风量控制过大；磨煤机磨辊和磨盘磨损量过大。

（2）煤粉细度不合格处理。

1）调整分离器转速，如果分离器跳闸应将该磨煤机对应的给煤量降低，并切至备用磨煤机运行。

2）根据煤种调整磨煤机通风量。

3）当分离器设备发生故障或磨煤机磨损量过大时，联系检修处理。

4. 原煤仓下煤管堵塞

（1）原煤仓下煤管堵塞的原因。

原煤中水分太大；煤中有杂物。

（2）原煤仓下煤管堵塞现象。

给煤机、磨煤机电流下降；磨煤机出口温度上升；堵塞严重时造成给煤机断煤，影响锅炉负荷或造成汽压下降。

（3）原煤仓下煤管堵塞的处理。

1）检查原煤仓疏松机动作情况，必要时切至手动疏松。

2）维持磨煤机通风量、出口温度正常。

3）无法疏松时，联系检修处理，切至备用磨煤机运行。

5. 磨煤机跳闸

（1）磨煤机跳闸的原因。

磨煤机跳闸保护动作；MFT 动作；RB 动作。

（2）磨煤机跳闸的现象。

磨煤机跳闸报警，相应风门动作，蒸汽灭火自动投入；锅炉负荷或汽压下降；磨煤机电流到零，对应的给煤机跳闸，旋转分离器跳闸。

（3）磨煤机跳闸的处理。

1）当磨煤机跳闸后检查 RB 是否动作，如果 RB 动作按 RB 处理。

2）检查并确认给煤机、旋转分离器联锁停运。

3）检查并确认出口挡板、热风气动隔离门联锁关闭，冷热风调整门关闭，消防蒸汽电动门联锁开启。手动关闭冷风气动隔离门。

4）注意保持锅炉燃烧稳定，必要时迅速启动油枪，稳定燃烧。

5）注意不要过负荷运行磨煤机，必要时启动备用磨煤机且机组可适当降负荷。

6）检查并确认给水自动调节正常，保持汽压、汽温稳定。

7）检查并确认一次风机动叶调节正常，一次风母管压力正常，注意防止一次风母管压力过高引起的一次风机失速。

8）检查并确认联合引风机动叶调节正常，炉膛负压正常。

9）查找磨煤机跳闸原因，处理完后进行磨煤机吹扫，尽快恢复运行或备用。

10）如果短时间内不能消除故障，联系检修人员将给煤机、磨煤机内存煤彻底清理，并设法将磨煤机出口管道内煤粉吹扫干净。

6. 制粉系统着火、爆炸

（1）制粉系统着火、爆炸的原因。

制粉系统内积煤或积粉发生自燃；磨煤机出口温度过高；煤粉浓度处于爆炸范围；磨煤机内进入易燃物；长时间的一次风速过低造成积粉自燃。

（2）制粉系统着火、爆炸的现象。

磨煤机出口压力瞬时升高；就地发出巨响；着火处粉管油漆脱落，严重时，粉管会被烧红，爆破处有粉及火星喷出。

（3）制粉系统着火、爆炸的处理：

1）如果着火不明显，可以解除给煤机自动，适当增加给煤机的出力，待磨煤机出口温度恢复正常后再将给煤机调整到正常出力。

2）若发生爆炸，紧急停运该套制粉系统，关闭磨煤机出口气动门、冷热一次风门、给煤机出口门、磨煤机混合风门，投入消防蒸汽，进行灭火。

3）汇报给值长，根据运行磨煤机台数调整负荷、出力。

4）就地有明火应组织人员灭火，并由值长通知消防队。若还有爆炸危险，应设置围栏，严禁人员接近灭火区域。

5）如果一次风管或出口粉管爆破并有火星喷出，应组织人员对喷出火星进行控制，防止火星引燃或烧损周围设备或电缆。

6）启动备用制粉系统，恢复机组负荷，联系检修处理故障制粉系统。

二、风烟系统的运行

1000MW 机组锅炉风烟系统的运行主要包括空预器及各风机的运行。

（一）空预器

空预器是利用锅炉尾部烟气热量来加热燃烧所需空气的一种热交换装置，回收烟气热量，降低排烟温度，因而提高锅炉效率（据计算，锅炉排烟温度每降低 4.4℃，锅炉效率提高 1%）；还由于空气的预热强化燃料的着火和燃烧过程，减少燃料的不完全燃烧热损失。空预器已成为现代锅炉的一个重要组成部分。

1. 空预器启动前的检查

（1）按照辅机投运通则对空预器进行检查，确认系统具备投运条件。

（2）检查并确认空预器各压缩空气系统和气动马达具备投运条件，投入空预器气动马达压缩空气气源，并对压缩空气进行疏水。

（3）检查并确认空预器漏风控制系统具备投运条件并处于“完全回复”位。

（4）检查并确认空预器支承轴承、导向轴承和减速箱油位正常、油质合格。

（5）检查并确认空预器红外监测装置具备投运条件。

（6）检查并确认空预器转子停转报警装置具备投运条件。

（7）检查并确认空预器冲洗水、消防水处于备用状态。

（8）检查并确认空预器吹灰器具备投运条件。

（9）投入空预器支承轴承、导向轴承冷却水系统。

2. 空预器的启动

（1）启动空预器导向、支承轴承油泵，检查并确认油压正常。

（2）投入空预器红外监测系统。

1）投入空预器红外监测系统压缩空气。

2）送上监测、驱动控制及操作电源。

3）送上扫描电源、除尘电源和扫描运行选择开关电源，确认扫描驱动电机投入运行，并自动对探头镜面喷气除尘。

4）按下“测试”按钮，系统自动进行 45s 的自身检测。指示灯亮 10s 后自动熄灭，表示系统工作正常，可投用。

5）将控制箱内扫描选择开关置扫描位置，红外监测系统进入正常工作状态。

（3）空预器的启动。

1）空预器气动马达储气罐的投运。

开启储气罐的疏水门，放尽储气罐内疏水后关闭；缓慢开启储气罐入口手动门，对储气罐进行充压；待储气罐的压力接近系统压力时，稍开储气罐的出口手动门；待压缩空气母管压力至正常时，全开储气罐的出口手动门。

2）启动气动马达，确认气动马达润滑油流量正常

3）延时 180s，辅助电机启动。

4）辅助电机在启动后延时 30s 停止气动马达。

5）辅助电机在启动后延时 120s 切换到主电机运行，辅助电机停止。

6）就地检查空预器运行正常，无异声，操作员站画面屏幕上显示主电机电流正常，检查并确认该侧空预器热二次风挡板及入口烟气挡板联锁开启。

3. 空预器单侧运行时的注意事项

（1）单侧空预器在停运前，应进行吹灰，以防可燃物沉积在蓄热板内。

（2）关闭停运侧空预器烟风挡板。

（3）严密监视停运侧空预器出入口烟气和空气温度。当空预器着火时，加强吹灰，必要时投入清洗、消防水灭火。

4. 空预器的停运

（1）当空预器入口烟温小于 205℃且对应侧联合引风机、送风机和一次风机已停止时可停运空预器。

（2）当停止空预器运行，检查并确认空预器转子停转报警装置信号正常。

（3）当空预器停运后，加强监视空预器出入口烟风温度，防止空预器着火。

（4）当空预器停运后，空预器出入口烟风挡板联锁关闭。

（5）根据情况停止空预器导向和支承轴承油系统运行。

5. 空预器故障停转

（1）空预器故障停转的原因。

主电机故障或失电，辅助电机启动不成功；传动机械装置或轴承损坏；部分卡住使驱动装置发生（液力耦合器）超负荷故障。

（2）空预器故障停转的现象。

操作员站画面屏幕上发出空预器跳闸报警；空预器主电机停转；辅助电机停转；主电机、辅电机电流到零；同侧联合引风机、送风机跳闸；机组 RB 动作。

（3）空预器故障停转的处理。

1）确认 RB 动作正常，同侧送风机、联合引风机跳闸，空预器入口烟气挡板、出口热二次风挡板、出口热一次风挡板联锁关闭，否则手动关闭。

2）若气动马达联启成功，监视空预器的运行情况。待查明空预器跳闸原因后，允许对辅电机、主电机手操启动一次，尽快恢复空预器运行。

3）若气动马达联启不成功，主电机、辅电机手操也无法启动，联系检修就地手动盘车。

4）检查并确认空预器扇形板已至“完全回复”位，否则手动提升。

5）若空预器隔离不严且短时间无法消除故障，则申请故障停炉处理。

6）尽快查明故障原因并处理，待消除故障后，迅速恢复正常运行。

7）在空预器停转期间，应将空预器出口烟温控制在 150℃以下。

6. 空预器着火

（1）空预器着火的原因。

长期低负荷燃油运行，使受热面积存油垢；燃烧不稳定；部分未燃尽燃料沉积在受热面上；空预器吹灰器长期未投运或吹灰效果不良，造成可燃物沉积；当单台空预器运行时，烟气挡板关闭不严，导致空预器燃烧停运；检修工作结束，有可燃物体遗留在空预器的受热面上；轴承油箱漏油至空预器内部传热元件引起着火。

（2）空预器着火的现象。

空预器出口烟温不正常升高；空预器出口一、二次风温不正常升高；就地观察空预器外壳有明显的灼热感；空预器红外监测系统报警；空预器电流异常摆动。

（3）空预器着火的处理。

1）当红外监测系统出现报警时，应立即到现场确认报警正确，但当现场未发现有明显着火迹象时，应立即投入空预器吹灰器运行并加强对空预器运行的监视。

2）若发现空预器有明显着火迹象且排烟温度大幅升高，应立即停止对应侧送风机、联合引风机、一次风机运行，确认相应的联络挡板关闭。

3）关闭空预器入口烟风挡板、一/二次风进出口挡板。

4）保持空预器运行。

5）投入空预器蒸汽吹灰。

6）当着火无法扑灭时应及时开启消防水手动门和冲洗水手动门，开启空预器灰斗疏水门，打开停运侧一次风机和送风机出口风道放水门。

7）若空预器出口烟温达到 205℃，按二次燃烧紧急停炉处理。

8）若锅炉在停运状态发生空预器着火，应将空预器驱动装置投入后再进行灭火。

9）在灭火处理后检查转子和漏风控制系统是否正常。

（二）联合引风机

1. 联合引风机启动前的检查

（1）对照辅机通则，检查并确认联合引风机、电机、冷却风机及与联合引风机相连接的炉膛、空预器、电除尘器和烟风道内部无检修工作或检修工作结束，确认系统已经具备投运条件。

（2）检查并确认烟风道内杂物清理干净，各检查门、人孔门关闭严密，风烟系统挡板和阀门状态正确。

（3）检查并确认联合引风机电机电流、定子铁芯及线圈温度、风机及电机轴承温度、风机及电机轴承振动、进口动叶开度等指示，出口风压、炉膛负压等表计投入；就地轴承温度、振动指示表计已送电，数值显示正确。

（4）检查并确认润滑油站油位正常、油质合格；投入电机轴承润滑油站冷却水系统。

（5）检查并确认液压油站油位正常、油质合格；投入液压油站冷却水系统。

（6）如果风机在低温下长时间未启动，应在启动该风机前 2h 启动润滑油供油装置，并根据油温情况投入电加热装置，控制油温在 30℃～40℃。

（7）检查完毕无异常，联合引风机、风机轴承冷却风机送电。

2. 联合引风机的启动

（1）第一台联合引风机启动。

1）启动联合引风机润滑油站，检查并确认滤网后润滑油压大于 0.3MPa，润滑油流量：电机轴承进油大于 5.6L/min 且风机轴承进油大于 23L/min。投入备用油泵联锁。

2）启动联合引风机液压油站，检查并确认滤网后液压油压大于 0.7MPa，投入备用油泵联锁。

3）启动联合引风机冷却风机，投入备用冷却风机联锁。

4）确认联合引风机的电气保护、轴承振动保护等已投入。

5）确认两台空预器已经运行。

6）建立空气通道。

7）开启联合引风机出口挡板，关闭其进口挡板及动叶。

8）启动联合引风机，注意监视该段 6kV 母线的电压和电流，注意联合引风机电流启动峰值及回落时间应正常，在联合引风机启动 15s 后检查并确认联合引风机进口挡板自动开启。

9）检查并确认联合引风机振动、轴承温度、电机线圈温度在正常值。

10）缓慢开启引风机动叶调节挡板，应注意监视并调整炉膛负压在–150Pa 左右，投入该联合引风机动叶调节挡板自动。

（2）第二台联合引风机启动。

1）在第二台联合引风机投入运行前应至少有一台送风机在运行且总风量大于 30%的额定风量。

2）在启动第二台联合引风机前检查开启出口挡板，关闭该联合引风机进口挡板和动叶调节挡板，确认联合引风机无倒转现象。

3）检查并确认联合引风机润滑油站、液压油站、冷却风机均已正常运行。

4）确认联合引风机的电气保护、轴承振动保护等已投入。

5）启动第二台联合引风机，在启动 15s 后检查并确认进口挡板自动开启。

6）检查并确认联合引风机振动、轴承温度、电机线圈温度正常。

7）监视炉膛负压，逐渐开启第二台联合引风机动叶调节挡板，检查并确认第一台引风机动叶调节挡板自动关小。当两台联合引风机出力相同时，第二台联合引风机动叶调节投入自动。

8）检查并确认两台联合引风机电流、出口风压在动叶调节挡板开度一致的情况下应相同，否则应适当调整偏置，以保证两台风机出力基本平衡。

9）若顺控启动，走联合引风机启动顺控。

3. 联合引风机的停运

（1）正常停运两台并列运行的联合引风机中的一台。

1）确认锅炉负荷少于 550MW，解除待停联合引风机动叶调节挡板自动。

2）逐渐关闭待停联合引风机动叶调节挡板，确认另一台联合引风机动叶调节挡板自动增加出力并且调节正常。

3）待该台联合引风机动叶调节挡板全关闭时，停止该台联合引风机，检查风机进、出口挡板是否自动关闭。

4）联合引风机停运后，根据轴承温度停运冷却风机、润滑油泵、液压油泵。

5）若联合引风机顺控停运，利用联合引风机顺序控制程序进行停运操作。

（2）一台联合引风机运行的正常停运。

1）最后一台联合引风机只有在所有的送风机停止后才能停运。

2）解除联合引风机进口动叶调节挡板自动，逐渐关闭该风机进口动叶调节挡板至全关闭。

3）停止该台联合引风机运行，该台联合引风机进出口挡板自动开启，另一侧引风机的进出口挡板自动开启。

4）根据情况关闭联合引风机进出口挡板。

5）在联合引风机停运后，根据轴承温度停运轴承冷却风机。

6）在联合引风机停运后，根据情况停运润滑油泵、液压油泵。

7）若联合引风机顺控停运，利用联合引风机顺序控制程序进行停运操作。

（3）联合引风机事故停运。

1）手动就地按下联合引风机事故按钮或保护动作停运联合引风机。

2）检查并确认联合引风机动叶调节挡板自动关闭，联合引风机出进口挡板自动关闭。

4. 联合引风机的联锁与保护

（1）联合引风机启动允许条件。

1）联合引风机动叶处于在全关状态。

2）联合引风机进口烟气挡板在全关位置。

3）联合引风机出口烟气挡板全开位置。

4）联合引风机任一密封风机运行且联合引风机扩散器内筒与烟气压差不低。

5）两台空预器均运行。

6）联合引风机轴承温度、线圈温度正常。

7）无电气故障。

8）联合引风机润滑油系统正常。

9）烟气通道打通且 FGD（烟气脱硫）允许通烟气。

10）无联合引风机跳闸条件（满足其中一个则跳闸）。

（2）联合引风机跳闸条件（满足其中一个则跳闸）。

1）在联合引风机运行 5min 后，进口风门在全关位置。

2）联合引风机密封风机全部停止延时 30s。

3）同侧空预器主电机、辅电机均跳闸，延时 5s。

4）联合引风机轴承振动大于等于 7.1mm/s（任一方向），延时 10s。

5）联合引风机电机任一轴承温度高于95℃，延时3s。

6）同侧送风机跳闸且对侧联合引风机运行。

7）联合引风机或电机润滑油流量低且引风机电机任一轴承温度高于85℃。

8）FGD不允许通烟气。

5. 联合引风机轴承振动大

（1）联合引风机轴承振动大的原因。

底脚螺丝松动或混凝土基础损坏；轴承损坏；轴弯曲；转轴磨损；联轴器松动或中心偏差大；叶片磨损或积灰；叶片与外壳碰磨；风道损坏。

（2）联合引风机轴承振动大的处理。

1）根据风机振动情况，加强对风机振动、轴承温度、风压、风量、电机电流等参数的监视。

2）适当降低风机负荷，尽快查出原因，联系检修处理。

3）轴承任一方向振动大于等于7.1mm/s，风机应自动跳闸，否则手动停运。

6. 联合引风机轴承温度高

（1）联合引风机轴承温度高的原因。

轴承磨损；冷却风机故障；备用冷却风机不联启；冷却风机入口滤网堵塞；电机润滑油量少或电机润滑油系统冷却水量不足，使进油温度高；联合引风机过负荷运行时间长；风机振动大；锅炉排烟温度过高。

（2）联合引风机轴承温度高的处理。

1）严密监视轴承温度上升情况，同时加强监视联合引风机电机电流、振动等参数。

2）检查并确认冷却风机运行正常，必要时启动备用冷却风机。

3）清扫冷却风机入口滤网。

4）就地检查电机润滑油系统是否正常，若不正常，尽快查出原因，必要时联系检修处理。

5）视温度上升情况及时降低联合引风机负荷。

6）运行中无法处理的属于机械方面的故障，停机联系检修处理。

7）调整燃烧、锅炉受热面吹灰器，降低排烟温度。

8）当联合引风机轴承温度大于等于100℃或电机轴承温度大于等于95℃时，风机应自动跳闸，否则手动停运。

7. 联合引风机失速

（1）联合引风机失速的原因。

受热面、空预器严重积灰或烟气挡板误关引起系统阻力增大，造成动叶开度与烟气量不适应，使风机进入失速区；当动叶调节时，幅度过大，使风机进入失速区。

（2）联合引风机失速的现象。

操作员站画面发“联合引风机失速”报警；炉膛正压、风量波动；失速风机电流大幅度下降；就地检查声音异常；风机轴承振动大。

（3）联合引风机失速的处理。

1）立即将联合引风机动叶控制置于手动，迅速减小失速风机动叶开度，适当降低负荷，同时调节送风机的动叶，维持炉膛压力在允许范围内。

2）如联合引风机在并列运行时失速，应停止并列操作。

3）如由风烟系统的风门挡板误关引起，应立即打开，同时调整动叶开度。如由风门、挡板故障引起，应立即降低锅炉负荷，联系检修人员处理。

4）如经上述处理，失速现象消失，则稳定运行工况，待进一步查明原因并采取相应的措施后方可逐步增加风机的负荷。

5）当经上述处理无效或已严重威胁设备的安全时，立即停运该风机。

（三）送风机

1. 送风机启动前的检查

（1）按照辅机通则对送风机进行详细检查，确定系统已经具备投运条件。

（2）确认送风机系统挡板和阀门状态正确。

（3）检查并确认油站油位正常、油质合格。

（4）投入油站冷却水。

如果风机在低温下长时间未启动，则应在启动该风机前 2h 启动供油装置，并根据油温情况投入电加热装置，控制油温在 25℃～35℃之间。在动叶调节全范围内进行数次调节操作。

2. 送风机的启动

（1）送风机的启动无特殊情况应采用程控启动的方式。

（2）启动送风机油泵，液压油压大于 2.5MPa，润滑油压大于 0.07MPa，投入备用油泵联锁。

（3）第一台送风机的启动。

1）关闭本侧送风机动叶。

2）检查并确认同侧联合引风机运行正常。

3）关闭送风机出口挡板和热风再循环门。

4）检查并确认两侧空预器出口热二次风挡板和锅炉本体二次风挡板开启。

5）开启送风机出口联络挡板。

6）开启对侧送风机出口挡板和对侧送风机动叶。

7）启动送风机，检查并确认送风机出口挡板联锁开启。

8）缓慢开启送风机动叶，检查并确认炉膛负压自动跟踪良好。

（4）第二台送风机的启动。

1）检查并确认两台联合引风机运行正常。

2）关闭该送风机出口挡板和动叶，确认送风机无倒转现象。

3）启动第二台送风机，检查并确认送风机出口挡板联锁开启。

4）开启第二台送风机动叶并调整第一台送风机动叶，使两台送风机出力（电流）相同，调整锅炉风量至要求值。

5）检查并确认两台送风机电流、出口风压、风量在送风机动叶开度一致的情况下应尽可能相同。否则应适当调整偏置，以保证两台风机出力基本相同。

6）检查并确认两台送风机运行正常。

3. 送风机的运行维护

（1）按照辅机正常运行检查、监视和维护通则要求做好送风机的运行维护。

（2）检查送风机油站油箱油位、油质是否正常。

（3）检查送风机轴承油温是否正常，当油箱油温小于 20℃时，电加热器应自动投入；当油箱温度大于 30℃时，电加热器应自动停运。

（4）送风机轴承润滑油压大于0.07MPa，动叶调节油压正常调整在0.8MPa～2.5MPa，滤网前后压差小于0.5MPa。

（5）送风机油系统无渗漏，油站冷油器冷却水管道无泄漏，冷却水畅通。

（6）当送风机正常运行时，动叶开度在–40°～+15°的范围内，远方和就地开度指示一致，确保风机在运行中系统无失速，送风机电机不过载。

（7）送风机电机线圈温度正常，送风机电机及相应的电缆无过热冒烟和着火现象，现场无绝缘烧焦气味。

（8）送风机及电机在运行中无异音，内部无碰磨、刮卡现象，电流正常。

4. 送风机的停运

（1）两台送风机并列运行，正常停运其中一台。

1）确认锅炉负荷低于500MW，解除准备停运的送风机动叶自动。

2）关闭送风机出口热风再循环挡板。

3）逐渐关闭要停止的送风机动叶，检查并确认另一台送风机动叶自动增加出力。

4）检查并确认运行送风机出力正常，根据锅炉运行情况开启送风机出口联络挡板，检查并确认送风系统运行正常。

5）在待停送风机动叶全部关闭后停止该送风机。

6）检查并确认送风机出口挡板自动关闭、二次风母管风压正常。

7）在送风机停运后，检查并确认送风机惰走正常、无倒转现象，液压油泵可根据要求停运。

（2）一台送风机运行的正常停运。

1）关闭送风机出口热风再循环挡板。

2）解除送风机动叶自动，逐渐关闭该送风机动叶，确认炉膛负压调节正常。

3）停运该送风机，两侧送风机出口挡板自动开启。

4）关闭送风机出口挡板。

5）在送风机停运后，油站油泵可根据需求停运。

（3）送风机事故停止。

1）手动或保护动作停止送风机。

2）送风机出口热风再循环挡板自动关闭。

3）送风机动叶自动关闭。

4）送风机出口挡板自动关闭。

5）在送风机停运后，油站油泵可根据需求停运。

5. 送风机的联锁与保护

（1）送风机启动的允许条件（同时满足在远方控制、没有电气故障、没有保护动作、油箱温度不低的条件）。

1）送风机动叶全关。

2）送风机出口挡板全关。

3）送风机油站运行正常。

4）送风机控制油压不低（大于0.8MPa）。

5）送风机润滑油压大于 0.07MPa。

6）同侧联合引风机运行。

7）热二次风门开。

8）送风机轴承温度正常。

9）送风机电机轴承温度、电机线圈温度正常。

10）无送风机跳闸条件。

（2）送风机跳闸条件（满足其中一个则跳闸）。

1）送风机在运行 30s 后，其出口门全关。

2）同侧空预器主电机、辅电机均跳闸，延时 20s。

3）同侧引风机跳闸。

4）送风机任一轴承温度高于 110℃，延时 2s；或电机任一轴承温度高于 95℃，延时 2s。

5）送风机 X 向瓦振高大于 11mm/s 且 Y 向瓦振高 4.5mm/s，延时 10s 或 Y 向瓦振高大于 11mm/s 且 X 向瓦振高 4.5mm/s，延时 10s。

6）润滑油压小于 0.07MPa 且风机任意一组轴承温度大于等于 90℃。

7）送风机油泵全停，延时 5s。

8）程控停用。

9）手动跳闸。

6. 送风机轴承振动大

（1）送风机轴承振动大的原因。

底脚螺丝松动或混凝土基础损坏；轴承损坏、轴弯曲、转轴磨损；联轴器松动或中心偏差大；叶片损坏或叶片与外壳碰磨；风道损坏；送风机失速或喘振。

（2）送风机轴承振动大的处理。

1）根据风机振动情况，加强对风机振动值、轴承温度、电机电流、风压、风量等参数的监视。

2）适当降低风机负荷，尽快查出原因，联系检修处理。

3）振动是由失速引起，按风机失速处理。

7. 送风机轴承温度高

（1）送风机轴承温度高的原因。

润滑油质恶化；风机润滑油量少或系统冷却水量不足使进油温度高；轴承损坏；轴承振动大；送风机过负荷时间较长。

（2）送风机轴承温度高的处理。

1）加强对轴承温度、电机电流、风压、风量等参数的监视。

2）视轴承温度上升情况，及时降低送风机的负荷。

3）如由于风机润滑油量少或系统冷却水量不足使进油温度高，应及时开启备用泵，恢复正常冷却水流量。若滤网堵塞，应切换滤网。

4）如由于振动大引起轴承温度高，应尽快查出原因，消除振动。

5）当送风机轴承温度达 110℃或电机轴承温度超过 95℃时应自动跳闸，否则手动停止风机运行。

8. 送风机失速

（1）送风机失速的原因。

二次风系统挡板误关，引起系统阻力增大，造成风机动叶开度与进入的风量不相适应，使风机进入失速区；操作风机动叶时，幅度过大使风机进入失速区；动叶调节特性变差，使并列运行的两台风机发生“抢风”或自动控制失灵使风机进入失速区。

（2）送风机失速的现象。

操作员站发出“送风机失速”报警信号，自动减小动叶开度；炉膛负压、风量大幅下降，锅炉燃烧不稳；失速风机电流大幅度下降，就地检查声音异常、振动异常。

（3）送风机失速的处理。

1）送风机失速的处理和联合引风机失速一样。

2）失速引起风机跳闸，按送风机跳闸处理。

（四）一次风机与密封风机

1. 一次风机和密封风机启动前的检查

（1）按照辅机通则对一次风机和密封风机进行详细检查，确认系统具备投运条件。

（2）确认一次风机系统挡板和阀门状态正确。

（3）确认密封风机系统的挡板和阀门状态正确。

（4）检查一次风机液压油站和润滑油站油位正常、油质合格。

（5）投入一次风机液压油站和润滑油站冷却水。

（6）如果一次风机在低温下长时间未启动，则应在启动该风机前 2h 启动供油装置，并根据油温情况投入电加热装置，控制油温在 25℃～35℃之间，在动叶调节全范围内进行数次调节操作。

2. 一次风机和密封风机的启动

（1）一次风机启动若无特殊情况应选择程控启动。

（2）启动一次风机润滑油泵，检查并确认润滑油压大于 0.2MPa，投入备用油泵联锁。

（3）启动一次风机液压油泵，液压控制油压大于 2.5MPa，投入备用油泵联锁。

（4）第一台一次风机启动。

1）确认一次风机已满足启动许可条件。

2）检查两台一次风机动叶是否关闭。

3）关闭两台一次风机出口挡板。

4）检查冷一次风挡板、空预器出口热一次风挡板是否开启。

5）选择一台磨煤机作为一次风通道，开启磨煤机出口门、混合风门，开启冷风气动隔离门、冷风调节挡板。

6）启动一次风机，检查并确认一次风机出口挡板自动开启。

7）缓慢开启一次风机动叶，调整一次风压正常，投入一次风机动叶自动。

（5）第二台一次风机启动。

1）根据一次风压、风量的需求及时启动第二台一次风机。

2）确认一次风机已满足启动许可条件。

3）检查该一次风机出口挡板、一次风机动叶是否已关闭。

4）确认一次风机无倒转现象，启动第二台一次风机，检查一次风机出口挡板是否自动开启。

5）开启第二台一次风机动叶并调整第一台一次风机动叶，使两台一次风机动叶出力相同，投入一次风机动叶自动。

6）检查并确认两台一次风机的电流、出口风压、风量在一次风机动叶开度一致的情况下，应基本相同，否则应适当调整偏置，保证两台一次风机出力基本保持一致。

（6）密封风机的启动。

1）开启部分磨煤机密封风机电动门。

2）关闭密封风机入口滤网排污管道电动门。

3）确认至少有一台一次风机在运行。

4）开启密封风机手动入口挡板。

5）开启密封风机手动出口挡板。

6）在检查满足密封风机启动条件后，启动密封风机运行。

7）检查密封风机进口电动门是否自动开启。

8）在检查密封风与一次风压压差正常后，将另一台密封风机投入备用。

3. 一次风机和密封风机的停运

（1）两台一次风机并列运行，正常停运其中一台。

1）将机组负荷降至 450MW 以下，运行磨煤机不超过三台，解除待停一次风机动叶调节挡板自动。

2）逐渐关闭待停一次风机动叶调节挡板，确认另一台一次风机动叶调节挡板自动增加出力并且调节正常，一次风母管压力正常。

3）在待停一次风机动叶全部关闭后关闭出口挡板。

4）检查运行一次风机出力是否正常，根据锅炉运行情况，开启风机出口联络挡板，检查一次风系统运行是否正常。

5）停止该一次风机，检查一次风母管风压是否正常。

6）在一次风机停运后，检查风机应无倒转现象，液压油泵、润滑油泵可根据情况停运。

（2）一台一次风机运行的正常停运。

1）检查并确认磨煤机全部停运。

2）检查并确认密封风机全部停运。

3）解除一次风机动叶自动，逐渐关闭一次风机动叶，注意总风量，调整炉膛负压。

4）在一次风机动叶全部关闭后，停运一次风机。

5）检查并确认一次风机出口挡板自动关闭。

6）在一次风机停运后，液压油泵、润滑油泵可根据需求停运。

（3）一次风机事故停运。

1）手动或保护动作方式停运一次风机。

2）一次风机动叶自动关闭。

3）一次风机出口挡板及冷一次风挡板自动关闭。

（4）密封风机的停运。

1）解除密封风机联锁，停止密封风机运行。

2）在两台一次风机停运后，密封风机应自动停运，否则手动停运。

3）在密封风机停运后关闭密封风机入口门。

4. 一次风机轴承振动大

（1）一次风机轴承振动大的原因。

地脚螺丝松动或混凝土基础损坏；轴承损坏、轴弯曲、转轴磨损；联轴器松动或中心偏差大；叶片损坏或叶片与外壳碰磨；风道损坏；一次风机失速；一次风机喘振。

（2）一次风机轴承振动大的处理。

1）根据风机振动情况，加强对风机振动值、轴承温度、电机电流、风压、风量等参数的监视。

2）振动是由失速引起的，按风机失速处理。

3）当风机发生喘振时按风机喘振处理。

4）尽快查出原因，必要时联系检修人员处理。

5）应适当降低风机负荷，当风机振动达 11mm/s 且另一方向的振动大于 4.5mm/s 时，应停止风机运行。

5. 一次风机轴承温度高

（1）一次风机轴承温度高的原因。

润滑油供油不正常，油泵故障或滤网堵塞；风机润滑油系统冷却水量不足，使进油温度过高；润滑油油质恶化；轴承损坏；轴承振动大；一次风机过负荷。

（2）一次风机轴承温度高的处理。

1）根据风机轴承温度情况，加强对轴承温度、电机电流、风压、风量等参数的监视。

2）就地检查润滑油系统是否正常，若不正常，尽快查出原因，必要时联系检修人员处理。

3）视轴承温度上升情况及时降低送风机的负荷。

4）如由于振动大引起轴承温度高，应尽快查出原因，消除振动。

5）当电机轴承温度超过 80℃或者风机轴承温度超过 110℃时，应自动跳闸，否则手动停止风机运行。

6. 一次风机失速

（1）一次风机失速的原因。

一次风系统挡板误关，引起系统阻力增大，造成风机动叶开度与进入的风量不相适应，使风机进入失速区；磨煤机在运行中跳闸，一次风量突然减小，使风机进入失速区；当操作风机动叶时幅度过大使风机进入失速区；动叶调节特性变差，使并列运行的两台风机发生“抢风”或自动控制失灵，导致其中一台风机进入失速区。

（2）一次风机失速的现象。

集控室发出“一次风机失速”报警信号，自动减小动叶开度；炉膛负压急剧增大、一次风压急剧下降，锅炉燃烧不稳；可能会有磨煤机跳闸；失速风机电流大幅度下降，就地检查声音异常。

（3）一次风机失速的处理。

1）立即将风机动叶控制置于手动，迅速减小失速风机动叶开度，适当增大未失速风机动叶开度。

2）当一次风压下降较多时，适当增大未失速风机动叶开度，保持一次风母管压力，防止由于一次风压低引起磨煤机跳闸。

3）立即启动油稳定燃烧，同时注意调整炉膛负压。

4）适当开大备用磨煤机冷风调节门，降低一次风系统阻力。

5）根据一次风压下降情况，适当降低机组负荷，注意给水应能自动调节正常，注意将主蒸汽温度调节在正常范围内。

6）当风机在并列操作中发生失速时，应停止并列，迅速减小失速风机动叶开度，在查明原因并消除故障后再进行并列操作。

7）当因一次风系统的风门、挡板被误关引起风机失速时，应立即打开，同时调整动叶开度。若风机因风门、挡板故障无法开启，应立即降低锅炉负荷，调整制粉系统运行，然后联系检修人员处理。当因磨煤机跳闸引起失速时，应立即开启备用磨煤机冷风调节门，保持一次风系统通道畅通。

8）注意给煤机自动调节是否正常，注意防止因一次风压降低引起磨煤机满煤。

9）若经上述处理失速消失，则应稳定运行工况，待进一步查明原因并采取相应的措施后，方可逐步增加风机的负荷。

10）当经上述处理后无效或已严重威胁设备的安全时，应立即停止该风机运行。

7. 一次风机喘振

（1）一次风机喘振的原因。

一次风机在不正常的工作区域；一次风机入口风道有异物堵塞；运行磨煤机数量少而导致一次风机出口压力太高；两台并列运行风机出力不一致，发生“抢风”现象；一次风系统挡板误关，引起系统阻力增大；一次风机失速时间太长，引起一次风机喘振。

（2）一次风机喘振的现象。

一次风母管风量、风压波动大；集控室发出“一次风机喘振”报警信号，自动减小动叶开度；一次风机出口风压、电流波动大；炉膛负压波动大；锅炉燃烧不稳定，炉膛火焰电视突暗突明；风机运行声音异常，振动大。

（3）一次风机喘振的处理。

1）立即将两台一次风机动叶控制切至手动。

2）根据一次风机出口风压和电流，正确判断引起喘振的一次风机。

3）迅速减小喘振的一次风机的动叶开度，降低一次风机负荷至喘振现象消失。

4）立即启动油燃烧器稳定燃烧，同时注意调整炉膛负压。

5）注意维持一次风母管压力，可适当增大未失速风机动叶开度；当一次风母管压力仍无法维持时，可适当跳闸部分磨煤机。

6）根据一次风压下降情况和跳闸磨煤机情况，适当降低机组负荷，注意给水自动调节正常，注意调节主蒸汽温度在正常范围内。

7）注意监视运行磨煤机通风量，注意给煤机自动调节是否正常，注意防止因一次风压降低引起的磨煤机满煤。

8）若经上述处理喘振消失，则稳定运行工况，待进一步查明原因并采取相应的措施后，方可增加风机负荷。

9）当经上述处理后无效或已严重威胁设备的安全时，应立即停止该风机运行。

（五）炉前油系统的运行

1. 燃油系统的投运

（1）开启供油泵入口电动门，启动供油泵，检查并确认供油泵出口门联锁开启。

（2）检查并确认供油泵运行正常。

（3）当燃油母管空管启动时，在供油泵启动后应通过部分开启燃油母管流量计进口手动门对燃油母管进行充压。

（4）检查并确认燃油母管压力大于 2.5MPa，吹扫蒸汽压力正常为 0.5MPa～0.7MPa。

（5）检查并确认燃油系统无泄漏。

（6）根据需要投入备用供油泵联锁。

（7）为保证燃油系统管路内部清洁无杂物、排尽管道内空气、提高燃油温度、防止油枪雾化片堵塞，应在点火前提前投入炉前燃油循环。

2. 燃油系统的停运

（1）在锅炉停炉油枪全部停用后，燃油系统方可停运。

（2）关闭炉前油系统进回油总门。

3. 微油点火系统的停运

（1）检查并确认微油系统具备退出条件。

（2）在 DCS 中将“微油模式”切换为“正常模式”。

（3）关闭各微油油枪供油角阀，开启各微油油枪吹扫阀，对管路吹扫 60s。

（4）关闭微油供油手动门、微油供油管道调节阀前手动门、微油供油管道调节阀后手动门、微油滤网前手动门。

（六）锅炉启动循环泵系统的运行

1. 对锅炉启动循环泵注水管路进行冲洗

（1）关闭注水过滤器出口门和旁路门。

（2）开启注水过滤器排污一、二次门。

（3）开启注水过滤器进口门。

（4）检查并确认低压注水门、注水针型门前隔离门和注水总门关闭。

（5）确认给水系统运行，开启高压注水一、二次门，对高压注水管路进行冲洗。

（6）冲洗至排水清澈后，关闭高压注水一、二次门。

（7）确认凝结水系统运行，开启低压注水门，对低压注水管路进行冲洗。

（8）冲洗至排水清澈后，关闭低压注水门。

（9）全开注水针型门，开启针型门前隔离门和注水总门前放水一、二次门。

（10）开启注水过滤器后隔离门、低压注水门，对整个注水管路进行冲洗。

（11）联系化学运行人员，在化验注水总门前放水水质与注水水质相同后，关闭注水针型门和注水总门前放水一、二次门。

2. 对锅炉启动循环泵的电机腔室进行注水

（1）调整注水冷却器闭式冷却水流量，控制注水温度小于 30℃。

（2）开启锅炉启动循环泵进口管排空门、泵体放水门、注水总门。

（3）通过注水针型门调整注水流量约在 2～3L/min，对锅炉启动循环泵电机腔室进行冲洗。

（4）联系化学运行人员，在化验锅炉启动循环泵泵体放水门排水水质与注水水质相同后，关闭泵体放水门和锅炉启动循环泵出口门。

（5）在对锅炉启动循环泵注水至泵进口管空气门连续有水排出后，关闭泵进口管排空门。

（6）在保持连续注水至锅炉冷态清洗结束、锅炉启动循环泵运行后，汽水分离器压力达到1MPa，关闭注水总门、注水针型门前隔离门和低压注水门。

3. 锅炉启动循环泵的启动

（1）锅炉上水，冷态冲洗完毕，检查并确认分疏箱水位大于2m。

（2）开启锅炉启动循环泵入口过冷水电动门，投入过冷水调节门自动。

（3）开启锅炉启动循环泵进出口电动门和再循环门，关闭出口调节门。

（4）启动锅炉启动循环泵，运行大约10s，进行排空。

（5）在冷却30s后启动锅炉启动循环泵运行，注意启动电流和电流返回时间。

（6）检查并确认泵出入口压差正常，电机冷却水温度正常。

（7）在停机过程和热状态中的启泵。

1）当锅炉负荷小于40% BMCR且分疏箱压力小于18MPa时，根据锅炉分疏箱水位启动锅炉启动循环泵。

2）锅炉处于热状态时的启动应注意高压冷却水出口温度必须低于60℃，并对泵进行充分预暖，注意泵壳与入口水温差小于55℃。

4. 锅炉启动循环泵的停运

（1）锅炉已进入直流状态或锅炉已熄火。

（2）停止锅炉启动循环泵运行。

（3）检查并确认锅炉启动循环泵出口电动门和再循环门关闭。

（4）开启锅炉启动循环泵的暖管门、分疏箱液位控制门前管道暖管门，投入暖管调节门自动，对锅炉启动循环泵和启动疏水扩容器及管路进行预暖。

（5）在锅炉停运后，锅炉启动循环泵进口温度低于60℃，解除冷却水升压泵联锁。

（6）必须待锅炉放水后，当锅炉启动循环泵壁温度低于62℃时才允许启动循环泵电机放水（无检修明确要求不得放水，严禁锅炉启动循环泵泵壳内的水经电机腔室排放）。

（七）压缩空气系统的运行

1. 压缩空气系统启动

（1）打开空压机气水分离器、空气净化干燥装置、储气罐疏水手动门，放尽存水后关闭。

（2）投入空压机冷却水，检查并确认冷却水压力大于等于0.2MPa，冷却水温度小于等于30℃，回水正常。

（3）将空压机就地控制面板中的空压机状态切至“遥控”。

（4）启动空压机。

（5）仪用压缩空气供气母管压力应大于等于0.7MPa。

（6）在正常运行时，仪用空压机一台运行、一台备用。

（7）当运行中的任意一台仪用空压机跳闸或仪用压缩空气母管压力低时，启动备用的仪用空压机。当运行中的两台仪用空压机跳闸或仪用压缩空气母管压力低时，开启1、2号炉仪用空气母管连通门。

2. 干燥净化装置的启动

（1）在干燥净化装置进行彻底疏水后关闭疏水门。

（2）检查并确认干燥净化装置的进出口门在关闭位置。

（3）开启冷冻剂冷却器的冷却水进出水手动门，检查并确认冷却水压力大于等于0.4MPa，冷凝压力在1.0MPa～1.5MPa，蒸发压力在0.37MPa～0.42MPa。

（4）稍开干燥净化装置入口电动门，在缓慢升压至系统压力后，全开入口电动门。

（5）缓慢开启干燥净化装置出口手动门，向仪用气系统充压，在充压完成后全开手动门。

（6）检查并确认吸干机上的加热器温度在30s～135min内保持低于140℃。

（7）启动干燥机，检查并确认干燥净化装置运行正常。

3. 压缩空气储气罐的投运

（1）开启储气罐的疏水门，放尽储气罐内疏水后关闭。

（2）缓慢开启储气罐入口手动门，对储气罐进行充压。

（3）待储气罐的压力接近系统压力时，稍开储气罐的出口手动门。

（4）待压缩空气母管压力至正常时，全开储气罐的出口手动门。

4. 压缩空气系统设备的停运

（1）空压机的停止。

1）检查并确认压缩空气系统已无用户。

2）解除备用空压机联锁，停运空压机。

3）在就地检查空压机卸载10s后，主电机停运。

4）检查并确认仪用储气罐出口母管压力大于6bar。

5）检查并确认控制面板上各指示正常。

6）根据情况关闭空压机冷却水门。

（2）干燥净化装置的停止。

1）缓慢关闭干燥装置出口门及后置过滤器前后隔离门。

2）缓慢关闭干燥装置前置过滤器前后隔离门。

3）按干燥机停止按钮，停止干燥机运行。

4）根据情况关闭干燥净化装置冷却水门。

（3）空气储气罐的停止。

1）缓慢关闭储气罐的出口门。

2）缓慢关闭储气罐的入口门。

3）缓慢开启储气罐的放水门，将储气罐泄压至零后关闭。

第二节　汽轮机辅助设备及系统启停

汽轮机辅助设备及系统主要包括给水除氧系统、凝结水系统、循环水系统、抽真空系统、闭式冷却水系统、回热抽汽系统、高低压旁路系统、轴封汽系统等，它们的正常启停直接关系到机组的安全经济运行。

一、循环水系统

循环水系统主要由三台循环水泵、排烟冷却水塔、出水液动门、密封冷却水以及连接管道等组成，其主要作用是给凝汽器提供冷却水，另外还给机组辅机提供冷却用水。

1. 循环水泵的启动

（1）循环水泵启动允许条件。

1）循环水泵电机开关在远方位置。

2）循环水泵电机开关没有电气故障和保护动作。

3）循环水泵电机推力瓦任一温度小于75℃；循环水泵电机上导轴瓦任一温度小于75℃；循环水泵电机下轴承任一温度小于75℃。

4）循环水泵电机线圈任一温度小于130℃。

5）循环水泵进水室水位大于6.8m；循环水泵进水平板滤网前水位大于6.8m。

6）凝汽器循环水内/外侧任意一路的进出水电动门全开。

7）循环水泵轴承润滑冷却水母管压力大于0.05MPa（有循环水泵运行时旁通延时60s）。

8）没有保护跳闸条件。

9）循环水泵出水液动门开至20°（有循环水泵运行时旁通）。

（2）启动循环水泵轴承润滑冷却水系统。

1）至少在循环水泵启动之前5min启动循环水泵轴承冷却润滑水系统，向循环水泵组轴承供润滑冷却水。

2）检查并确认润滑冷却水温度不大于30℃，进水压力不小于0.15MPa，水量不小于29t/h。若循环工业水不满足要求，可就地开启循环水泵出水至本泵冷却水手动门，检查并确认循环水泵轴承润滑冷却水过滤器压差小于20kPa。

（3）启动循环水泵出水液动门液压系统。

1）启动循环水泵出水液动门电动油泵。

2）检查并确认蓄能器油压在14MPa～16MPa之间。

3）检查并确认液压系统无漏油现象。

4）检查并确认循环水泵出水液动门在远方控制。

（4）首台循环水泵的启动。

1）汇报给值长，准备启动循环水泵。

2）检查并确认循环水泵电机所在母线电压正常。

3）将循环水泵出水液动门开至20°～30°。

4）启动循环水泵，记录从循环水泵启动到排烟冷却水塔淋水盘出水的时间，并检查排烟冷却水塔淋水分布是否均匀。

5）检查并确认循环水泵出水液动门开至90°。

6）检查并确认两台凝汽器循环水室排气情况，排气门在有水连续流出后缓慢关小直至全关。

7）确认（并记录）循环水泵电流、振动、声音、润滑冷却水流量、出水压力、泵组各轴承温度、电机线圈温度、循环水泵进水室和进水平板滤网前水位等正常。

（5）第二、第三台循环水泵的启动。

1）用程控方式启动循环水泵，检查并确认出水液动门应同时联动开启。

2）循环水泵出口液动门在前 10s 快开，阀门应在 60s 内全开。

3）确认（并记录）循环水泵电流、振动、声音、润滑冷却水流量、出水压力、泵组各轴承温度、电机线圈温度、循环水泵进水室和进水平板滤网前水位等正常。

2. 循环水泵运行方式

（1）当冬季及机组负荷较低时可以考虑采用一运二备方式，此时机组循环水量为三台泵运行时的 40%。

（2）在春、秋、冬季，采用二运一备方式，此时每台机组循环水量为三台泵运行时的 75%。

（3）夏季可采用三台循环水泵同时运行的方式，此时每台机组循环水量为三台泵运行时的 100%。

3. 循环水泵停运

（1）解除备用循环水泵联锁，用程控方式停运循环水泵。

（2）在循环水泵程控停止命令发出后，检查循环水泵出水液动门应快速联锁关闭。

（3）当循环水泵出水液动门关到 20°时，循环水泵电流应到 0。

（4）循环水泵出水液动门继续关闭直至全关。

（5）检查循环水泵倒转情况，当循环水泵静止后，根据情况投入联锁转为备用或进行其他操作。

（6）若机组已经停运，须在确认低压缸排气温度低于 50℃，无循环水用户，且胶球清洗系统已收球完毕、停运后，方可停止最后一台循环水泵运行。

（7）当三台循环水泵同时运行时，停运任意一台循环水泵，集控运行人员应确认排烟冷却塔水位不高于 1.9m，并将停泵操作告知化学运行人员，共同确认排烟冷却塔水位。当两台循环水泵同时运行时，停运任意一台循环水泵，集控运行人员应确认排烟冷却塔水位不高于 1.9m，并将停泵操作告知化学运行人员，共同确认排烟冷却塔水位。当停运最后一台运行循环水泵时，集控运行人员应确认排烟冷却塔水位不高于 1.65m（停泵后排烟冷却塔水位上升约 0.2m，排烟冷却塔溢流水位为 2m），并将停泵操作告知化学运行人员，共同确认排烟冷却塔水位。

4. 正常维护与检查

（1）循环水泵进水室水位大于等于 6.8m，循环水泵进水平板滤网前后水位差小于等于 300mm，当发现水位差大于等于 300mm 时，应立即联系检修处理，并安排专人到就地检查、确认。

（2）循环水泵出水压力大于 0.15MPa，循环水泵出水母管压力大于 0.2MPa。

（3）循环水进水压力小于 0.4MPa。

（4）循环水泵润滑冷却水流量大于 4t/h，润滑冷却水压正常大于 0.15MPa，滤网压差小于 20kPa。

（5）循环水泵组轴承润滑油油位大于 1/2（液位计）。

（6）循环水泵出水液动门液压系统油压为 14MPa～16MPa，油箱油位大于 1/2（液位计），蓄能器的充气压力大于等于 8.5MPa。

（7）循环水泵电机电流稳定。

（8）循环水泵电机线圈温度小于 130℃，循环水泵组各轴承温度小于 75℃。

（9）循环水泵组轴承振动小于等于 0.15mm。

（10）循环水泵运行声音正常。

（11）循环水泵盘根滴水量正常。

（12）循环水泵房集水井水位正常，排水泵投入自动。

（13）循环水泵无出水流量（即出水液动门关闭）运行时间不能超过1min。

（14）每天进行循环水泵进水室和进水滤网前水位校对。

5. 循环水泵切换

（1）检查并确认备用循环水泵所在母线电压正常。

（2）确认备用循环水泵在正常备用状态。

（3）解除备用循环水泵联锁。

（4）启动备用循环水泵，检查出水液动门联开情况。

（5）确认启动的循环水泵的出水压力、电流、振动及循环水泵出水母管压力和凝汽器进出水压力等正常。

（6）停运原运行的循环水泵，检查出水液动门联关情况，若泵发生倒转，则关闭其出水液动门，联系检修维护人员处理。

（7）在循环水泵切换正常后，投入循环水泵联锁。

（8）在集控运行进行循环水泵切换操作前，应先将准备启动的循环水泵编号和准备停运的循环水泵编号。

（9）将水泵编号告知化学运行班长，然后再进行切换操作，以便化学运行人员调整循环水加药方式。

6. 凝汽器单侧隔离及恢复操作

（1）当运行中发现凝汽器水管泄漏或凝汽器水侧污脏时，可单独解列、隔绝同一回路凝汽器循环水。

1）待停用侧凝汽器胶球装置收球结束后，胶球泵停运，并将该组胶球清洗程控退出，系统已隔离并停电。

2）机组降负荷至80%额定负荷以下。

3）凝汽器单侧隔离时不允许三台循环水泵同时运行。

4）关闭停用侧凝汽器抽空气电动门。

5）关闭停用侧凝汽器循环水进水电动门，注意另一侧凝汽器循环水侧压力不超过0.4MPa。

6）关闭停用侧凝汽器循环水出水电动门，检查并确认机组负荷、凝汽器真空和循环水系统压力变化无异常（凝汽器真空不低于–85kPa，排汽温度不大于60℃），如凝汽器真空下降不能维持，应立即进行恢复操作。

7）如凝汽器循环水侧压力大于0.4MPa，应停运一台循环水泵。

8）停用侧凝汽器循环水进出水电动门关闭后停电。

9）开启停用侧凝汽器循环水侧放水门和排气门，注意凝泵坑水位和排水泵运行情况正常。

（2）凝汽器单侧隔离注意事项。

1）在两台凝汽器停用的同一回路循环水压力到零，放尽存水后，缓慢打开该回路凝汽器循环水侧人孔门。

2）在凝汽器同一回路循环水隔离、泄压、放水的过程中，应特别注意凝汽器真空的变化。

3）在隔绝操作过程中，若发生掉真空，应立即停止操作，增开备用真空泵，进行恢复处理。

（3）单侧凝汽器循环水隔离后的投运操作。

1）检查并确认凝汽器工作全部结束，工作人员已撤离，所有工具及物品均已取出，工作票终结，方可关闭人孔门和凝汽器水侧放水门，并对循环水进出水电动门送电。

2）稍开待恢复侧凝汽器循环水出水电动门，对恢复侧凝汽器循环水侧赶空气，待排气门有水连续流出后关闭排气门。

3）全开恢复侧凝汽器循环水出水电动门，再次开启恢复侧凝汽器循环水室排气门，确认空气赶尽后关闭。

4）逐渐开启该待恢复侧凝汽器循环水进水电动门直至全开，各排气门再间断打开排气，在确认空气赶尽后，关闭排气门，监视凝汽器真空变化。

5）在凝汽器真空正常后，可恢复机组负荷，同时注意循环水母管压力，根据需要增开一台循环水泵。

6）根据需要程控投入胶球清洗装置。

二、闭式冷却水系统

闭式冷却水系统主要由两台闭式冷却水泵、两台水－水热交换器、机电炉各冷却设备以及连接管道组成，其主要作用是给机电炉各冷却设备提供冷却用水。

1. 闭冷水泵和系统用户的启动

（1）闭冷水泵允许启动条件。

1）闭冷水泵电机开关在远方控制。

2）闭冷水泵电机开关没有电气故障。

3）闭冷水泵电机开关没有保护动作。

4）至少有一台水－水热交换器闭冷水侧进出水电动门均开启。

5）闭冷水泵出水电动门已关闭（或已有闭冷水泵运行）。

6）闭冷水泵进水电动门已开启。

7）闭冷水箱水位大于1200mm。

8）闭冷水泵轴承任一温度小于75℃。

9）闭冷水泵电机轴承任一温度小于85℃；闭冷水泵电机线圈任一温度小于130℃。

10）闭冷水泵没有跳闸条件。

（2）确认闭冷水泵进水电动门开启、出水电动门关闭，闭冷水泵注水排气结束，无闭冷水箱水位“低”报警，启动选择的一台闭冷水泵，逐渐全开该泵出水电动门，检查并确认泵组电流、振动、声音、轴承温度、轴端密封正常。

（3）在闭冷水泵启动后，闭冷水箱水位可能下降较多，应加强监视，必要时可开启水位调节门的旁路门加强补水。

（4）确认全开另一台闭冷水泵的进出水电动门，投入备用泵联锁。

（5）对水－水热交换器再次进行注水、排气。在注水排气后，一台投入正常运行，另一台关闭闭冷水侧进水电动门投入备用。

（6）闭冷水系统用户投运前必须在充分进行注水、排气后，再开启其闭冷水进出水隔离门。有进水旁路的应该用旁路注水，无旁路要缓慢开启进水门注水。在将备用的冷却器进行注水、排气后，关闭闭冷水进水门，开启出水门。将各用户的水温调节气动门（小机润滑油冷却器除外）投入自动（前后隔离门开启）。

2. 正常运行监视

（1）闭冷水泵保护跳闸条件（满足任一条件时）。

1）闭冷水泵进水电动门关闭。

2）闭冷水泵运行 60s 后出水电动门关闭。

（2）闭冷水泵组运行声音正常。

（3）闭冷水泵出水压力在 0.75MPa 左右，出水母管压力大于 0.5MPa。

（4）闭冷水泵电机电流稳定，线圈温度小于 130℃。

（5）闭冷水泵进水滤网压差小于 20kPa。

（6）闭冷水箱水位大于 1800mm，自动补水正常。

（7）水－水热交换器闭冷水出水温度小于 40℃（夏季可投运两台水－水热交换器，以满足温度要求），出水母管压力大于 0.5MPa。在水－水热交换器闭冷水侧投用前，原则上应确认循环水侧已投入运行。

（8）闭冷水系统在正常运行过程中，利用闭冷水系统再循环门控制水－水热交换器闭冷水出水母管压力不超过 0.75MPa。

（9）闭冷水水质合格。

（10）定期进行闭冷水系统及各用户设备排气。

3. 闭冷水泵运行中的切换

（1）确认备用闭冷水泵在正常备用状态。

（2）解除备用闭冷水泵联锁。

（3）启动备用闭冷水泵，确认闭冷水泵出水压力、电流、振动及声音和闭冷水泵出水母管压力等正常。

（4）停运原运行闭冷水泵，若泵发生倒转，则关其出口门，联系检修维护人员处理。

（5）在闭冷水泵切换正常后，投入备用泵联锁。

4. 水－水热交换器的切换

（1）当机组正常时，一台水－水热交换器运行，另一台备用。

（2）确认备用的水－水热交换器循环水侧进水电动门关闭，出水电动门开启，同时已排尽空气。否则应微开循环水侧进水电动门，对循环水侧进行注水排气，在排气结束后缓慢开启循环水侧进水电动门，关闭排气门，投运水－水热交换器循环水侧。

（3）确认备用的水－水热交换器闭冷水侧进水电动门关闭，出水电动门开启，同时已排尽空气。否则应缓慢进行注水排气，在排气结束后关闭排气门，全开进水电动门。在操作过程中注意闭冷水泵出水压力、闭冷水温度变化。

（4）依次关闭原运行的水－水热交换器闭冷水侧进水电动门和循环水侧进水电动门，将其投入备用。

5. 闭冷水泵及系统停运

（1）确认闭冷水系统用户已具备停运闭冷水条件，各空压机已停运或已由邻机供给闭冷水。

（2）解除备用闭冷水泵联锁，停运闭冷水泵，关闭闭冷水泵出水电动门。

（3）关闭闭冷水箱进水气动调节门，必要时关闭闭冷水箱进水气动调节门前后隔离门。

6. 闭冷水系统补水

（1）在凝结水泵停运期间，由凝输水泵向闭冷水膨胀水箱补水。

（2）当凝结水泵正常运行时，由凝结水泵向闭冷水膨胀水箱补水（正常方式）。

三、润滑油系统

汽机润滑油系统主要由两台交流润滑油泵、一台直流润滑油泵、两台顶轴油泵、主油箱、油净化装置、冷油器等组成，其主要作用是给汽轮机各轴承及汽机调节系统提供润滑冷却用油。

1. 润滑油系统启动

本系统设备的启停操作均在 DEH 集控室“润滑油/顶轴油系统（TURBINE LUBE/LIFT OIL）”画面中进行。

（1）主机润滑油泵的投运。

1）主机润滑油泵的启动条件。

- 主机润滑油箱油位大于 1800mm。
- 主机润滑油供油系统紧急运行（OIL SUP EM OPER）未动作。

（2）主机润滑油泵的启动。

1）在确认主机润滑油系统具备启动条件后，给直流润滑油泵送电，检查并确认直流油泵启动正常，对润滑油系统进行充油排气，油泵出口油压、电机电流和油泵振动均正常，主机各轴承回油正常，系统无泄漏。

2）10min 后，在 DEH 操作画面上选择主机交流润滑油泵子回路操作框，选定并启动一台主机交流润滑油泵，检查并确认油泵出口油压、电机电流和油泵振动均正常。在交流润滑油泵启动后 15min 内，在 DEH 操作画面上选择主机直流润滑油泵子回路操作框，停运主机直流润滑油泵，将主机直流润滑油泵子回路投入自动（或在 DEH 操作画面上确认主机交流润滑油泵子回路不在自动状态，直接选择一台交流润滑油泵并启动，然后在主机交流润滑油泵子回路中确认所启动的交流润滑油泵为首选泵，投入自动）。

3）在 DEH 操作画面上将主机交流润滑油泵子回路投入自动。

4）现场检查并确认主机润滑油系统管道、接头无泄漏和渗漏。

5）确认主机润滑油系统油压正常，交流润滑油泵出口滤网后母管油压在 3.1bar 以上。

6）在对主机润滑油冷油器进行充油排气后，确认运行方式处于一运一备（当润滑油温上升后，注意润滑油控制门动作情况）。

7）在对主机润滑油滤网进行注油排气后，确认运行方式处于一运一备，确认主机润滑油滤网无压差大（压差小于 0.8bar）报警。

8）确认主机润滑油箱油位在 1450mm 左右。

9）确认各轴承回油量、温度正常，否则联系维护人员进行调整。

10）在 DEH 操作画面上用主机交流润滑油泵子回路切换主机交流润滑油泵运行，观察另一台交流润滑油泵的工作情况。

11）确认两台主机交流润滑油泵和直流油泵均工作正常，且运行期间的油压、油流符合主机运行要求，在 DEH 操作画面上确认主机交流润滑油泵子回路和直流润滑油泵的子回路投入自动。

12）在油泵运期间，应密切监视主机润滑油箱油位，当油位小于 1400mm 时应联系维护人员加油。

（3）主机交流润滑油泵联锁启动条件。

1）当无主机交流润滑油泵运行时，主机交流润滑油泵 SLC 投入自动，被选中的主机交流润滑油泵联锁启动。

2）当有主机交流润滑油泵运行时，主机交流润滑油泵 SLC 投入自动，选择备用主机交流润滑油泵、运行的主机交流润滑油泵跳闸、运行的主机交流润滑油泵故障、交流润滑油泵出口母管油压低、润滑油滤网后母管油压低，备用的主机交流润滑油泵联锁启动。

3）有主机交流润滑油泵运行时，主机交流润滑油泵 SLC 投入自动，运行的主机交流润滑油泵电压低，备用的主机交流润滑油泵联锁启动。

（4）主机交流润滑油泵联锁停止条件。

主机交流润滑油泵 SLC 投入自动，备用主机交流润滑油泵备选为主运行泵、交流润滑油泵出口母管油压不低、主机润滑油滤网后母管油压不低，运行的主机交流润滑油泵联锁停止。

（5）主机交流润滑油泵保护停止条件。

1）主机润滑油供油系统紧急运行动作。

2）主机润滑油箱油位（为主机转速的函数）低。

（6）主机直流润滑油泵联锁启动条件。

当有主机交流润滑油泵运行时，主机直流润滑油泵 SLC 投入自动，1 号主机交流润滑油泵跳闸、发生故障、出油压力低，或 2 号主机交流润滑油泵跳闸发生、发生故障、出油压力低，或两台交流润滑油泵均电压低（延时 60s），主机直流润滑油泵联锁启动。

（7）主机直流润滑油泵保护启动条件。

当有主机交流润滑油泵运行时，主机直流润滑油泵 SLC 投入自动，主机润滑油滤网后母管油压低，或主机润滑油供油系统紧急运行动作，或主机润滑油箱油位（为主机转速的函数）低，主机直流润滑油泵保护启动。

（8）主机直流润滑油泵允许停止条件。

主机润滑油箱油位（为主机转速的函数）低，或主机直流润滑油泵运行（延时 10s）。当主机直流润滑油泵运行后，只能手动停止。

（9）主机交流润滑油泵运行中切换。

1）在 DEH 操作画面上选择主机交流润滑油泵 SLC，确认其投入自动。

2）将备用主机交流润滑油泵选为主运行泵。

3）确认后备用的主机交流润滑油泵应自启动，原运行的主机交流润滑油泵自动停止。

4）检查并确认低主机润滑油系统运行正常。

2. *启动主机润滑油箱排烟风机*

（1）在 DEH 操作画面上选择主机润滑油箱排烟风机 SLC 操作框，选定并启动一台主机润滑油箱排烟风机，确认运行风机正常。

（2）在主机润滑油箱排烟风机运行正常后，调整主机润滑油箱排烟风机进口和各轴承箱油烟抽出管道上的调节挡板，维持主机润滑油箱和各轴承内微负压（约–15mbar 左右），使排烟风机入口的油雾分离器处于最佳工作状态。

（3）在系统负压调整正常后，在 DEH 操作画面上将主机润滑油箱排烟风机 SLC 投入自动。

（4）主机润滑油箱排烟风机联锁启动条件。

1）当无主机润滑油箱排烟风机运行时，主机润滑油箱排烟风机 SLC 投入自动，备用的主机润滑油箱排烟风机联锁启动。

2）有主机润滑油箱排烟风机运行时，主机润滑油箱排烟风机 SLC 投入自动，选择备用风机为主风机、运行的主机润滑油箱排烟风机跳闸、运行的主机润滑油箱排烟风机故障、运行的主机润滑油箱排烟风机压力大于 10mbar，备用的主机润滑油箱排烟风机联锁启动。

3）在有主机润滑油箱排烟风机运行时，主机润滑油箱排烟风机 SLC 投入自动，运行的主机润滑油箱排烟风机电压低，备用的主机润滑油箱排烟风机联锁启动。

（5）主机润滑油箱排烟风机联锁停止条件。

1）主机润滑油箱排烟风机 SLC 投入自动，备用的主机润滑油箱排烟风机被选为主运行风机、运行的主机润滑油箱排烟风机压力小于 10mbar（延时 30s），运行的主机润滑油箱排烟风机联锁停止。

2）主机润滑油箱排烟风机 SLC 投入自动，两台主机润滑油箱排烟风机均电压低，运行的主机润滑油箱排烟风机联锁停止。

（6）主机润滑油箱排烟风机运行中切换。

1）在 DEH 操作画面选择主机润滑油箱排烟风机 SLC，确认其投入自动。

2）将备用主机润滑油箱排烟风机选为主运行风机。

3）确认后备用的主机润滑油箱排烟风机应自启动，原运行的主机润滑油箱排烟风机自动停止。

4）检查并确认主机润滑油箱排烟风机系统运行正常。

3. 顶轴油泵系统的投运

（1）顶轴油泵的启动条件。

1）主机润滑油箱油位大于 1500mm。

2）主机润滑油供油系统紧急运行未动作。

3）顶轴油泵出口滤网后母管油温小于 70℃。

4）主机润滑油箱油温小于 70℃。

（2）顶轴油泵的投运。

1）确认三台顶轴油泵出口门开启，顶轴油滤网排污门关闭，将顶轴油滤网切换门推至一侧，保持顶轴油滤网一运一备状态，检查并确认顶轴油油路通畅，防止顶轴油泵油路不畅导致顶轴油压过高而损坏设备。

2）在 DEH 操作画面上将主机顶轴油至盘车控制电磁阀关闭。

3）在 DEH 操作画面上选择顶轴油泵子回路（LIFT OIL PUMP）操作框，选择并启动两台顶轴油泵（选择 1——运行 1 号和 2 号顶轴油泵、选择 2——运行 2 号和 3 号顶轴油泵、选择 3——运行 3 号和 1 号顶轴油泵）；或在 DEH 操作画面上确认顶轴油泵子回路不在自动状态，直接选择一台（或两台）顶轴油泵并启动，然后在顶轴油泵子回路中确认所启的顶轴油泵为首选泵，投入自动。

4）在 DEH 操作画面上将顶轴油泵子回路投入自动。

5）现场检查顶轴油系统管道、接头无泄漏和渗漏，系统油压建立正常，顶轴油泵出口滤网后母管压力在 150bar 左右。

6）缓慢开启顶轴油溢流电磁阀旁路手动门（保持20°左右的开度），对系统进行排气。

7）开启顶轴油滤网进油侧连通门，将顶轴油滤网切换门推至另一侧滤网，继续对系统进行排气，再将顶轴油滤网切换门推至原滤网，观察顶轴油压无波动，确认排气结束后关闭顶轴油溢流电磁阀旁路手动门。

8）确认顶轴油泵出口滤网压差（压差小于4.2bar）无报警，若压差大，进行顶轴油滤网切换，当切换时应注意顶轴油压力的变化，如有异常情况，应立即停止切换操作，恢复原工况。

9）机组C级及以上检修后首次启动，应联系维护人员记录大轴顶起高度（在0.05～0.08mm之间，否则需重新整定顶轴油压力）。

10）确认主机润滑油箱油位在（1450±50）mm，油温小于65℃，运行的顶轴油泵振动正常。

（3）顶轴油泵联锁启动条件。

1）当无顶轴油泵运行时，顶轴油泵SLC投入自动，两台被选为主运行泵的顶轴油泵延时5s联锁启动。

2）当有顶轴油泵运行时，顶轴油泵SLC投入自动，备用顶轴油泵被选为主运行泵，运行的两台顶轴油泵跳闸或发生故障，或泵出油压力小于125bar、顶轴油母管油压小于125bar，备用的顶轴油泵延时10s联锁启动。

3）顶轴油泵SLC投入自动，当汽轮机转速小于510r/min后，三台顶轴油泵同时联锁启动，当顶轴油母管油压大于127bar后，3号顶轴油泵自动停止。

（4）顶轴油泵联锁停止条件。

1）顶轴油泵SLC投入自动，当汽轮机转速大于540r/min或三台顶轴油泵均电压低时，运行的顶轴油泵联锁停止。

2）1号顶轴油泵运行（或2号顶轴油泵运行，或3号顶轴油泵运行），顶轴油泵SLC投入自动，2号顶轴油泵被选为主运行泵（或3号顶轴油泵被选为主运行泵，或1号顶轴油泵被选为主运行泵）、顶轴油母管油压大于127bar、2号和3号顶轴油泵出油压力大于127bar（或3号和1号顶轴油泵出油压力大于127bar，或1号和2号顶轴油泵出油压力大于127bar），1号顶轴油泵（或2号顶轴油泵，或3号顶轴油泵）延时10s联锁停止。

3）顶轴油泵SLC投入自动，顶轴油母管油温大于70℃或主机润滑油箱油温大于70℃、汽轮机转速小于9r/min（延时10min），运行的顶轴油泵联锁停止。

4）顶轴油泵SLC投入自动，汽轮机转速小于9r/min（延时10min）、主机润滑油箱油位（为主机转速的函数）低，运行的顶轴油泵联锁停止。

（5）顶轴油泵保护停止条件。

主机润滑油供油系统紧急运行动作或主机润滑油箱油位（为主机转速的函数）低，运行的顶轴油泵保护停止。

4. 主机盘车投运

（1）盘车装置投入前的注意事项。

1）在盘车投运前需确认主机润滑油、顶轴油、发电机密封油系统工作正常，

2）盘车马达进油腔室中的油压必须大于5bar。

3）油质应满足NAS16388级或更高，黏度为30～50mm^2/s，马达的工作温度必须满足要求。

4）汽轮机每次在静止状态下投运盘车时，应在手动盘车正常后，方可投入连续盘车。

（2）盘车装置投运。

1）确认主机润滑油油质满足液压马达工作要求（包括黏度、温度）。

2）确认汽轮机润滑油、顶轴油和发电机密封油系统运行正常。

3）确认主机顶轴油至盘车和各轴承进油手动门开启，在 DEH 操作画面上关闭主机顶轴油至盘车控制电磁阀，就地确认主机转速手动调节门关闭。

4）联系维护人员，确认主机手动盘车正常，主机轴系可正常盘动，否则严禁启动液压盘在装置。

5）在 DEH 操作画面上选择盘车 SLC 操作框，确认盘车子回路投入，盘车控制回路投入自动。

6）在 DEH 操作画面上开启主机顶轴油至盘车控制电磁阀，就地逐渐开启主机转速手动调节门，观察盘车转速是否正常（机组每次轴系、润滑油和顶轴油系统检修后，通过盘车转速调整手动门调整盘车转速在 48～54r/min 左右）。

7）在 DEH 操作画面上确认盘车子回路无故障（FAULT 无报警）。

（3）液压盘车电磁阀联锁启动条件。

主机盘车 SLC 投入自动，汽轮机盘车运行且转速小于 120r/min，或三台顶轴油泵全停，液压盘车电磁阀联锁开启。

（4）液压盘车电磁阀保护停止条件。

汽轮机转速大于 180r/min 且至少两台顶轴油泵运行（延时 30s），或润滑油系统功能自检顺控退出、润滑油母管压力小于 1.7bar 且至少两台顶轴油泵运行，或主机润滑油供油系统紧急运行动作，或主机润滑油箱油位（为主机转速的函数）低，液压盘车电磁阀保护关闭。

（5）盘车运行注意事项。

1）在盘车运行后，应定时（30min）检查并确认主机润滑油系统、顶轴油系统和发电机密封油系统运行正常。

2）当盘车时，应仔细进行听声检查，监视转子偏心度。在机组 C 级及以上检修后的首次启动连续盘车 5h 后，记录转子偏心度与原始值（1 号、2 号机均为 0.02mm）对照。

3）若液压盘车装置不能正常投运，可采用手动盘车，但顶轴油系统需投运。

4）在连续盘车正常后方可投入轴封蒸汽。

5）当发电机密封油系统停运时，禁止连续盘车。

6）当机组正常运行时，液压盘车马达在润滑油作用下会继续低速缓慢运转，转速在 6～12r/min 之间，防止轴承静止腐蚀。

7）当发现转子抱死或者发生异常情况时，液压盘车马达不能强行投运，应立即关闭主机顶轴油至盘车进油手动门或主机顶轴油至盘车控制电磁阀，并联系维护人员进行手动盘车，以免造成液压盘车装置更严重的损坏。

8）盘车装置的液压马达中油的温度不得超过 80℃，当盘车液压马达不带载荷运行时，如出现较高的油压和温度以及高的噪音水平预示着有不可预见的异常状况，应停运盘车进行检查。

（6）盘车停运条件。

1）在汽轮机高中压转子温度 TAX 小于 100℃，同时确认高压缸内缸最高点温度小于 120℃，中压缸内缸最高点温度小于 80℃，盘车装置可以停运。

2）若不满足盘车停运条件需临时停用盘车，必须由总工程师批准，并应保证手动盘车能正常进行（每 15～30min 手动盘车 180°）。

（7）盘车装置停运。

1）在确认盘车装置满足盘车停运条件后，就地手动逐渐关小主机转速手动调节门，观察盘车转速逐渐降低，最后降至零，并就地确定主机转子确已静止，关闭顶轴油至主机盘车供油电磁阀。

2）依次停运主机顶轴油系统、主机润滑油系统。

5. 主机润滑油冷却器的投运和切换

（1）主机润滑滑油冷却器水侧的投运。

1）确认闭冷水系统运行正常。

2）检查并确认两台主机润滑油冷却器闭冷水进水门、出水门和闭冷水进水门后放水门关闭，闭冷水出水门前排气门开启。

3）分别缓慢开启两台主机润滑油冷却器闭冷水出水门（1/2 全行程以上）和闭冷水进水门后放水门（全开），对主机润滑油冷却器水侧进行冲洗，10min 后关闭主机润滑油冷却器闭冷水出水门和闭冷水进水门后放水门。

4）分别缓慢开启两台主机润滑油冷却器闭冷水进水门（1/3 全行程），对主机润滑油冷却器水侧进行注水、排气，在闭冷水出水门前排气门有水连续流出后关闭。

5）全开两台主机润滑油冷却器闭冷水进水门、出水门，再次开启闭冷水出水门前排气门，确认空气赶尽后关闭。

（2）主机润滑油冷却器油侧投运。

1）在主机润滑油泵启动前，将主机润滑油冷却器切换门转至一侧，使主机润滑油冷却器呈一运一备状态。

2）确认主机润滑油系统运行正常。

3）缓慢打开通油的主机润滑油冷却器出油门前放油门，在排完污油后关闭。

4）全开通油的主机润滑油冷却器排气门，对主机润滑油冷却器进行充油、排气，待排气管与主机润滑油冷却器进油管温度相同后，关小主机润滑油冷却器排气门（保持 10°左右的开度），使主机润滑油冷却器处于连续排气状态。

5）将主机润滑油冷却器切换门转至另一侧，缓慢打开通油的主机润滑油冷却器出油门前放油门，在排完污油后关闭。

6）开启主机润滑油冷却器进油连通门，使备用的主机润滑油冷却器始终充满油。

7）随着主机润滑油温度的上升，确认主机润滑油冷却器运行正常，主机润滑油箱油位满足运行要求。

8）在正常情况下，运行和备用的主机润滑油冷却器的闭冷水进水门、出水门应保持全开。

（3）主机润滑油冷却器运行中切换。

1）在切换时应注意主机润滑油箱油位、润滑油压力及温度的变化。

2）检查并确认主机润滑油冷却器进油连通门开启，备用的主机润滑油冷却器油侧充满油，全开备用主机润滑油冷却器油侧排气门，确认排气完毕后关小主机润滑油冷却器排气门（保持 10°左右的开度），使主机润滑油冷却器处于连续排气状态。

3）开启备用主机润滑油冷却器闭冷水出水门前排气门，在确认空气赶尽后关闭。将主机润滑油冷却器切换门转至备用润滑油冷却器位置，加强监视主机润滑油箱油位、润滑油压力和温度的变化，若发现异常停止切换，恢复原工况。

4）确认切换后的主机润滑油冷却器运行正常，根据需要将原运行的主机润滑油冷油器转入备用状态或隔离。

（4）主机润滑油滤网的投用和切换。

1）主机润滑油滤网投用。

- 在主机润滑油泵启动前，将主机润滑油滤网切换门推至一侧，使主机润滑油滤网呈一运一备状态。
- 缓慢打开通油的主机润滑油滤网底部放油门，在排完污油后关闭。
- 全开通油的主机润滑油滤网排气门，对主机润滑油滤网进行充油、排气，待排气管与主机润滑油滤网进油管温度相同后，关小主机润滑油滤网排气门（保持 10°左右的开度），使主机润滑油滤网处于连续排气状态。
- 将主机润滑油滤网切换门推至一侧，缓慢打开通油的主机润滑油滤网底部放油门，排完污油后关闭。
- 开启主机润滑油滤网进油连通门，使备用的主机润滑油滤网始终充满油。
- 开启主机润滑油滤网压差表前后隔离门。

2）主机润滑油滤网运行中切换。

- 当主机润滑油滤网压差大于 0.8bar 时，应切换主机润滑油滤网，在切换时应注意主机润滑油箱油位、润滑油压力及温度的变化。
- 检查并确认主机润滑油滤网进油连通门开启，备用主机润滑油滤网油侧充满油，全开备用主机润滑油滤网油侧排气门，在确认排气完毕后关小主机润滑油滤网排气门（保持 10°左右的开度），使主机润滑油滤网处于连续排气状态。
- 将主机润滑油滤网切换门推至备用润滑油滤网位置，加强监视主机润滑油箱油位、润滑油压力和温度的变化，若发现异常停止切换，恢复原工况。
- 确认切换后的主机润滑油滤网运行正常，如需对原运行润滑油滤网进行清理，需关闭主机润滑油滤网进油连通门、排气门，开启主机润滑油滤网底部放油门并在泄压放油后关闭，通知维护人员处理。

6. 主机润滑油箱电加热的投停

（1）主机润滑油箱电加热联锁启动条件。

1）主机润滑油箱电加热器 SLC 投入自动，汽轮机已停运、主机润滑油箱油温小于 20℃。

2）主机润滑油箱电加热器 SLC 投入自动，汽轮机在运行、有一台交流润滑油泵、主机润滑油箱油温小于 35℃。

（2）主机润滑油箱电加热联锁停止条件。

1）主机润滑油箱电加热器 SLC 投入自动，汽轮机已停运、主机润滑油箱油温大于 30℃。

2）主机润滑油箱电加热器 SLC 投入自动，汽轮机在运行、主机润滑油箱油温大于 40℃。

（3）主机润滑油箱电加热保护停止条件。

主机润滑油箱油温大于 55℃、主机润滑油供油系统紧急运行动作、主机润滑油箱油位（为主机转速的函数）低，主机润滑油箱电加热保护停止。

7. 润滑油系统的运行维护和注意事项

（1）检查并确认主机润滑油系统无渗、无泄漏。

（2）主机润滑油箱油位低于1350mm或主机润滑油供油系统紧急运行按钮动作，主机润滑油危急运行程序启动：两台主机交流润滑油泵停运、直流润滑油泵自启动、汽机跳闸、停运顶轴油泵、5s后盘车电磁阀关闭、真空破坏门开启。

（3）定期检查运行的润滑油泵、顶轴油泵及排烟风机的电机电流、轴承温度、振动等参数。

（4）定期检查主机润滑油箱油位，发现油位低于1400mm，应通知维护人员在8h内把油位加至正常。若发现油位低于1380mm，应立即通知化学运行人员化验储油箱油质，在油质合格后通知维护人员向油箱加油至正常。

（5）定期检测润滑油油质，若油质超标，应立即进行净化，并分析原因，采取对策。除检修工作要求外，主机润滑油净化装置应保持连续运行。

（6）当汽轮机每次在静止状态下投运盘车时，应在手动盘车正常后，方可投入连续盘车。当手动盘车时，顶轴油系统必须投运。

（7）汽轮机转速大于15r/min，所有油泵子回路必须投入自动。

（8）顶轴油泵在正常时两台运行，在切换时可以并列运行，但须注意顶轴油压不超限。

（9）检查主机润滑油及顶轴油的滤网压差，若发现脏污应切换滤网并联系维护人员清洗。

（10）发电机未排氢，或有任意一台油泵运行，应保持主机润滑油箱排烟风机运行，适当关小排烟风机进口挡板。

（11）在盘车投运正常后转速大于15r/min，主机交流润滑油泵SLC应投入自动，否则SLC MAIN OIL PUMP NOT ON报警。

（12）在汽轮机冲转前，润滑油温必须大于35℃；在机组正常运行时，润滑油温保持在50℃左右。

（13）主机润滑油泵、顶轴油泵和排烟风机的自动联锁控制发生故障，相应的C/O会报警（指示灯由绿色变为黄色），应联系热控人员进行处理。

（14）定期检查润滑油冷油器的工作情况，发现冷油器冷却效果下降应及时切至备用冷油器运行，并联系维护人员清洗。

（15）油系统设备（油泵、冷油器和油滤网等）在切换时，应在指定人员的监护下按操作票顺序缓慢进行，在整个过程中都应严密监视润滑油压的变化，特别应注意油泵出油逆止门的状态，防止切换操作过程中断油。

8. 润滑油系统的停运

（1）主机润滑油系统的停运条件。

1）盘车已停运。

2）发电机气体置换完毕、密封油系统已停运。

（2）在DEH操作画面上确认主机顶轴油至盘车控制电磁阀关闭，主机转子静止。

（3）在DEH操作画面上将顶轴油泵子回路自动解除，停运顶轴油泵，检查停运的顶轴油泵是否倒转，如倒转应关闭出口门，联系维护人员。

（4）在DEH操作画面上分别将主机交流润滑油泵子回路和直流润滑油泵子回路自动解除，停运润滑油泵，检查停运的润滑油泵是否倒转，如倒转应关闭出口门，联系维护人员。

（5）确认发电机密封油系统已停运，在DEH操作画面上选择主机润滑油箱排烟风机

SLC 操作框，解除自动，停运排烟风机。

（6）在油系统所有设备停运后，应及时将盘车、各油泵和排烟风机的控制回路子环退出，并停电。

（7）在油系统停运后，根据检修情况决定是否将主机润滑油箱内的润滑油倒至净油箱储存。

（8）油系统长期停运需配合维护人员按照保养要求做好油系统保养工作。

四、EH 油系统

EH 油系统由两台 EH 油泵、循环油泵、再生油泵、EH 油箱、EH 油箱加热装置、蓄能器、冷却器等组成，其主要作用是给汽机调节系统及两台小机提供高压保安油，为汽机调节系统及两台小机主蒸汽门、调节门开启或关闭提供动力油源。

1. EH 油系统的启动条件

（1）EH 油箱油温大于 10℃。

（2）EH 油泵无故障。

（3）EH 油供油系统紧急运行未动作。

2. EH 油泵的启动和切换

EH 油系统设备的启停操作均在 DEH 操作员站“EH 油控系统”画面中进行。系统检修后首次启动，应按照方法一操作，如果系统已经充满油，应按照方法二或者方法三操作。

（1）方法一：EH 油系统充油。

1）将 EH 油至 1 号高压汽门组供油手动门、2 号高压汽门组供油手动门、1 号中压汽门组供油手动门、2 号中压汽门组供油手动门、补汽门供油手动门、1 号小机供油手动门和 2 号小机供油手动门关闭，在 DEH 操作画面上将主机各高中压主蒸汽门的跳闸电磁阀失电，先导电磁阀失电。

2）在 DEH 操作画面上选择 EH 油泵控制子回路操作框，选择一台 EH 油泵为首选运行泵。

3）在 EH 油泵控制子回路中投入联锁，所选的 EH 油泵应启动，EH 油泵控制子回路处于自动状态。

4）待 EH 油母管油压稳定后（EH 油泵出口母管压力为 155bar～160bar），缓慢开启 EH 油至 1 号高压汽门组供油手动门、2 号高压汽门组供油手动门、1 号中压汽门组供油手动门、2 号中压汽门组供油手动门、补汽门供油手动门、1 号小机供油手动门和 2 号小机供油手动门中的任意一个，观察 EH 油泵出口母管压力逐渐降低，控制油压不低于 105bar。

5）如果开启的是 EH 油至 1 号高压汽门组供油手动门，操作 1 号高压主蒸汽门的两个跳闸电磁阀中的任意一个，使其带电（禁止同时带电），2～4min 后，将带电的跳闸电磁阀失电，再按照相同的方法操作 1 号高压主蒸汽门的两个跳闸电磁阀中的另一个。1 号高压主蒸汽门操作完毕后，按照相同的方法操作 1 号高压调节门。

6）按照上述方法操作各用户的电磁阀，对系统进行充油、冲洗。

7）在所有用户操作完毕后，应检查并确认主机各高中压主蒸汽门的跳闸电磁阀失电，先导电磁阀失电，EH 油泵出口母管压力为 155～160bar。

（2）方法二：直接启动 EH 油泵。

1）在 DEH 操作画面上确认 EH 油泵控制子回路不在自动状态，选择一台 EH 油泵，直接启动。

2）在 DEH 操作画面上选择 EH 油泵控制子回路操作框，确认运行的泵为首选泵（若运行的 EH 油泵不为首选泵，应重新选择），投入联锁，EH 油泵控制子回路处于自动状态。

（3）方法三：通过 EH 油泵控制子回路启动 EH 油泵（推荐方法）

1）在 DEH 操作画面上选择 EH 油泵控制子回路操作框，选择一台 EH 油泵为首选运行泵。

2）在 EH 油泵控制子回路中投入联锁，所选的 EH 油泵应启动，EH 油泵控制子回路处于自动状态。

（4）检查并确认运行的 EH 油泵转向正确，电机电流、振动、声音、轴承温度等均正常。

（5）检查并确认 EH 油系统油压正常（EH 油泵出口母管压力为 155～160bar）。EH 油箱无油位低报警（EH 油箱 LOW 显示为绿色，若 EH 油箱 LOW 变为黄色，通知维护人员进行加油）。

（6）检查并确认运行的 EH 油泵出口滤网无压差大报警（DP 显示为绿色，若 EH 油泵出口 DP 变为黄色，通知维护人员进行处理）。

（7）检查并确认 EH 油系统的各管道、接头、油动机等无泄漏，EH 油箱无泄漏（EH 油箱 LEAKAGE 显示为绿色，若 EH 油箱 LEAKAGE 变为黄色，通知维护人员进行处理）。

3. EH 油泵联锁启动条件

（1）当无 EH 油泵运行时，EH 油泵 SLC 投入自动，被选为主运行泵的 EH 油泵延时 1s 联锁启动。

（2）当有 EH 油泵运行时，EH 油泵 SLC 投入自动，备用的 EH 油泵被选为主运行泵，运行的 EH 油泵跳闸或故障（运行的 EH 油泵出油压力小于 150bar，延时 100s，或运行的 EH 油泵出油压力小于 125bar）与 EH 油泵出油母管油压大于 150bar，延时 4s，或当运行的 EH 油泵出油压力大于 185bar 且 EH 油泵出油母管油压大于 185bar 时，备用的 EH 油泵联锁启动。

4. EH 油泵保护停止条件

（1）运行的 EH 油泵故障动作。

（2）在 EH 油泵运行 10s 后，出油压力仍小于 10bar。

5. EH 油泵自启闭锁条件

（1）EH 油泵 SLC 未投入自动。

（2）两台 EH 油泵出油压力均小于 105bar（延时 5s）。

（3）EH 油泵故障停止动作。

6. EH 油泵运行中切换

（1）在 DEH 操作画面上确认备用的 EH 油泵在正常备用状态。

（2）在 DEH 操作画面上选择 EH 油泵控制子回路操作框，将首选泵改为备用泵，确认后观察备用的 EH 油泵应启动，运行的 EH 油泵应停止。

（3）检查并确认停运的 EH 油泵不倒转，否则，关闭出口门，联系维护人员处理。

（4）检查并确认确认 EH 油泵控制子回路在自动状态。

7. EH 油循环再生油泵的启动和切换

（1）启动方法一：直接启动 EH 油循环再生油泵：

1）在 DEH 操作画面上确认 EH 油循环再生油泵控制子回路不在自动状态，选择一台 EH 油循环再生油泵，直接启动。

2）在 DEH 操作画面上选择 EH 油循环再生油泵控制子回路操作框，确认运行的泵组为首选泵组（若运行的 EH 油循环再生油泵不为首选泵组，应重新选择），投入联锁，EH 油循环再生油泵控制子回路处于自动状态。

（2）启动方法二：通过 EH 油循环再生油泵控制子回路启动 EH 油循环再生油泵（推荐方法）。

在 DEH 操作画面上选择 EH 油循环再生油泵控制子回路操作框，选择一台 EH 油循环再生油泵为首选泵组，并投入联锁，检查并确认所选的 EH 油循环再生油泵组应启动，EH 油循环再生油泵控制子回路处于自动状态。

（3）检查并确认 EH 油循环再生油泵运行正常（CRIT ON 显示绿色）。

（4）检查并确认运行的 EH 油循环再生油泵出口油压正常（小于 MIN 显示为绿色）。

（5）检查并确认运行的 EH 油循环再生油泵循环回油滤网和再生滤网无压差大报警（各自的 DP 显示为绿色）。

（6）现场检查 EH 油循环再生油泵转向正确，轴承温度、振动正常，EH 油箱油位正常（EH 油箱 LOW 显示为绿色）。

（7）现场确认系统管道、接头无泄漏和渗漏，EH 油箱无泄漏（EH 油箱 LEAKAGE 显示为绿色）。

8. EH 油循环再生油泵联锁启动条件

（1）当无 EH 油循环再生油泵运行时，EH 油循环再生油泵 SLC 投入自动，被选为主运行泵的 EH 油循环再生油泵联锁启动。

（2）当有 EH 油循环再生油泵运行时，EH 油循环再生油泵 SLC 投入自动，备用的 EH 油循环再生油泵被选为主运行泵，运行的 EH 油循环再生油泵跳闸或故障，或启动的 EH 油循环再生油泵在运行 4s 后出油压力仍小于 800mbar，备用的 EH 油循环再生油泵联锁启动。

9. EH 油循环再生油泵保护停止条件

运行的 EH 油泵故障动作或启动的 EH 油循环再生油泵运行 4s 后出油压力仍小于 800mbar。

10. EH 油循环再生油泵自启闭锁条件

（1）EH 油循环再生油泵 SLC 未投入自动。

（2）EH 油循环再生油泵故障动作。

11. EH 油循环再生油泵切换

（1）在 DEH 操作画面上确认备用的 EH 油循环再生油泵在正常备用状态。

（2）在 DEH 操作画面上选择 EH 油循环再生油泵控制子回路操作框，将首选泵改为备用泵，确认后观察备用的 EH 油循环再生油泵应启动，运行的 EH 油循环再生油泵应停止。

（3）检查并确认停运的 EH 油循环再生油泵不倒转，否则，关闭出口门，联系维护人员处理。

（4）检查并确认 EH 油循环再生油泵控制子回路在自动状态。

12. EH 油冷却风扇的启停

（1）在 EH 油循环再生油泵子回路投入联锁时，当 EH 油油箱油温大于 55℃且有 EH 油循环再生油泵运行时，联锁启动相对应的 EH 油冷却风机。

（2）在 EH 油循环再生油泵子回路投入联锁时，当 EH 油油箱油温小于 52℃且有 EH 油循环再生油泵运行时，联锁停止相对应的 EH 油冷却风机。

（3）若EH油泵故障动作，保护停运的EH油冷却风机。

（4）若满足油温条件，EH油冷却风机未启或未停，联系热控人员进行处理。

13. EH油系统的运行维护

（1）根据辅机正常运行维护要求，做好EH油系统的运行监视、维护。

（2）检查并确认系统，尤其是各连接部位无泄漏，各油动机下方漏油收集盘无油，油箱油位正常，油箱地面无积油。

（3）EH油母管压力正常为155～160bar。大于170bar或小于150bar，应检查运行的EH油泵的工作情况，必要时切至备用泵运行，并联系维护人员处理。

（4）检查并确认EH油冷却风机和冷却器工作正常，控制EH油温不超过55℃。

（5）EH油系统加油必须通过10μm滤网，第一次加油必须达到油箱油位刻度765L。

（6）定期检查各滤网压差，联系化学运行人员化验EH油质，包括黏度、氧化程度、含水量、杂质量和污物含量。

（7）在机组运行时不允许一次隔绝一个以上的蓄压器。

14. EH油循环再生油泵的停运

（1）确认EH油系统无用户。

（2）在DEH操作画面上选择EH油循环再生油泵控制子回路操作框，解除联锁，停运EH油循环再生油泵。

（3）检查并确认停运的EH油循环再生油泵不倒转，否则，关闭出口门，联系维护人员处理。

15. EH油泵及系统的停运

（1）在机组停运后，EH油系统无用户，可以停运EH油泵及系统。

（2）在DEH操作画面上选择EH油泵控制子回路操作框，解除联锁，停运EH油泵。

（3）检查并确认停运的EH油泵不倒转，否则，关闭出口门，联系维护人员处理。

（4）系统短时间停运，应保持EH油循环再生油泵运行，以保持连续油净化。

（5）如有EH油系统维护或检修工作，应注意系统的消压。

16. EH油系统紧急停运

（1）发生下列情况之一时EH油系统保护紧急停运动作。

1）EH油供油系统紧急运行动作。

2）火灾保护动作。

3）EH油箱油位低，或EH油箱油位信号均故障。

（2）EH油系统保护紧急停运动作结果。

1）两台EH油泵、两台EH油循环再生油泵、两台EH油冷却风机均保护停运。

2）1号、2号高中压主蒸汽门关闭。

3）EH油供油保护停止。

4）汽轮机阀门SGC执行停止步骤。

5）EH油泵预选、EH油循环再生油泵预选切手动。

6）EH油供应、EH油冷却报警。

五、发电机定子冷却水系统

发电机定子冷却水系统由两台发电机定冷水泵、定冷水箱、冷却器、滤网以及连接管道等设备组成，其主要作用是给发电机定子线圈提供冷却水。

1. 发电机定冷水系统的启动

（1）发电机定冷水供水系统注水。

1）关闭发电机定子绕组进出水手动门和发电机定子绕组反冲洗进出水手动门。

2）缓慢开启凝输水至发电机定冷水系统补水旁路手动门，向发电机定冷水系统注水。

3）对发电机定冷水器进行排气。

- 检查并确认发电机定子水冷却器定冷水侧排污母管手动门关闭，开启两台发电机定子水冷却器定冷水侧排污手动门。
- 开启两台发电机定子水冷却器定冷水侧排气手动门和排气母管手动门。
- 将发电机定子水冷却器定冷水进出水切换门推向一侧，检查发电机定子水冷却器排气母管总门排气情况，排完气后将发电机定子水冷却器定冷水进出水切换门推向另一侧进行排气，直至两台发电机定子水冷却器中的气体排尽（出水中不含气泡）。

（2）对发电机定冷水过滤器进行排气。

1）检查并确认两台发电机定冷水过滤器进出水侧连通门开启。

2）检查并确认两台发电机定冷水过滤器排污门关闭，排气门开启。

3）将发电机定冷水过滤器进出水切换门推向一侧，检查通水的发电机定冷水过滤器排气门排气情况，排完气后将发电机定冷水过滤器进出水切换门推向另一侧进行排气，直至两台发电机定冷水过滤器中的气体排尽（出水中不含气泡）。

（3）当向发电机定冷水系统注水时，联系热控人员对发电机定冷水系统全部测量点进行排气。

（4）当发电机定冷水箱开始进水时，检查液位计并记录液位开关动作值。当水从发电机定冷水箱中溢出后，关小凝输水至发电机定冷水系统补水旁路手动门，维持发电机定冷水箱有少量的溢流。

（5）如需要联系维护人员对发电机定冷水箱进行充氮排气需要做到以下几点：

1）将氮气瓶上的减压门设到200kPa。

2）开启氮气瓶截止门，对发电机定冷水箱进行排气。

3）当约 1m^3（标准大气压）的氮气从钢瓶中被排入发电机定冷水箱后，可认为水箱中的空气已排除干净，关闭氮气瓶截止门，结束吹扫。

（6）向发电机定子绕组注水

1）确认发电机定冷水电导率小于等于 1μΩ/cm。

2）发电机所有漏液检测装置工作正常。

3）确认发电机定子绕组出水手动门和发电机定子绕组反冲洗进出水手动门及发电机定子绕组进水侧排气手动门关闭，开启发电机定子绕组出水侧排气门和发电机定子绕组进水门。

4）全开凝输水至发电机定冷水系统补水门，向发电机定子绕组注水排气。当发电机定子绕组出水侧排气门连续出水后，关闭该门。

5）开启发电机定子绕组反冲洗进出水门和发电机定子绕组出水门。

6）反复开启、关闭发电机定子绕组出水侧排气门进行排气，直至没有空气排出。

（7）发电机定冷水系统启动。

1）确认两台发电机定冷水泵已注满水，电动机旋转方向正确，启动一台发电机定冷水泵，运行 10min 后，切换至另一台发电机定冷水泵运行。手动调节发电机定冷水箱出水手动门，维持发电机定冷水泵出水压力约为 0.6MPa。

2）关闭凝输水至发电机定冷水系统补水旁路门，手动调节凝输水至发电机定冷水系统补水门，维持补充水流量在 180L/s 左右。

3）反复开启、关闭发电机定子绕组出水侧排气门进行排气，直至没有空气排出，关闭发电机定子绕组反冲洗进出水门。

4）调整发电机定冷水过滤器出水流量调节手动门和发电机定冷水箱出水手动门，使流量在 120t/h 左右。

5）反复开启、关闭发电机定子绕组的进出水侧排气门进行排气。

6）投用发电机定子水冷却器闭冷水侧。

- 检查并确认两台发电机定子水冷却器闭冷水出水门和所有放水门关闭。
- 开启发电机定子水冷却器闭冷水进水母管气动调节门和气动调节门的前后手动门及旁路手动门。
- 分别开启两台发电机定子水冷却器闭冷水进水门和排气门，对发电机定子水冷却器闭冷水侧注水排气，当排气门有水连续流出并不含气泡后，关闭排气门。
- 分别开启两台发电机定子水冷却器闭冷水出水门进行冲洗，10min 后关闭一台发电机定子水冷却器闭冷水出水门。
- 关闭发电机定子水冷却器闭冷水进水母管气动调节门的旁路手动门，将发电机定子水冷却器闭冷水进水母管气动调节门投入温度自动控制。

2. 发电机定冷水系统的运行维护

（1）发电机定冷水泵联锁启动条件。

1）备用的发电机定冷水泵联锁投入，运行的发电机定冷水泵停止。

2）备用的发电机定冷水泵联锁投入，运行的发电机定冷水泵出水压力小于 0.4MPa。

3）备用的发电机定冷水泵联锁投入，发电机定子线圈进水压力小于 200kPa。

（2）按照要求做好发电机定冷水系统的运行检查、监视和维护。

（3）在发电机充氢前，发电机定冷水箱顶部应该充氮。在发电机正常运行后，水箱内的氮气会逐渐被通过发电机定冷水管扩散出来的氢气取代，并利用定冷水箱溢流管上的 U 形水封，使水箱内的压力保持在 15kPa 左右。

（4）在发电机正常运行期间，应该保持发电机定冷水温度高于氢气温度 3℃～5℃。发电机进口定冷水压力小于氢气压力 35kPa，严格执行启动发电机定冷水泵前、汽轮机冲转前、发电机并网前三阶段排气。

（5）在发电机正常运行期间，需要连续地补水，以弥补系统可能存在的漏水损失，并保证水质，多余的补水通过流入定冷水箱排出系统，同时也保证了溢流管上的 U 形水封是可靠的。当补水水质达不到要求时，应投用离子交换器。在发电机正常运行时，发电机定冷水系统的补水应用凝结水。

（6）在发电机正常运行时，调整发电机定冷水箱出水手动门，保持流入水箱的流量比补给水管道的流量大 100dm^3/h 左右（保持水箱回水为 100dm^3/h 左右）。

（7）每周应开启备用发电机定子水冷却器闭冷水出水门进行冲洗（10min 后关闭）。

（8）发电机定冷水补水的水质要求如表 5-1 所示。

表 5-1　发电机定冷水补水的水质要求

项目	单位	要求
电导率	μΩ/cm	≤1
pH 值		6～8
水中杂质		水中不得含有联氨、吗啉、磷酸盐等化学物质

3. 发电机定冷水系统的停运

（1）发电机解列，发电机定冷水系统应继续运行，在机组完全停用并将发电机内氢压降至 0.2MPa 后，方可停止向发电机定子绕组通水。

（2）关凝结水（或凝输水）至发电机定冷水系统补水门。

（3）在将备用发电机定冷水泵联锁解除后，停运发电机定冷水泵。

（4）加强对发电机定冷水温度的监视，防止氢气过冷结露。

（5）根据需要，进行发电机定子冷却水反冲洗。

1）反冲洗必须在发电机解列以后进行。

2）在冲洗前发电机密封油系统应投入运行，发电机内的气压必须始终保持比定子冷却水压高。

3）同时开启发电机定子绕组反冲洗进出水门，关闭发电机定子绕组进出水门。

4）在反冲洗结束后，要将系统恢复到正常运行方式。

（6）在发电机停运期间，当外部环境温度低于 5℃时，应对发电机定冷水系统进行加热循环防冻。如长期停机或有特殊要求，必须排尽发电机定子绕组内的存水。

4. 发电机定冷水系统设备切换

（1）发电机定冷水泵切换。

1）确认备用发电机定冷水泵在正常备用状态（泵内已注满水）。

2）解除备用发电机定冷水泵联锁。

3）启动备用发电机定冷水泵，确认发电机定冷水泵出水压力、电流、振动及声音和发电机定冷水泵出水母管流量等正常。

4）停止原运行的发电机定冷水泵，若泵发生倒转，则关闭其出口门，联系检修维护人员处理。

5）在发电机定冷水泵切换正常后，投入备用泵联锁。

（2）发电机定子水冷却器切换。

1）检查并确认备用发电机定子水冷却器闭冷水出水门和所有放水门关闭。

2）开启备用发电机定子水冷却器闭冷水进水门和排气门，对发电机定子水冷却器闭冷水侧注水排气，当排气门有水连续流出并不含气泡后，关闭排气门。

3）开启备用发电机定子水冷却器闭冷水出水门。

4）检查并确认发电机定子水冷却器定冷水侧排污母管手动门关闭。

5）检查并确认两台发电机定子水冷却器定冷水侧排污手动门开启。

6）开启备用发电机定子水冷却器定冷水侧排气手动门和排气母管手动门。

7）确认备用发电机定子水冷却器定冷水侧气体排尽（出水中不含气泡），关小排气门，将发电机定子水冷却器定冷水进出水切换门推向备用发电机定子水冷却器侧。

8）检查投运后的发电机定子水冷却器运行情况，在运行正常后根据需要将原运行的发电机定子水冷却器投入备用或隔离。

（3）发电机定冷水过滤器切换。

1）检查并确认两台发电机定冷水过滤器进出水侧连通门开启。

2）检查并确认两台发电机定冷水过滤器排污门关闭，备用发电机定冷水过滤器排气门开启。

3）确认备用发电机定冷水过滤器气体排尽（出水中不含气泡），关小排气门，将发电机定冷水过滤器进出水切换门推向备用发电机定冷水过滤器侧。

4）检查投运后的发电机定冷水过滤器运行情况，在运行正常后根据需要将原运行的发电机定冷水过滤器投入备用或隔离。

六、发电机密封油系统

发电机密封油系统由两台交流密封油泵、一台直流密封油泵、真空密封油箱、冷却器、滤网、排烟风机及连接管道等设备组成，主要作用是给水氢氢型发电机提供密封用油，防止发电机漏氢。

1. 发电机密封油系统的注油、启动

（1）确认主机润滑油系统或顶轴油系统有一套处于运行中；发电机密封油系统防爆风机下的排污 U 形管中已充满封气用的油。

（2）开启发电机密封油储油箱至密封油真空油箱手动门和发电机密封油真空油箱进油门，向发电机密封油真空油箱注油（在真空油箱注油时，检查并记录液位开关动作情况）。

（3）联系维护人员，确认各油泵和风机电动机旋转方向正确。

（4）启动发电机密封油真空油泵和一台防爆风机运行（另一台防爆风机投入联锁备用）。

（5）检查并确认发电机密封油真空油箱油位正常后，启动直流密封油泵，运行 10min，对系统进行注油排空，然后启动一台交流密封油泵并投入联锁，停运直流油泵投入联锁。注意监视发电机密封油真空油箱油位，当油位过低报警后运行的交流密封油泵没有自动停运应手动停泵，待油位恢复正常后停运的交流密封油泵会重新启动（如交流密封油泵不自启，联系维护人员检查）。

（6）检查密封油真空油箱中的油泡沫情况，当油泡沫上升到密封油真空油箱中视察窗的顶端时，缓慢开启发电机密封油真空油箱真空调节门，直到通过油位观察窗能观察到油泡沫。

（7）分别打开两台发电机密封油冷却器的进出油门、出油侧排污门、进油侧排气门和进出油侧连通门，对发电机密封油冷却器进行注油和排气，当排污门和排气门冒出的油中不带气泡时，先关闭发电机密封油冷却器的进出油侧连通门后再开一圈（使发电机密封油冷却器始终充满油），然后关闭发电机密封油冷却器出油侧排污门和进油侧排气门。

（8）将发电机密封油过滤器进出油切换门推向一侧，打开通油的发电机密封油过滤器的排污门和排气门，打开发电机密封油过滤器进油侧连通门，对发电机密封油过滤器进行注油和排气，当排污门和排气门冒出的油中不带气泡时，关闭排污门和排气门，然后将发电机密封油过滤器进出油切换门推向一另侧，用同样的方法对发电机密封油过滤器进行注油和排气，确认排气结束后，先关闭发电机密封油过滤器进油侧连通门后再开一圈（使发电机密封油过滤器始终充满油），然后关闭排污门和排气门。

（9）注意监视发电机密封油氢侧回油箱的油位。在发电机内无压力或压力较低时，发电机密封油氢侧回油箱中的油位可能与发电机密封油储油箱中的油位齐平，此时无法通过油位计观察油箱内的实际油位，需要密切监视发电机消泡箱油位，防止发电机进油。

（10）确认发电机密封油系统已注好油。解除运行交流密封油泵联锁并停运，启动另一台交流密封油泵，运行 10min，以排净泵内空气，然后再启动一台交流密封油泵，投入联锁。

2. 发电机密封油真空泵的启动

（1）检查并确认发电机密封油真空油箱的油位正常。

（2）关闭发电机密封油真空泵的入口门和旁路门。

（3）开启发电机密封油真空泵泵体上的气体整定门。

（4）启动发电机密封油真空泵，把状态设置在 1 位“气镇模式”。

（5）在发电机密封油真空泵运行 30min 后（用手触摸泵体感觉发热），开启发电机密封油真空泵进口门。

（6）联系维护人员调节发电机密封油真空泵泵体上的气体整定门，调整发电机密封油真空油箱中的真空在–37kPa 左右（一般在正常运行时维持在–20kPa 至–40kPa 之间）。

（7）把发电机密封油真空泵由 1 位“气镇模式”调到 0 位“运行模式”。

3. 发电机密封油系统的调整

（1）检查并确认交流密封油泵运行正常，联锁投入（包括直流密封油泵）；

（2）检查并确认发电机密封油系统防爆风机运行正常，联锁投入。

（3）联系热控人员，将各信号管内的气体排尽后，调整发电机密封油系统防爆风机入口负压为–1kPa 左右，调整密封油泵出口压力（设定值为 1.2MPa）、油一氢压差和发电机密封油浮动环的油流（预设定值为 0.15L/s，当机组检修后第一次启动时，在额定转速、额定氢压时应进行精确调节，调节完毕后应锁定调节螺栓）正常。

（4）全面检查油系统无泄漏。密切监视发电机各漏液检测装置、发电机密封油箱和消泡箱等液位变化，无异常报警，严禁发电机进油。

（5）当发电机密封油温超过 38℃时，发电机密封油冷却器闭冷水进水母管气动调节门开始开启并调节进水量；控制发电机密封油冷却器出油温度在 45℃左右。

4. 发电机密封油系统的运行维护

（1）发电机密封油系统设备联锁启动条件。

1）发电机交流密封油泵联锁启动条件。

- 备用的发电机交流密封油泵联锁投入，运行的发电机交流密封油泵停止。
- 备用的发电机交流密封油泵联锁投入，运行的发电机交流密封油泵出油压力小于 0.8MPa。

2）发电机直流密封油泵联锁启动条件。

- 发电机直流密封油泵联锁投入，两台发电机交流密封油泵均停止（延时 5s）。
- 发电机直流密封油泵联锁投入，两台发电机交流密封油泵出油压力均小于 0.8MPa（延时 5s）。

3）发电机防爆风机联锁启动条件。

- 备用的发电机防爆风机联锁投入，运行的防爆风机停止。
- 备用的发电机防爆风机联锁投入，运行的防爆风机入口负压大于联动值（1 号机为–0.8kPa，2 号机为–0.3kPa）。

4）发电机防爆风机联锁停运条件。

在备用的发电机防爆风机联动且联锁启动防爆风机入口负压小于联动值（1 号机为−1.2kPa，2 号机为−0.6kPa）后，停止原运行风机，保持联锁启动防爆风机运行。

（2）按照辅机正常运行检查、监视和维护要求做好发电机密封油系统的运行监视，重点是油氢压差、消泡室油位和各油箱油位，防止发电机进油。

（3）当发电机密封环的浮动油流量调节门出现故障时，可手动打开旁路门来临时人工控制浮动油流量。

（4）当发电机密封油系统正常运行时，发电机密封油冷油器一台运行，另一台备用，两台冷油器间的连通门保持常开。

（5）发电机密封油过滤器上的清洁手柄每天至少转动一次（每次转动 360°或更多）。两台发电机密封油过滤器的连通门和备用过滤器的排气门保持常开。

（6）直流密封油泵因交流密封油泵故障启动后，必须尽快恢复交流密封油泵运行，如交流密封油泵在短时间内不能恢复，应做好发电机解列和排氢准备。

（7）发电机密封油氢侧回油箱油位控制门旁路门在正常运行中严禁开启。

（8）每天将发电机密封油真空泵由 0 位“运行模式”调到 1 位“气镇模式”运行 2h。发电机密封油真空泵出油过滤器每 3 天应放水一次。发电机密封油真空油箱油位应控制在最高位，低于最低油位必须补油，防止造成电机及真空泵卡死。

5. 发电机密封油系统设备切换

（1）发电机交流密封油泵切换。

1）确认备用的发电机交流密封油泵满足启动条件。

2）解除发电机交流密封油泵联锁。

3）启动备用发电机交流密封油泵，并检查出油压力和电流，确认运行正常。

4）停止原运行的发电机交流密封油泵，检查并确认发电机密封油系统运行无异常。

5）投入发电机交流密封油泵联锁。

（2）发电机防爆风机切换。

1）确认备用的发电机防爆风机满足启动条件。

2）解除发电机防爆风机联锁。

3）启动备用发电机防爆风机，并检查风压力，确认运行正常。

4）停止原运行的发电机防爆风机，检查并确认发电机密封油系统运行无异常。

5）投入发电机防爆风机联锁。

（3）发电机密封油冷却器切换。

1）分别开启备用发电机密封油冷却器闭冷水进水门和闭冷水进水母管调节站后排气门，当排气门和放水门有水连续流出，并不含气泡后，先关闭放水门，再关闭排气门。

2）分别打开备用发电机密封油冷却器的进出油门、出油侧排污门、进油侧排气门和进出油侧连通门，对备用发电机密封油冷却器进行注油和排气，当排污门和排气门冒出的油中不带气泡时，先关闭发电机密封油冷却器的进出油侧连通门后再开一圈（使发电机密封油冷却器始终充满油），然后关闭发电机密封油冷却器出油侧排污门和进油侧排气门。

3）分别关闭原运行的发电机密封油冷却器的进出油门。

4）检查发电机密封油冷却器闭冷水进水母管气动调节门温度自动调节情况。

5）根据要求完成其他操作。

（4）发电机密封油过滤器切换。

1）检查并确认发电机密封油过滤器进油侧连通门开启，打开备用的发电机密封油过滤器的排污门和排气门，对备用的发电机密封油过滤器进行注油和排气，当排污门和排气门冒出的油中不带气泡时，关闭排污门和排气门。

2）将发电机密封油过滤器进出油切换门推向备用侧，使备用的发电机密封油过滤器投入运行，原运行的发电机密封油过滤器退出运行。

3）关闭发电机密封油过滤器进油侧连通门后再开一圈（使发电机密封油过滤器始终充满油）。

4）根据要求完成其他操作。

6. 发电机密封油系统的停运

（1）发电机密封油系统停运许可条件。

1）发电机氢置换完毕，发电机内压力到零。

2）汽轮机盘车已停运。

（2）发电机密封油系统停运操作。

1）解除备用交流密封油泵和直流密封油泵联锁，停用运行的交流密封油泵。

2）停运发电机密封油真空泵。

3）根据需要解除备用防爆风机联锁，停运防爆风机。

4）如果在发电机密封油系统停运后，当主机润滑油系统仍在运行时，需监视好消泡箱的油位，防止发电机进油。

5）发电机氢置换结束，且所有发电机密封油泵都已停运，关闭发电机密封油真空油箱的进油门，并做好油位的监视。

七、辅助蒸汽系统

汽机辅助蒸汽系统是汽机重要的备用汽源，正常时两台机互为备用，机组启动时，为汽机轴封供汽、除氧器加热用汽及两台小机启动用汽提供汽源。另外还为锅炉启动提供燃油伴热及磨煤机暖风器提供加热用汽。

1. 辅助蒸汽系统的投运

（1）辅汽母管汽源选择顺序。

1）邻机辅助蒸汽联箱来汽。

2）邻厂（330MW 机组）来汽。

（2）邻机没有运行时。

1）联系邻厂值长，要求向辅汽母管供汽，开启邻厂供汽管道上的所有疏放水门，对邻厂至辅汽母管进汽管进行充分暖管、疏水。

2）在邻厂至辅汽母管暖管结束后，关闭供汽管道上的放水门，有自动疏水器的须确认其前/后隔离门已开启，没有自动疏水器的关小疏水门。

3）开启辅汽母管上的疏放水门和排气门，缓慢开启邻厂至辅汽母管供汽调节门前后隔离门，控制调节门开度对辅汽母管进行充分暖管疏水，当辅汽母管排气门有连续蒸汽排出后将其关闭。

4）当辅汽母管暖管结束后，关闭其管道上的放水门，有自动疏水器的须确认其前后隔离门已开启，没有自动疏水器的关小疏水门。

5）开启辅汽联箱上的疏放水门和排气门，缓慢开启辅汽母管至辅汽联箱供汽门，对辅汽联箱进行充分暖管疏水，当辅汽联箱排气门有连续蒸汽排出后将其关闭。

6）当辅汽联箱暖管结束后，全开辅汽母管至辅汽联箱供汽门，关闭辅汽联箱上的放水门，有自动疏水器的确认其前后隔离门开启，没有自动疏水器的关小疏水门。检查并确认辅汽联箱参数正常（压力大于等于0.7MPa，温度大于等于260℃）。

（3）邻机已经运行时。

1）开启辅汽联箱上的疏放水门和排气门，缓慢开启辅汽母管至辅汽联箱供汽门，对辅汽联箱进行充分暖管疏水，当辅汽联箱排气门有连续蒸汽排出后将其关闭。

2）当辅汽联箱暖管结束后，全开辅汽母管至辅汽联箱供汽门，关闭辅汽联箱上的放水门，有自动疏水器的确认其前后隔离门开启，没有自动疏水器的关小疏水门。检查并确认辅汽联箱参数正常（压力大于等于0.7MPa，温度大于等于260℃）。

（4）在辅助蒸汽联箱投运正常后，根据机组启动或辅助蒸汽用户的需要，投入各辅助蒸汽用户。

（5）当机组并网后，若四抽压力小于0.7MPa，高压缸排汽压力大于等于0.7MPa时，开启高压缸排汽至辅汽联箱供汽管道上的疏放水门，对其进行充分暖管疏水，暖管结束后，用高压缸排汽向辅汽联箱供汽。

（6）当辅汽联箱供汽源切至本机组自供后，若邻机运行稳定，应及时关闭邻厂至辅汽母管供汽调节门前后隔离门和调节门，并联系邻厂值长，关闭邻厂至辅汽母管供汽阀门，防止辅汽母管的蒸汽倒流至邻厂。

（7）当四抽压力大于等于0.7MPa时，开启四抽至辅汽联箱供汽管道上的疏放水门，对其进行充分暖管疏水，暖管结束后，用四抽向辅汽联箱供汽。

1）当调节辅汽联箱压力与四抽母管压力接近后，缓慢开启四抽至辅汽联箱电动门，尽量减少对四抽压力的扰动。

2）逐渐关闭高压缸排汽至辅汽联箱调节门，投入自动，作为备用汽源。

（8）在辅汽联箱供汽汽源切换时，需谨慎操作，防止辅汽联箱压力的大幅波动，避免辅汽联箱超压或辅助蒸汽用户工作失常。

2. 辅助蒸汽系统的运行维护

（1）系统无泄漏，各疏水器工作正常，管道无振动。

（2）当单机运行时，做好邻厂辅助蒸汽联络管的热备用。

（3）当两台机组正常运行时，辅助蒸汽系统的运行方式。

1）每台机组的辅汽联箱由本机四抽供汽，高压缸排汽作为辅汽联箱的备用汽源（本机高压缸排汽至辅汽联箱供汽调节门跟踪本机辅汽联箱压力），在四抽压力不足时向辅汽联箱供汽。

2）辅汽母管至两台机组辅汽联箱供汽门保持全开。

（4）在机组启动、正常运行和停运过程中，辅汽联箱参数应保持稳定，压力和温度分别维持在1.0MPa、280℃～378℃之间。当辅汽联箱压力大于1.34MPa或高压缸排汽温度大于425℃时，保护关闭高压缸排汽至辅汽联箱压力调节门。辅汽联箱过热度应大于15K。

（5）在正常情况下，辅汽系统的所有放水门（包括无自动疏水器的疏水门和有自动疏水器的旁路门）应关闭，自动疏水器的前后隔离门应开启。

3. 辅助蒸汽系统的停运

（1）辅助蒸汽系统停运须经当班值长批准，并确认所有辅助蒸汽用户均已停止用汽。

（2）在确认辅汽联箱至各用户的供汽门关闭后，进行下列操作。

1）关闭四抽至辅汽联箱电动门。

2）关闭高压缸排汽至辅汽联箱电动总门、气动调节门和手动门。

3）关闭辅汽母管至辅汽联箱手动门和电动门。

4）若邻机已停运，根据需要关闭邻厂至辅汽母管供汽调节门和调节门前后隔离门。

（3）开启辅汽联箱和辅汽母管上的各疏放水门，对联箱和系统进行消压。

（4）在确认系统无压力，温度低于100℃，各路汽源可靠隔离后，方可允许开票工作。

（5）只要有一台机组运行，如果有辅汽母管检修工作票，应有总工程师批准，并限制其检修范围、数量和许可时间，防止长时间失去运行机组备用汽源。

4. 由辅汽母管向邻厂供汽

（1）由辅汽母管向邻厂供汽前，应先将邻厂至辅汽母管供汽投入正常备用状态。

（2）由辅汽母管向邻厂供汽。

1）关闭邻厂至辅汽母管气动调节门前后电动门。

2）联系邻厂值长后，缓慢开启辅汽母管至邻厂电动门，待邻厂完成暖管程序后，控制辅汽母管至邻厂电动门开度向邻厂供汽（根据邻厂要求控制压力）。

（3）由辅汽母管供生活用汽。

1）值长联系生活用汽相关人员，经确定无异常后，就地微开辅汽母管至生活供汽电动门。微开辅汽母管至生活供汽调节门，进行暖管疏水。

2）在暖管疏水结束后，将辅汽母管至生活用汽调节门投入自动，原则上将调节门后压力控制在0.5MPa左右，具体应根据生活用汽单位要求及时调整压力，满足所需。

八、主机轴封系统

主机轴封系统的主要作用是给主机及两台小机提供轴封汽，防止高中压缸蒸汽外漏、低压缸及小机轴端空气漏入引起机组掉真空。汽源有辅汽母管及机组高中压缸的轴端漏汽（自密封）。

1. 轴封系统的投运

确认轴封蒸汽温度与转子温度相匹配。

（1）轴封投运步骤。

1）开启轴封系统供/回汽管道疏水（主机真空未建立前，将汽封冷却器疏水切至无压放水）。

2）确认辅汽至轴封供汽手动总门开启，开启辅汽至主机轴封蒸汽电加热器旁路电动门，对轴封供汽管道进行暖管疏水。

3）开启辅汽至主机轴封蒸汽电加热器进出汽电动门，根据高压转子的温度，在就地轴封电加热器控制柜上设定轴封蒸汽电加热器出口温度，关闭辅汽至主机轴封蒸汽电加热器旁路电动门，继续对轴封供汽管道进行暖管疏水。

4）当轴封供汽管道暖管结束后，就地开启主机轴封供汽气动调节门旁路门，对轴封母管进行暖管疏水。

5）在 DEH 轴封蒸汽系统（SEAL STEAM）操作画面上选择汽封冷却器 SLC 操作框，启动一台汽封冷却器风机，检查并确认风机振动、声音、入口负压、风机电流等正常，将另一台投入备用。

6）在就地开启主机轴封供汽气动调节门的前后手动门和主机轴封溢流气动调节门的前后手动门。

7）在 DEH 轴封蒸汽系统操作画面上将轴封蒸汽控制器投入自动，在 DCS 中通过主机轴封供汽气动调节门旁路电动门调整轴封母管压力正常（35mbar）。待凝汽器真空升至−20kPa 后，检查主机轴封供汽气动调节门、主机轴封溢流气动调节门压力跟踪正常，轴封母管压力正常（35mbar）。

8）视温度情况投入轴封减温水（主机轴封减温水投用必须得到专业人员同意）。

9）监视轴封供汽温度、轴封母管压力及盘车运行情况正常。

（2）轴封蒸汽电加热器的投停。

1）启动前应具备的条件。

- 检查与电加热器配套的电气和仪表及控制系统各设备和线路是否牢固完好，确认能投入使用。
- 检查电加热器设备各部分完好，连接是否可靠，确认能投入使用。
- 检查电加热器附近环境已是否清理干净，确认能投入工作。
- 检查必要的灭火消防设备是否齐备，确认能投入工作。
- 测量轴封蒸汽电加热器的电热管绝缘电阻合格。
- 辅汽至轴封蒸汽电加热器的进出汽门关闭，旁路门开启（第一次投用时）。
- 辅汽至轴封供汽管已送汽，系统排气、疏水工作已结束。

2）轴封蒸汽电加热器的投运。

- 开启辅汽至轴封蒸汽电加热器的进汽门，缓慢打开轴封蒸汽电加热器的放水门，5min 后关闭轴封蒸汽电加热器的放水门，打开轴封蒸汽电加热器的出汽门，关闭轴封蒸汽电加热器的旁路门。
- 在就地控制面板上设定轴封蒸汽电加热器出汽温度（共 3 组）。
- 正常情况下在就地控制面板（或 DCS 画面）上先启动 1 组轴封蒸汽电加热器，在检查并确认出汽温度和轴封蒸汽电加热器工作正常后，再启动第 2 组、第 3 组电加热管（紧急情况下 3 组电加热管可同时投入运行），记录相关参数。

3）轴封蒸汽电加热器的停运。

- 在就地控制面板（或 DCS 画面）上分别停运已运行的轴封蒸汽电加热器加热管。
- 在机组正常运行中，辅汽至轴封供汽走轴封蒸汽电加热器内部，停机后开启轴封蒸汽电加热器的旁路门，关闭轴封蒸汽电加热器的进出汽门。
- 轴封蒸汽电加热器长期停运时，应切断电源。

4）轴封蒸汽电加热的运行维护注意事项。

- 轴封蒸汽电加热器必须先投汽、再投加热，严禁无蒸汽及蒸汽不流动时开启加热管；当轴封蒸汽电加热器的电热管绝缘电阻低于 2mΩ 时应做相应的处理。
- 轴封蒸汽电加热器在通汽备用工况时，应定期开启排污门进行排污，防止积水。
- 轴封蒸汽电加热器的内部控制仪表的设定应由热控人员进行，并定期检查。

- 当轴封蒸汽电加热器的电热管因超温报警切断控制回路停止加热时，应立即查明原因，在消除缺陷后重新按启动按钮投入电加热管工作。

2. 轴封系统的运行维护

（1）轴封蒸汽压力设定、调节正常，维持轴封母管压力在35mbar左右。

（2）监视并确认轴封温度正常，避免出现大幅波动，通过调整轴封电加热器温度设定值，保证主机轴封供汽调节门前温度在上限值和下限值（DEH的SEAL STEAM画面）范围内。

（3）在正常运行中必须保持一台汽封冷却器风机运行正常，另一台风机备用；汽封冷却器内维持微负压，防止轴封蒸汽外溢。

（4）注意就地检查并确认汽封冷却器水位正常（主机真空建立后，疏水切至立管），通过就地疏水手动门控制在20～80mm，当无法控制水位时应直接排放至地沟，关闭至立管通路上的各阀门。

（5）当负荷在350MW以上时，轴封系统开始自密封，检查并确认轴封供汽调节门自动关闭，轴封溢流调节门开启，将主机轴封溢流切换至7号低压加热器。

（6）在轴封汽投用后，应注意凝结水流量必须大于475t/h。

（7）当轴封供汽温度高于 340℃或低于 280℃时，应检查温度调节门是否已经达到调节极限。在电网允许的情况下，机组将通过负荷的改变参与轴封温度调节；若调节无效，必须将机组手动打闸。

3. 轴封系统的停运

（1）确认机组停运、盘车投入、凝汽器真空到零。

（2）确认主/小机轴封减温水停用后，在DEH轴封蒸汽系统操作画面上将轴封蒸汽控制器自动解除，检查并确认主机轴封供汽气动调节门、溢流门关闭，关闭辅汽联箱至主/小机轴封供汽手动总门，关闭主机轴封供汽旁路电动门、两台小机的轴封供汽旁路手动门以及两台小机的供回汽手动门。

（3）在DEH轴封蒸汽系统操作画面上选择汽封冷却器SLC操作框，停止汽封冷却器风机运行。

（4）确认轴封蒸汽电加热器停运，电源关闭，关闭辅汽至主机轴封蒸汽电加热器进出汽电动门和旁路电动门。

（5）开启主/小机轴封供汽管道各疏水门，放尽各管道内存水。

九、真空系统

汽机真空系统由三台水环式真空泵及其附属设备组成，其主要作用是在机组冷态启动时提前建立真空，在机组正常运行时维持凝汽器及小机真空，保证机组有较高的经济性。

1. 真空泵启动

（1）真空泵允许启动条件（必须同时满足以下条件）。

1）真空泵在远方控制。

2）真空泵没有电气故障。

3）真空泵没有保护动作。

4）真空泵汽水分离器水位无液位低报警。

5）真空泵抽气气动门关闭。

6）真空泵抽气切换气动门开启。

7）真空泵喷射器进口气动门关闭。

8）真空泵轴承温度均小于80℃。

9）真空泵电机线圈温度均小于120℃。

10）真空泵无跳闸条件。

（2）确认主机轴封系统已投入，凝汽器具备抽真空条件。

（3）开启1号凝汽器1号、2号抽气电动门和2号凝汽器1号、2号抽气电动门。

（4）检查并确认“双背压方式”在“切除”状态。

（5）开启1号、2号凝汽器抽气总门，开启1号/2号和2号/3号真空泵抽气切换电动门。

（6）检查并确认三台真空泵抽气气动门、喷射器进口气动门关闭，真空泵抽气切换气动门开启。

（7）启动一台真空泵，并投运其电机冷却风扇，当真空泵抽气气动门后压力大于等于–86kPa时，联锁开启真空泵抽气气动门。

（8）当真空泵抽气气动门后压力大于等于–95kPa时，联锁开启喷射器进口气动门、关闭真空泵抽气切换气动门。检查并确认真空泵电流不超限，运行泵正常。

（9）用相同方法启动第二台真空泵（机组启动时可启动三台真空泵同时运行，当凝汽器真空在–89kPa以上时，可停运一台真空泵作为备用，并停运其电机冷却风扇）。

（10）在轴封、真空系统投运后，应注意监视汽缸上下金属温差、汽缸膨胀的变化、转子偏心度的变化。

2. *凝汽器背压运行方式*

凝汽器背压运行方式分为单背压和双背压两种方式。

（1）凝汽器单背压运行方式下的真空泵运行。

1）检查并确认“双背压方式”在“切除”状态。

2）检查并确认1号、2号凝汽器抽气总门开启，1号/2号和2号/3号真空泵抽气切换电动门开启。

3）根据凝汽器真空情况选择任意一台或两台真空泵运行。

4）投入备用真空泵联锁。

（2）凝汽器双背压运行方式下的双真空泵运行。

1）解除备用真空泵联锁。

2）检查并确认1号、2号凝汽器抽气总门开启。

3）检查并确认1号和3号真空泵运行正常。

4）检查并确认1号/2号和2号/3号真空泵抽气切换电动门关闭。

5）将“双背压方式”切至“投入”。

（3）凝汽器双背压运行方式下的单真空泵运行。

1）将“双背压方式”切至“切除”、备用真空泵联锁解除。

2）检查并确认1号/2号和2号/3号真空泵抽气切换电动门开启。

3）检查并确认2号凝汽器抽气手动调节门全开。

4）检查并确认2号凝汽器抽气电动门关闭。

5）检查并确认任意一台真空泵运行正常。

6）投入备用真空泵联锁。

7）缓慢调节、关小 2 号凝汽器抽气手动调节门，直至 1 号凝汽器真空不上升、2 号凝汽器真空不下降。

3. 真空泵运行维护

（1）真空泵保护停止条件（满足任一条件时）。

1）真空泵汽水分离器水位低报警，延时 1200s。

2）真空泵抽气气动门运行中关闭。

（2）检查并确认真空泵汽水分离器水位及顶部排气情况应正常。

（3）检查并确认系统应无泄漏现象，凝结水（或凝输水）补水压力、主机真空应正常。

（4）检查并确认真空泵电流、振动、声音、轴承温度、进口压力应正常，备用真空泵联锁投入，运行泵电机冷却风扇工作正常。

（5）检查并确认各阀门所处状态正确。

（6）启动工况凝汽器背压－抽真空时间（三泵运行）如表 5-2 所示。

表 5-2　凝汽器背压－抽真空时间（三泵运行）

对应凝汽器背压/kPa（a）	该工作段抽真空所需时间/min
90～101.3	1.0
80～90	1.3
70～80	1.5
60～70	1.7
50～60	2.0
40～50	2.4
30～40	3.1
20～30	4.4
10～20	7.6
8～10	2.4
4.416～8	6.5

（7）水环真空泵机组运行参数如表 5-3 所示。

表 5-3　水环真空泵机组运行参数

工况	单位	TMCR 工况			TRL 工况			极限工况		
凝汽器内真空	kPa（a）	4.416			8.33			3.3		
冷却水温	℃	20.5			33			15		
运行方式		单泵	双并	三并	单泵	双并	三并	单泵	双并	三并
泵进口压力	kPa（a）	4.416			8.33			3.3		
抽气管流量	kg/h	75	150	225	115	230	345	65	130	195
再循环管流量	kg/h	45	90	135	35	70	105	50	100	150
真空泵组流量	kg/h	120	240	360	150	300	450	115	230	345
真空泵组效率	%	46			51			38		
真空泵轴功率	kW	113	226	339	135	270	405	104	208	312

4. 真空泵停止

（1）在 DCS 操作站画面中解除备用真空泵联锁或将“双背压方式”按钮切至“切除”，停止真空泵。

（2）真空泵抽气气动门联动关闭，联锁关闭喷射器进口气动门、开启真空泵抽气切换气动门。

（3）根据情况投入备用真空泵联锁。

5. 真空泵的切换操作

（1）检查备用真空泵具备投运条件。

（2）启动备用真空泵。

1）当真空泵抽气气动门后压力大于等于–86kPa 时，联锁开启真空泵抽气气动门。

2）当真空泵抽气气动门后压力大于等于–95kPa 时，联锁开启喷射器进口气动门、关闭真空泵抽气切换气动门。

3）检查并确认投运真空泵电流、真空泵出口分离器水位正常。

4）检查并确认凝汽器真空变化。

（3）停用运行真空泵，检查并确认停运真空泵抽气气动门联动关闭，联锁关闭喷射器进口气动门、开启真空泵抽气切换气动门，并投入备用联锁。

（4）全面检查抽真空系统运行情况。

十、旁路系统

汽机旁路系统主要由高低压液压油泵站及四台高压旁路、两台低压旁路，高低压旁路减温水及其附属设备组成。它的主要作用是在开机时提前建立汽水循环系统，节省开机时间，易于提升主蒸汽压力和温度；在停机和事故情况下降低锅炉主蒸汽压力和温度，防止锅炉超温超压，保护锅炉再热器、防止干烧。

1. 高低压旁路液压油站的运行

（1）检查并确认高低压旁路系统各设备电源送上，就地控制柜或集控室操作员站画面中状态显示（包括阀位）正确，无故障信号，相关传动、联锁和保护试验（包括报警）正常。

（2）按照阀门卡对高低压旁路系统进行详细检查，系统已经具备投运条件。

（3）检查并确认高低压旁路液压油站各蓄能器的泄油门在关闭位置，过滤油泵各蓄能器的进口阀门开启。

（4）检查并确认高低压旁路液压油站液压油至各控制门进油管路畅通。

（5）检查并确认高低压旁路液压油站油位正常、油质合格。

（6）将高低压旁路液压油站滤网切向一侧。

（7）分别测量高低压旁路油站各油泵电动机的绝缘，合格后送上上述设备及电加热器的电源。

（8）分别启动一台高低压旁路油泵，检查并确认油泵出口压力大于 17.5MPa，油系统管路无泄漏，投入备用油泵联锁。

（9）检查并确认旁路油站油箱油位正常，通知维护人员检查旁路蓄能器的氮压正常（大于 11MPa）。

（10）在高低压旁路液压油站正常运行期间，检查并确认油管路无泄漏，就地控制柜无报警。

2. 高低压旁路油站保护

（1）油泵出口压力大于 21MPa，报警，延时 1s 联锁停止油泵；若 90s 后油压仍高，保护停止油泵，下次油压低的时候启动另一台油泵。

（2）油泵出口压力小于 18MPa，报警，延时 1s，联锁启动一台油泵；若 30s 后油压仍低，联锁启动第二台油泵，停止第 1 台油泵。

（3）油泵出口压力小于 16MPa，报警，若已有一台油泵运行，延时 1s，联锁启动第二台油泵。

（4）油泵出口压力小于 14MPa，低油压报警。

（5）油箱油温小于 15℃，报警，联锁启动电加热器。

（6）油箱油温大于 25℃，报警，保护停止电加热器。

（7）油箱油温大于 50℃，高油温报警。

（8）油箱油温大于 70℃，跳泵

（9）油箱油位小于 150mm，低油位报警。

（10）油箱油位小于 220mm，报警，保护停止所有油泵。

3. 高压旁路压力控制方式

（1）炉膛有火时的控制方式。

1）【A】方式为启动方式，分为三个阶段【A1】、【A2】、【A3】。

- 【A1】阶段：启动方式的第一阶段。当锅炉启动后，任意一层的油火检有火（4 取 1）或者任意一层煤火检有火（4 取 2），旁路收到 fire on 信号，高压旁路即进入【A1】方式，此时，高压旁路阀门处于关闭状态，高压旁路压力设定值跟踪实际主蒸汽压力如表 5-4 所示。

表 5-4　高压旁路压力设定值跟踪实际主蒸汽压力

起始时间/min	高压旁路开度/%	开度速率/（%/min）
0～1	0～5	5
1～3	5	—
3～11	5～17	1.5

- 【A2】阶段：启动方式的第二阶段（最小阀位模式）。当锅炉点火 12min 后，或主蒸汽压力已大于最大允许冲转压力（11.8MPa），或点火后锅炉累计升压超过一定的量（约 0.1MPa～1.4MPa，具体根据点火时的主蒸汽压力而定），进入【A2】方式。

在【A1】和【A2】方式下，高压旁路压力控制器处于跟踪状态，跟踪开度指令。

- 【A3】阶段：启动方式的第三阶段（升压阶段至汽轮机冲转至汽轮机控制压力旁路全关）。进入【A2】方式后，持续 1～10min（由点火时主蒸汽压力确定持续时间，如表 5-5 所示），或当主蒸汽压力大于最大允许冲转压力（12MPa）时，转入【A3】方式。

表 5-5 点火时主蒸汽压力确定持续时间

主蒸汽压力/MPa	2	7	12
持续时间/min	1	8	10

进入【A3】方式后，高压旁路接收升压指令调压力。当进入【A3】瞬间的主蒸汽压力和汽机冲转要求的压力相比较时，取大值作为启动和停炉方式下的高压旁路压力目标值，即汽机冲转压力。之后高压旁路压力设定值以一定的升压率变化，直至达到冲转压力。汽机冲转并网运行：随着汽机冲转，并网带负荷，高压旁路逐渐关闭，直至高压旁路全关，此时由 DEH 决定是否从【A3】方式转入汽机运行【B】方式或【C】方式。

冲转压力：不再硬性地区分冷态、稳态、热态，而是在锅炉点火后根据汽轮机高压转子的温度确定需要的冲转压力并保持住，即汽轮机要求的冲转压力。汽轮机要求的冲转压力必须在一定范围内，如 8.5MPa～13.0MPa 之间。另外，当锅炉点火时主蒸汽压力已大于冲转压力，同时小于最大允许冲转压力（15MPa）时，该主蒸汽压力即为冲转压力。

升压速率：根据锅炉分离器的应力情况，确定升压速率。

升压过程中，冲转压力目标值的高限和低限：当时的主蒸汽压力高限为+0.2MPa。当时的主蒸汽压力低限–0.2MPa。目的是保证高压旁路开度的相对平稳，不会太小。升压过程中，高压旁路开度的高限由主蒸汽压力确定限值，开度高限在 50%～100%。进入【A3】模式，阀门开度受到低限的限制；低限是主蒸汽温度的函数，在 8%～18%之间；当发电机并网且机组功率大于 150MW 时，高压旁路最小阀位取消，开始收旁路。

2)【B】方式为汽轮机运行模式，旁路在滑压跟踪方式。

当高压旁路开度小于 5%且汽轮机进入全部蒸汽（来自 DEH）时，由【A3】方式进入【B】方式。当进入【B】方式后，高压旁路的压力设定值在原有滑压曲线上叠加一定的量（14bar），最高不超过 280bar，使高压旁路完全关闭。此时，高压旁路进入滑压跟踪方式，高压旁路提供保护，限制主蒸汽压力在滑压曲线+14bar 的范围内，只有当主蒸汽压力偏高 14bar 后，高压旁路才会溢流开出。当高压旁路快开条件发生时，高压旁路快开至 100%，然后转入【C】方式下的压力控制。

3)【C】方式为当汽轮机故障或停机时，高压旁路进入的压力控制方式。

当汽轮机因为某些故障无法进入全部蒸汽，高压旁路控制由【B】方式进入【C】方式；进入【C】方式后，高压旁路的设定值就是机组的滑压曲线（剔除【B】方式下叠加的量），高压旁路控制主蒸汽压力。

在降压过程中，高压旁路开度受到低限的限制：低限是主蒸汽温度的函数，在 8%～18%之间，直到锅炉灭火进入【D】/【E】方式，阀门低限取消。

4)【D】/【E】方式为正常/检修停机方式。

当锅炉熄火后，旁路控制转入【D】方式或【E】方式，此时的压力设定值根据不同的情况进入不同的定值。

在【D】方式下，高压旁路压力可以手动进行设置，但最高不应大于 29MPa，当出现凝汽器故障或低压旁路故障，或主蒸汽温度大于 425℃且给水泵停运，则设置高压旁路压力目标值最大（29MPa），即旁路不开，暂时闷炉。否则，高压旁路压力设定值为 13.5 MPa（最低 13MPa），为下一次的启动做准备。

若准备机组检修停机（即【E】方式），运行人员可以手动将高压旁路设定值设置为 0.1MPa，放走所有蒸汽。

- 降压速率：当在【D】/【E】方式下或高压旁路设定为手动时，降压速率是主蒸汽压力的函数；发生凝汽器故障或低压旁路故障（主蒸汽温大于 425℃且给水泵停运），或分离器水位大于 17m 且分离器压力小于 18MPa，则锅炉需要保压，降速率为 0。
- 在降压过程中，冲转压力设定值的低限：当时的主蒸汽压力为–0.2MPa。

5）高压旁路快开功能。

- 当发生如下任一工况，高压旁路快开：①负荷大于 200MW，反延时 10s，发电机跳闸或汽机跳闸；②主蒸汽压力大于 28.5MPa；③主蒸汽流量大于 1500t/h 且主蒸汽压力大于主蒸汽压力设定值 2.4MPa；④操作员手动。
- 高压旁路快开指令发出 5s 后进入自动控压，同时快开高压旁路减温水。

4. 高压旁路温度控制方式

（1）当高压旁路减温减压门开启（开度大于 2.5%）时联锁开启高压旁路减温水隔离门。当高压旁路减温减压门全关（开度小于 2%）时延时 30s 关闭高压旁路减温水隔离门。

（2）在高压旁路减温减压门投入自动或者高压旁路减温减压门快开时，高压旁路减温水调节门自动切为自动控制。

（3）高压旁路减温水控制为设定值与高压旁路后温度比较的单回路控制，设定值根据高压旁路减压后压力形成函数，同时根据当前高压旁路减压后压力饱和温度+30℃对设定值进行限制，运行人员可加偏置修正。

（4）高压旁路减温水调节门设定值范围：上限为 390℃，下限为高压旁路减温减压门后蒸汽过热度+30℃。高压旁路后压力和温度对应值如表 5-6 所示。

表 5-6　高压旁路后压力和温度对应值

高压旁路后压力/MPa	0	1.177	1.373	1.57	5.59	6.9
温度/℃	235	255	255	265	330	390

（5）高压旁路减温水调节器根据主蒸汽压力与高压旁路开度设置前馈，保证快开时高压旁路不超温。

（6）当高压旁路减温减压门后蒸汽过热度小于 10℃时，高压旁路减温水调节门和隔离门强行关闭。当高压旁路减温减压门后蒸汽过热度大于 20℃时，联锁开启高压旁路减温水隔离门。

（7）高压旁路减温水隔离门也可以根据操作员的指令开关。

5. 低压旁路压力控制方式

（1）启动阶段，分为以下两种控制方式。

1）点火控制方式。

在锅炉点火后，再热器压力低于 2.5MPa，进入低压旁路启动模式。由于低压旁路最小开度限制为 10%，当锅炉点火后，最低限制起作用，低压旁路逐渐开启（低限为 10%，直到并网或 MFT 才消失）；随着锅炉升高负荷，低压旁路开至 70%。

2）升压控制方式。

当低压旁路开至 70% 5min 后进入该方式。低压旁路压力设定值随着再热蒸汽压力的升高按计算的速率升高，开度在 10%～70%之间，直到再热蒸汽压力到 2.5MPa。

（2）机组运行阶段（【B】方式），即汽机运行方式。

低压旁路在滑压跟踪方式（同高压旁路）：当汽轮机冲转并网后，低压旁路关闭，进入滑压跟踪状态，压力设定为负荷的函数，低压旁路压力设定值与负荷的关系如表 5-7 所示。

表 5-7 低压旁路压力设定值与负荷的关系

负荷/MW	0	300	500	750	1000	1200
压力/MPa	2.5	2.5	2.72	3.81	5.82	6.0

（3）停机阶段（【C】方式）

当发电机跳闸或者汽机跳闸时，锅炉不熄火，压力设定为锅炉指令的函数，如表 5-8 所示。

表 5-8 低压旁路压力设定值与负荷的关系

负荷/MW	0	300	1000	1200
压力/MPa	1.1	1.95	2.0	2.0

（4）低压旁路的快关功能。

当发生下列任一情况时低压旁路快关。

1）1 号或 2 号凝汽器真空低（大于–60kPa）。

2）1 号或 2 号凝汽器温度高（大于 80℃）。

3）1 号凝汽器水位高（大于 400mm）。

4）1 号或 2 号低压旁路减温水压力低（小于 2.0MPa）（当凝结水泵变频运行时，该保护失效）。

其中 1）或 2）或 3）定义为凝汽器或低压旁路故障。

6. 低压旁路温度控制方式

（1）当低压旁路减温减压门开启（开度大于 3%）时联锁开启低压旁路减温水隔离门。当低压旁路减温减压门全关（开度小于 2.5%）时延时 15s 关闭低压旁路减温水隔离门。低压旁路减温水隔离门也可以根据操作员的指令开关。

（2）在低压旁路减温减压门投入自动、低压旁路减温减压门快开或者快关时，低压旁路减温水调节门自动切为自动控制。

（3）低压旁路温度控制模块：

1）为了保护凝汽器，要求进入凝汽器的蒸汽温度为凝汽器压力下的饱和温度，所以用通过低压旁路的蒸汽流量来计算所需喷水流量，而不用温度设定来控制。

2）喷水流量 F 设定的计算：$F = f(P,T,Y)$ 即根据再热蒸气压力、再热蒸气温度和低压旁路开度得出低压旁路流量从而得出所需喷水量，保证最小喷水流量。

3）喷水流量设定的修正。

根据能量平衡计算：F(汽)×H(汽)+F(水)×H(水)=[F(汽)+F(水)]×H(混)。

得出低压旁路减温水需求的流量：F(水)=F(汽)×[(H(汽)-H(混)]/[H(混)-H(水)]；所以，根据再热蒸气的焓值、低压旁路后蒸汽的焓值和减温水的焓值共同修正喷水流量的设定。

在计算出低压旁路减温水需求流量后经函数转换为减温调节阀指令。低压旁路减温水需求流量经函数转换为减温调节阀指令如表5-9所示。

表5-9　低压旁路减温水需求流量经函数转换为减温调节阀指令

流量/t/h	0	130
指令/%	0	100

4）由于低压旁路有泄漏，低压旁路减温水在小开度时有死区，不能降低低压旁路温度，所以在低压旁路开度在5%或主蒸汽流量小于200t/h时，采用PID（比例－积分－微分）控制低压旁路出口温度。

7. 主蒸汽暖管系统运行方式

（1）在锅炉点火起压、凝汽器抽真后，即可投入主蒸汽暖管系统。

1）开启主蒸汽暖管电动门。

2）开启主蒸汽暖管减温减压气动门，并根据主蒸汽压力调节开度（高压旁路开启后，由高压旁路自动控制主蒸汽压力，主蒸汽暖管减温减压气动门保持60%以上的开度，以提高高压缸排汽温度）。

3）开启给水至主蒸汽暖管减温水气动门。

4）开启给水至主蒸汽暖管减温水气动调节门，并根据主蒸汽温度调节控制

（2）汽轮机冲转前主蒸汽管道预暖完成条件。

1）主蒸汽温度比主蒸汽压力对应的饱和温度高10℃。

2）高压缸排汽温度比高压缸排汽压力对应的饱和温度高10℃。

（3）主蒸汽暖管系统停用。

汽轮机低速（360r/min）暖机结束前可缓慢停用主蒸汽暖管系统。

1）关闭给水至主蒸汽暖管减温水气动门、气动调节门。

2）关闭主蒸汽暖管电动门、气动调节门。

十一、凝输水和凝结水系统

汽机凝输水和凝结水系统主要由三台凝输水泵和三台变频凝结水泵及其附属设备组成，其主要作用是向凝汽器补水和把凝汽器热井的凝结水经低压加热器送到除氧器，使其作为锅炉给水。

1. 凝输水泵启动

（1）联系化学水处理值班人员向凝结水储存水箱进水，确认水箱水位正常、水质合格。

（2）关闭1号和2号机组凝结水储存水箱连通门。

（3）按辅机通则进行检查，关闭凝输水泵出口门，开启凝输水泵进水门，对凝输水泵泵体进行注水放气，开启凝输水泵出口再循环门。

（4）在操作员站画面上启动1号或2号凝输水泵，确认凝输水泵启动正常。

（5）开启凝输水泵出口门。开启出口管放气门，进行注水放气后，关闭出口管放气门。

（6）根据凝输水泵出水压力适当调整再循环门开度。

（7）根据需要，用凝输水泵向凝汽器热井、除氧器、闭冷水膨胀水箱、定子冷却水箱、

凝结水系统分段注水及凝结水泵密封水等各支路供水。

2. 凝结水泵的启动

（1）凝结水泵启动前的检查、确认。

1）确认凝汽器热井水位在±150mm之内、水质合格。

2）开启汽封冷却器凝结水进出水门、汽封冷却器凝结水分流门，关闭汽封冷却器凝结水旁路门，关闭除氧器水位主/副调节门及其前后隔离门和旁路门。

3）开启凝结水再循环调节门前后隔离门，关闭其旁路门。

4）开启凝结水精处理装置大旁路门，通知化学水处理值班人员关闭精处理装置进出水门。

5）开启凝汽器热井、喉部补水调节门前后隔离门；凝汽器启动进水用热井补水调节门补水，在正常运行时用喉部补水调节门补水。

6）关闭各凝结水用户进水门。

7）确认凝输水泵运行正常，用凝输水对凝结水母管注水排气，在气体排尽后关闭排气门。

8）投入凝结水泵密封水，调节密封水压力、流量正常；检查并确认凝结水泵电机轴承油位正常，投入凝结水泵电机和轴承闭式冷却水。

9）开启凝结水泵抽真空门，全开凝结水泵进口门对泵体和进口滤网注水（在机组运行中，对检修凝结水泵恢复时的注水排气工作，不能影响运行凝结水泵的正常运行，并注意凝汽器真空的变化），在气体排尽后关闭排气门。

10）当凝结水系统需变频运行时，检查、确认三台凝结水泵的开关状态和变频器状态，满足两台凝结水泵变频运行，一台凝结水泵工频备用。

（2）凝结水泵允许启动条件（必须同时满足以下条件）。

1）凝结水泵在远方控制。

2）凝结水泵没有电气故障；凝结水泵没有保护动作。

3）凝结水泵进水电动门全开；凝结水泵出水电动门全关（或已有凝结水泵运行），延时5s。

4）凝结水泵密封水母管压力大于0.1MPa。

5）汽封冷却器凝结水进出水门全开（或旁路门全开）。

6）凝结水再循环气动调节门开度大于90%（或已有凝结水泵运行），延时5s。

7）凝结水泵电机上轴承温度小于90℃；凝结水泵电机下轴承温度小于90℃。

8）凝结水泵电机推力轴承温度小于80℃；凝结水泵本体轴承温度小于80℃。

9）凝结水泵电机线圈任一温度小于130℃；1号凝汽器热井水位大于−500mm。

10）凝结水泵没有跳闸条件。

（3）凝结水泵变频器启动允许条件

1）凝结水泵变频器在变频状态；凝结水泵变频器不在运行状态。

2）凝结水泵变频器无重故障信号；凝结水泵变频器无轻故障信号。

3）凝结水泵变频器在待机状态；凝结水泵变频器在远方状态。

4）凝结水泵在远方控制；凝结水泵没有电气故障；凝结水泵没有保护动作。

5）凝结水泵进水电动门全开；凝结水泵出水电动门全关（或已有凝结水泵运行），延时5s。

6）凝结水泵密封水母管压力大于0.1MPa。

7）汽封冷却器凝结水进出水门全开（或旁路门全开）；凝结水再循环气动调节门开度大于 90%（或已有凝结水泵运行），延时 5s。

8）凝结水泵电机上轴承温度小于 90℃；凝结水泵电机下轴承温度小于 90℃；凝结水泵电机推力轴承温度小于 80℃。

9）凝结水泵本体轴承温度小于 80℃；凝结水泵电机线圈任一温度小于 130℃；1 号凝汽器热井水位大于–500mm。

10）凝结水泵没有跳闸条件；凝结水泵高压开关已合闸。

（4）凝结水泵的启动操作（变频启动）。

1）确认凝结水泵进水门开启，凝结水再循环门开启，化学精处理装置大旁路门全开，汽封冷却器进出水门全开，除氧器水位调节站阀门关闭。

2）关闭待启动凝结水泵出水门，确认待启动凝结水泵处于变频方式。

3）确认凝结水泵和变频器满足启动允许条件；启动凝结水泵的变频器，检查并确认变频器初始频率为 10Hz，手动逐渐增加频率，直至加满至 50Hz，检查并确认变频器反馈和指令一致。

4）注意启动电流，检查并确认出水门联动开启，凝结水泵电机冷却风扇联启正常，凝结水泵组各参数运行正常，系统无泄漏。

5）检查凝结水流量、母管压力应正常，开启备用凝结水泵出水门，注意备用泵不倒转，在第一台凝结水泵正常启动后，将准备投入一备用的凝结水泵置于变频备用方式，将准备投入二备用的凝结水泵置于工频备用方式。

6）将凝结水泵密封水水源切至凝结水母管供水，注意保持密封水压力、流量正常。

7）按下“凝泵 SLC”和“凝泵备用投切”按钮，确认显示为红色。

8）通知化学运行人员化验凝结水水质，若不合格，禁止向除氧器进水，开启 5 号低压加热器出口电动门前放水电动门进行换水，直至水质合格再向除氧器上水。

9）通知化学运行人员投入凝结水精处理装置；根据化学运行人员要求，及时开启凝结水加药门；在除氧器水位补至正常水位后，投入除氧器水位自动调节，注意热井、除氧器水位变化情况。

10）当凝结水流量逐渐增大时，检查凝结水再循环门自动关闭情况；根据需要投入各凝结水用户。

（5）凝结水泵的启动操作（工频启动）。

1）确认凝结水泵进水门开启，凝结水再循环门开启，化学精处理装置大旁路门全开，汽封冷却器进出水门全开，除氧器水位调节站阀门关闭。

2）关闭待启动凝结水泵出水门，确认凝结水泵满足启动允许条件。

3）启动一台凝结水泵，注意启动电流，检查并确认出水门联动开启，凝结水泵电机冷却风扇联启正常，凝结水泵组各运行参数正常，系统无泄漏。

4）检查凝结水流量、母管压力应正常，开启备用凝结水泵出水门，注意备用泵不倒转，投入备用泵联锁。将凝结水泵密封水水源切至凝结水母管供水，注意保持密封水压力、流量正常。

5）按下“凝泵 SLC”和“凝泵备用投切”按钮，确认显示为红色。

6）通知化学运行人员化验凝结水水质，若不合格，禁止向除氧器进水，开启 5 号低压加热器出口电动门前放水电动门进行换水，直至水质合格再向除氧器上水。

7）通知化学运行人员投入凝结水精处理装置；根据化学运行人员要求，及时开启凝结水加药门。

8）在除氧器水位补至正常水位后，投入除氧器水位自动调节，注意热井、除氧器水位变化情况。

9）当凝结水流量逐渐增大时，检查凝结水再循环门自动关闭情况。

10）根据需要投入各凝结水用户。

3. 凝结水系统正常运行中的监视、调整

（1）检查并确认凝结水储存水箱水位（4500～8500mm）、凝汽器热井水位（0mm 左右）、除氧器水位（0mm 左右）正常。

（2）检查并确认凝输水泵电流、轴承油位、轴承温度、振动、进水滤网压差（小于 20kPa）、出水压力正常。

（3）检查并确认凝结水泵电流、轴承油位、轴承及电机线圈温度（满足允许启动条件）、凝结水流量、凝结水泵出水母管压力（工频运行大于 3.0MPa，变频运行大于 1.8MPa）、振动、声音、密封水供水压力（大于 0.1MPa）正常；备用凝结水泵备用状态正确，联锁投入。

（4）凝输水和凝结水水质正常。

（5）凝结水泵电机推力轴承温度（小于 80℃）及电机导向轴承温度（小于 90℃）正常。

（6）凝结水泵进水滤网压差正常（小于 8kPa）。当滤网压差高于 8kPa 时应停泵，通知维护人员清理。

（7）当凝结水泵进口滤网压差高于 10kPa 时应紧急停泵。

（8）在机组并网后，当负荷高于 450MW 且两台汽动给水泵并列运行时，将两台凝结水泵的变频器依次快速投入自动控制，并将除氧器水位设定值设定为 0mm，然后到就地将 11、12 号给水泵驱动端、自由端密封水温差调节门的旁路手动门（共 4 个）开度设置为 25%。

（9）在凝结水泵投入变频运行后，变频器根据除氧器水位设定值与反馈值自动调节频率，维持除氧器水位稳定。同时，处于自动状态的除氧器水位主调节门的控制对象由除氧器水位变为凝结水精处理后压力（逻辑会自动给出压力控制值，运行人员需根据机组负荷的升降情况、给水泵密封水系统运行情况，手动调整除氧器水位副调节门以及设置压力偏置，防止给水泵密封水供应不足，造成小机油中进水），运行人员应立即检查除氧器水位主调节门操作对话框，确认控制对象为凝结水精处理后压力，并将压力偏置缓慢降至零。

（10）在机组升负荷过程中，给水流量增大，除氧器水位下降，凝结水泵变频器会自动增加出力，凝结水精处理后压力升高，除氧器水位主调节门会根据逻辑给出的压力设定值自动开大。当除氧器主调节门开启至 90%以上后，运行人员应手动逐渐开大除氧器水位副调节门（尽量不要让除氧器水位主调节门全开），并注意监视凝结水系统压力的变化，防止凝结水精处理后母管压力低于设定值。

（11）在机组降负荷过程中，给水流量减小，除氧器水位上升，凝结水泵变频器会自动减小出力，凝结水精处理后压力下降，除氧器水位主调节门会根据逻辑给出的压力设定值自动关小。当除氧器主水位调节门关至 50%左右时，运行人员应手动缓慢关小除氧器水位副调节门，同时注意控制凝结水精处理后母管压力略高于压力设定值。

（12）当机组负荷降至 600MW 以下时，运行人员应注意两台给水泵驱动端、自由端冒汽情况（防止小机油中进水）和给水泵密封水调节门跟踪调节情况（密封水调节门控制的是密封水室进出水温差，调节过程可能会出现滞后现象），如果发现两台给水泵驱动端、自由端冒汽，应立即手动逐渐开大给水泵密封水调节门（具体开度应根据给水泵密封端冒汽情况而定），如果给水泵密封水调节门已全开，仍不能消除冒汽现象，应立即逐渐增大除氧器水位主调节门的压力偏置，增大凝结水压力，直至冒汽现象消失。待机组负荷上升后，再将给水泵密封水调节门投入自动，并根据给水泵密封端冒汽情况调整除氧器水位主调节门的压力偏置，保证凝结水系统安全、经济运行。

（13）当机组负荷不同，除氧器水位主调节门控制的凝结水系统压力不同，即小机轴封减温水压力随着负荷变化而变化。因此，在机组负荷变化过程中，应注意小机轴封供汽温度的变化（按照《小机轴封供汽参数控制措施》要求执行），避免由于凝结水压力变化造成小机轴封供汽温度超出正常控制范围。

（14）在机组停运过程中，当机组负荷降至450MW且一台汽动给水泵退出并列运行后，运行人员应将除氧器水位副调节门逐渐关闭，再依次将变频运行的两台凝结水泵解至手动，并确认除氧器水位主调节门控制对象切换为除氧器水位后逐渐关小。待凝结水系统运行稳定后，运行人员先将除氧器水位副调节门投入自动，再缓慢增加两台变频运行凝结水泵的频率，直至50Hz，即将凝结水系统恢复至凝结水泵满出力运行方式。

（15）如果遇到低压旁路开启，凝结水流量增大，出现联启第三台凝结水泵（工频备用的凝结水泵）的工况，控制逻辑会自动将两台变频方式下凝结水泵的频率加满至50Hz，运行人员应在凝结水流量降低至2000t/h且稳定后，手动停运工频凝结水泵，投入备用。

（16）如果遇到异常、事故工况，当运行人员需快速降低机组负荷时，应注意监视凝结水精处理后压力的变化（由于除氧器水位主调节门的调节滞后于凝结水泵变频器的调节，如果负荷下降较快，会造成凝结水精处理后压力低于设定值），运行人员应立即通过增加压力偏置（0.6MPa左右）提高除氧器水位主调节门压力设定值，避免凝结水精处理后压力过低，造成小机油中进水。待机组负荷和凝结水精处理后压力稳定后，再逐渐将除氧器水位主调节门压力偏置降至零。

（17）当需正常停运一台变频运行方式下的凝结水泵时，应先手动将该凝结水泵变频器指令缓慢降至10Hz，待变频器反馈也降至10Hz后停运变频器，然后再断开凝结水泵高压开关。

（18）如需紧急停运一台变频运行方式下的凝结水泵，可直接断开凝结水泵开关，并注意检查变频器应自动退出运行。

（19）凝结水泵保护跳闸条件（满足任一条件时）。

1）凝结水泵进水电动门关闭。

2）凝结水泵运行30s后出水电动门仍未开启。

3）三台凝结水泵均工频运行，凝结水泵出水母管流量小于等于2000t/h，延时2s，联锁跳1号凝结水泵（保持2、3号凝结水泵运行）。

4）两台凝结水泵均工频运行30s，凝结水泵出水母管流量小于等于900t/h，延时5s，联锁跳一台凝结水泵，保持一台凝结水泵运行（如果1、2号凝结水泵运行，跳闸1号凝结水泵，保持2号凝结水泵运行；如果2、3号凝结水泵运行，跳闸2号凝结水泵，保持3号凝结水泵运行；如果3、1号凝结水泵运行，跳闸3号凝结水泵，保持1号凝结水泵运行）。

5）在单台凝结水泵运行30s后，凝结水泵出水母管流量小于等于286t/h，强制开启凝结水再循环调节门，延时 10s，联锁跳运行凝结水泵。

6）1 号凝汽器热井水位小于–690mm，延时 2s。

7）凝结水泵电机任一上轴承温度大于 95℃，延时 2s；凝结水泵电机任一下轴承温度大于 95℃，延时 2s；凝结水泵电机任一推力温度大于 95℃，延时 2s；凝结水泵本体任一轴承温度大于 90℃，延时 2s。

8）凝结水泵变频器保护跳闸条件（满足任一条件时）。

- 凝结水泵进水电动门关闭。
- 在凝结水泵运行 30s 后出水电动门仍未开启。
- 1 号凝汽器热井水位小于–690mm，延时 2s。
- 凝结水泵电机任一上轴承温度大于 95℃，延时 2s。
- 凝结水泵电机任一下轴承温度大于 95℃，延时 2s。
- 凝结水泵电机任一推力温度大于 95℃，延时 2s。
- 凝结水泵本体任一轴承温度大于 90℃，延时 2s。

9）凝汽器热井水位联锁保护。

- 1 号和 2 号凝汽器热井正常运行水位：±150mm。
- 1 号凝汽器水位大于等于 300mm，强制全关凝输水至凝汽器热井补水气动调节门，在 1 号凝汽器水位低于 250mm 后，凝输水至凝汽器热井补水气动调节门返回自动调节。1 号凝汽器水位大于等于 200mm 时，强制全关凝输水至凝汽器喉部补水气动调节门，在 1 号凝汽器水位低于 150mm 后，凝输水至凝汽器喉部补水气动调节门返回自动调节。
- 1 号凝汽器水位小于等于–200mm 时，强制全开凝输水至凝汽器热井补水气动调节门，在 1 号凝汽器水位高于–150mm 后，凝输水至凝汽器热井补水气动调节门返回自动调节。1 号凝汽器水位小于等于–500mm 时，强制全开凝输水至凝汽器喉部补水气动调节门，在 1 号凝汽器水位高于–200mm 后，凝输水至凝汽器喉部补水气动调节门返回自动调节。
- 凝结水溢流至凝储水箱气动调节门正常调节热井水位的范围为 300～400mm 之间。在 1 号凝汽器水位高于 300mm 后自动调节打开，水位最低设定值为 300mm，当水位低到 300mm 时凝结水溢流至凝储水箱气动调节门 DCS 输出指令给到 0，当水位大于等于 400mm 时，凝结水溢流至凝储水箱气动调节门 DCS 输出指令给到 100%，当水位低于 350mm 后，凝结水溢流至凝储水箱气动调节门返回自动调节。在正常调节范围内调节门根据运行人员手动设定值进行调整。
- 1 号凝汽器水位高于 400mm：快关低压旁路、关闭除氧器溢流旁路电动门。
- 1 号凝汽器水位高于 550mm：ETS 动作跳主机。
- 1 号凝汽器水位低于–500mm：凝结水泵允许启动条件之一。
- 1 号凝汽器水位低于–690mm：保护动作跳凝结水泵。

4. 凝结水系统停运

（1）在机组停运后，当确认凝结水有关用户不需要用水（给水系统泄压至零），且主机低压缸温度低于 50℃时，可停止凝结水系统运行。

（2）通知化学水处理值班人员撤出凝结水精处理装置。

（3）解除备用凝结水泵联锁，如果运行的凝结水泵为工频运行，在操作员站画面上直接停运凝结水泵，检查出水门应自动关闭；如果运行的凝结水泵为变频运行，应在操作员站画面上逐渐降低变频器频率至 10Hz，停运变频器，再拉开凝结水泵高压开关，检查出水门应自动关闭。

（4）若凝结水泵长期停运，关闭凝结水泵电机、轴承闭式冷却水进出水门。

（5）凝结水泵停用后，电动机冷却风扇自动停运，电机电加热器自动投入。

（6）确认凝输水泵用户均已停运，可停用凝输水泵。

（7）根据需要完成其他隔离工作。

5. 凝结水泵切换（工频运行）

（1）检查并确认备用凝结水泵满足启动允许条件。

（2）解除备用凝结水泵联锁，启动备用凝结水泵。

（3）检查并确认启动的凝结水泵运行正常，风扇联启正常，凝结水系统运行无异常。

（4）停用一台原运行的凝结水泵，检查并确认冷却风扇联锁停运，出水门联锁关闭。

（5）在停用的凝结水泵静止后，开启出水门，投入联锁作为备用。

6. 凝结水泵切换（变频运行）

解除备用凝结水泵联锁，按照电气专业变频运行的要求进行切换。

（1）由工频备用切换为变频备用。

（2）检查并确认备用凝结水泵满足启动允许条件。

（3）启动凝结水泵（备用泵）变频器，在就地和 DCS 中检查并确认冷却风扇联启正常。

（4）检查并确认凝结水泵（刚启动泵时）的变频器输出为 10Hz，手动逐渐增加变频器输出，直至出力与另外两台变频运行凝结水泵出力相同，投入变频器自动。

（5）将准备停运的凝结水泵变频器控制调至手动，逐渐降低变频器频率。当频率降至 10Hz 且其他两台泵运行正常后，停运变频器，拉开对应的凝结水泵高压开关，检查并确认冷却风扇联锁停运，泵出口门联锁关闭。

（6）待停运凝结水泵静止后，按照电气专业变频运行凝结水泵切换要求，将已经停运的凝结水泵转为工频备用，检查并确认出口门联锁开启。

7. 凝输水泵切换

（1）检查并确认备用凝输水泵满足启动允许条件。

（2）解除备用凝输水泵联锁，启动备用凝输水泵。

（3）检查并确认启动的凝输水泵运行正常，凝输水系统运行无异常。

（4）停用原运行的凝输水泵，检查并确认凝输水系统运行无异常。

（5）检查并确认停用的凝输水泵不倒转，投入联锁作为备用。

十二、高压加热器

高压加热器由三台双列表面式加热器组成，采用疏水逐级自流方式，其主要作用是加热锅炉给水，提高给水温度，节省燃料，提高机组经济性。

1. 高压加热器投停原则

（1）当高压加热器投运时，应先投水侧再投汽侧；当停运时，应先停汽侧再停水侧。

（2）高压加热器在锅炉上水时应投入水侧，完成低压下注水排气。

（3）高压加热器原则上应随机组滑启滑停，当由于某种原因不能随机组滑启滑停时，应按抽汽压力由低到高的顺序依次投入各台高压加热器；按抽汽压力由高到低的顺序依次停运各台高压加热器。

（4）严禁泄漏的高压加热器投入运行。

（5）高压加热器必须在水位计完好、报警信号及保护装置动作正常时，方可投入运行。如果高压加热器联锁保护试验不合格，禁止投运。

（6）当给水水质未达到运行规定时，高压加热器系统不得投入。

（7）在高压加热器启动过程中，应控制其出口水温度变化率不超过 3℃/min；在高压加热器停运过程中，应控制出水温度变化率不超过 2℃/min。

2. 高压加热器投运

（1）确认高压加热器水侧已具备投运条件，依次进行下列检查和操作：

1）旋开 1 列高压加热器组进出水三通门强制手轮锁杆；开启 1 列高压加热器组进出水三通门强制手轮至全开位置；旋关 1 列高压加热器组进出水三通门强制手轮锁杆。

2）检查 1 列高压加热器组进出水三通门气动快开门应关闭；检查 1 列高压加热器组进出水旁路气动泄荷门应关闭。

3）开启 1 列高压加热器组进水三通门前管道放水手动一、二次门；开启 1 列高压加热器组进水三通门前管道排气手动一、二次门；开启 1 列高压加热器组水侧管道上的排气手动一、二次门。

4）关闭 11 号高压加热器汽侧和水侧所有放水手动一、二次门；关闭 21 号高压加热器汽侧和水侧所有放水手动一、二次门；关闭 31 号高压加热器汽侧和水侧所有放水手动一、二次门。

5）开启 11 号高压加热器汽侧和水侧所有排气手动一、二次门；开启 21 号高压加热器汽侧和水侧所有排气手动一、二次门；开启 31 号高压加热器汽侧和水侧所有排气手动一、二次门。

6）关闭 31 号高压加热器进水管放水手动一、二次门；关闭 21 号高压加热器进水管放水手动一、二次门；关闭 11 号高压加热器正常疏水气动调节门，开启正常疏水气动调节门前后手动门；关闭 11 号高压加热器事故疏水气动调节门，开启事故疏水气动调节门前后手动门，将事故疏水气动调节门投入自动。

7）关闭 12 号高压加热器正常疏水气动调节门，开启正常疏水气动调节门前后手动门；关闭 12 号高压加热器事故疏水气动调节门，开启事故疏水气动调节门前后手动门，将事故疏水气动调节门投入自动；关闭 13 号高压加热器正常疏水气动调节门，开启正常疏水气动调节门前手动门、后电动门；关闭 13 号高压加热器事故疏水气动调节门，开启事故疏水气动调节门前后电动门，将事故疏水气动调节门投入自动。

8）用相同的方法检查 2 列高压加热器组及 12 号、22 号和 32 号高压加热器。

（2）利用 1 列、2 列高压加热器液动三通门卸荷阀控制电磁阀手动复位模块，将 1 列、2 列高压加热器液动三通门卸荷阀关闭。然后，缓慢开启 1 列、2 列高压加热器组进水三通门手动注水门（一次门全开，二次门调节），向高压加热器水侧注水；待给水管道各排气门与各高压加热器水侧排气门连续流水后，分别关闭高压加热器各给水管道和各高压加热器水侧排气手动一、二次门，检查加热器汽侧应无明显水位上升。

（3）检查高压加热器水侧压力应缓慢升高，1 列和 2 列高压加热器组进出水液动三通门被顶开，给水由旁路自动切至高压加热器水侧。

（4）在 1 列和 2 列高压加热器组进出水液动三通门全开后，关闭 1 列和 2 列高压加热器组进口三通门手动注水门。

（5）全面检查并确认高压加热器水侧运行情况正常。

（6）开启三级抽汽管道疏水门暖抽汽管道。

（7）投入 31 号、32 号高压加热器抽汽加热子环（或分时段开启进汽电动门），控制出水温度变化率不超过 3℃/min。检查 31 号、32 号高压加热器水位应正常（用事故疏水调节门控制）。

（8）全开 31 号、32 号高压加热器汽侧启停排气门。

（9）当三级抽汽至 31 号、32 号高压加热器电动门完全打开，抽汽管路和 31 号、32 号高压加热器的温度相同时，31 号、32 号高压加热器已投用。

（10）调节 31 号、32 号高压加热器汽侧连续排气门至合适位置，关闭汽侧启停排气门。

（11）用相同的方法投入 21 号、22 号及 11 号、12 号高压加热器。

（12）待 11 号、12 号高压加热器疏水满足逐级自流后，将疏水切至正常疏水、关闭事故疏水气动调节门，将正常疏水气动调节门投入自动；待 21 号、22 号高压加热器疏水满足逐级自流后，将疏水切至正常疏水、关闭事故疏水气动调节门，将正常疏水气动调节门投入自动。

（13）待 31 号、32 号高压加热器疏水水质合格且压力大于除氧器压力时，将疏水切为正常疏水、关闭事故疏水气动调节门，将正常疏水气动调节门投入自动。

（14）检查加热器的进出水温度、疏水温度、疏水水位和疏水端差等参数应正常。

3. 加热器的运行维护

（1）注意加热器进汽压力、温度、出水温度、疏水温度、水位正常。

（2）检查加热器及抽汽管道、疏水管道等应无泄漏、无振动、无水冲击现象。

（3）监视加热器的端差，使高压加热器疏水端差小于 8℃，发现端差增大应分析原因，及时处理。

（4）注意加热器疏水调整门调节正常，若疏水调整门开度有不正常增大，加热器钢管可能有泄漏。

（5）若加热器水位达到保护值，应检查保护动作情况，分析水位波动的原因，及时进行处理，并确认加热器钢管是否泄漏。

（6）在高压加热器保护动作、汽/水侧压力泄完后，应将高压加热器进出水旁路气动泄荷门关闭。

（7）当加热器恢复正常后，重新投入加热器水侧（视当时情况），再逐台投入加热器汽侧，监视加热器水位调节应正常，并检查给水温度的变化情况。

4. 高压加热器水位联锁保护

（1）高压加热器正常运行水位：0±38mm。

（2）高压加热器水位低于–38mm：报警，联锁关闭本级高压加热器正常疏水气动调节门，水位又上升至–10mm 后延时 2s，本级高压加热器正常疏水气动调节门返回自动调节。

（3）高压加热器水位高于+38mm：报警，当水位低于 38mm 20s 后，联锁关闭本级高压加热器事故疏水气动调节门，允许本级高压加热器进汽电动门、逆止门开启。

（4）高压加热器水位高于 88mm：报警，联锁开启本级高压加热器事故疏水气动调节门、关闭上级高压加热器正常疏水气动调节门、关闭本级高压加热器进汽电动门和气动逆止门，当水位低于 88mm 20s 后，本级高压加热器正常疏水气动调节门返回自动调节。

（5）高压加热器水位高于 138mm：报警，解列本列高压加热器组（关闭本列 3 号高压加热器至除氧器正常疏水气动调节门和正常疏水气动调节门后电动门、开启本列三台高压加热器的事故疏水气动调节门、关闭本列三台高压加热器的进汽电动门和气动逆止门、关闭本列高压加热器组给水进出水液动门，本列高压加热器给水走旁路）。若两列高压加热器组都解列，关闭一级和三级抽汽母管气动逆止门及气动逆止门后气动疏水门。

5. 高压加热器的停运

（1）高压加热器汽侧随机滑停。

1）高压加热器汽侧随机停用，注意高压加热器出水温度降率为 2℃/min 左右，在机组停机后，检查并确认高压加热器抽汽逆止门、高压加热器进汽电动门关闭，逆止门前后疏水门自动开启。

2）在机组降负荷过程中，注意各加热器水位变化，水位自动调节正常。如果水位不能正常自动调节，应将正常疏水切为事故疏水。

3）在高压加热器汽侧停运以后，根据要求决定给水是否走旁路：开启高压加热器进出水三通门气动快开门，检查高压加热器进出水三通门应迅速关闭，当进出水三通门上的行程开关检测到阀门关闭、系统处于旁路运行时，通过 DCS 联锁开启高压加热器进出水旁路气动泄荷门。

4）根据需要关闭高压加热器进出水液动三通门的强制手轮：在就地将强制手轮锁杆旋开后，手动将强制手轮全关至最低位置，再用锁杆旋锁住手轮。当进出水液动三通门的强制手轮关闭的位置信号送到 DCS 后，DCS 将联锁关闭高压加热器进出水液动三通门的气动快开门。

5）当高压加热器停用时间大于 30 天时，应将汽侧、水侧放水并干燥后充氮气进行保养，压力 0.05MPa。

（2）运行中高压加热器的停运。

1）汇报给值长，机组适当降负荷，注意给水温度及蒸汽温度的变化，并及时进行调整。

2）依次逐渐关闭 1、2、3 号高压加热器进汽电动门，控制高压加热器出水温度下降率为 55℃/h，调节高压加热器正常、事故疏水门，控制各加热器汽侧水位正常。

3）当相邻加热器之间的压差不能满足逐级疏水的要求时，开启事故疏水门调节加热器水位，关闭相应的正常疏水门，并注意相邻加热器的压力变化。

4）关闭 1、2、3 号高压加热器进汽逆止门。

5）检查并开启 1、2、3 号高压加热器进汽逆止门后疏水门。

6）关闭高压加热器连续排气一、二次门，根据情况开启高压加热器启停排气一、二次门。

7）开启高压加热器进出水三通门气动快开门，检查高压加热器进出水三通门应迅速关闭，当进出水三通门上的行程开关检测到阀门关闭、系统处于旁路运行时，在就地将强制手轮锁杆旋开后，手动将强制手轮全关至最低位置，再用锁杆旋锁住手轮。当进出水液动三通门的强制手轮关闭的位置信号送到 DCS 后，DCS 将联锁关闭高压加热器进出水液动三通门的气动快开门。

8）根据需要关闭高压加热器正常、事故疏水门及前后隔离门；开启 1、2、3 号高压加热器进汽电动门后相应的排空气门。

9）开启高压加热器汽侧、水侧相关排气门及放水门，将高压加热器汽侧、水侧泄压至0。在高压加热器停运过程中，应注意机组真空无变化。

十三、低压加热器

低压加热器由四台表面式加热器组成，采用疏水逐级自流加低压加热器疏水泵方式，其主要作用是将凝结水加热后送到除氧器，使其作为锅炉给水，提高机组经济性。

1. 低压加热器投、停原则

（1）低压加热器原则上随机组滑投、滑停。当因某种原因不随机组滑启滑停时，应按抽汽压力由低到高的顺序依次投入各加热器，按抽汽压力由高到低的顺序依次停止各加热器。

（2）当加热器投运时，应先投水侧再投汽侧；当停运时，先停汽侧再停水侧。

（3）当加热器水侧投运时应先全开加热器进出口门，再关旁路门；当加热器水侧停运时，先全开旁路门，再关进出口门。

（4）当加热器冷态启动或者加热器运行工况发生变化时，温度变化率小于2℃/min为宜，并且不应超过3℃/min。

（5）低压加热器联锁保护试验不合格，禁止投运。

2. 低压加热器及低压加热器疏水泵投运

（1）低压加热器随主机滑启。

1）低压加热器和疏水冷却器水侧已注水排气结束，进出口门全开，旁路门全关。

2）低压加热器汽侧投运。

- 7号、8号低压加热器及低压加热器疏水冷却器随机组冲转滑启。
- 当汽轮机转速大于1500r/min时，5号、6号低压加热器可滑启。依次开启低压加热器进汽电动门，当电动门开至10%开度、暖阀10min后再自动全开。低压加热器疏水可走事故疏水回路，确认加热器水位正常。
- 随着机组负荷的升高，监视低压加热器进出水温度、端差应正常，投入5号低压加热器正常疏水回路。

（2）低压加热器疏水泵投运。

1）6号低压加热器疏水泵启动允许条件（必须同时满足以下条件）。

- 低压加热器疏水泵在远方控制。
- 低压加热器疏水泵没有电气故障；低压加热器疏水泵没有保护动作。
- 6号低压加热器水位大于0mm。
- 低压加热器疏水泵再循环气动调节门开度大于90%（或已有低压加热器疏水泵运行），延时3s。
- 低压加热器疏水泵再循环电动门已全开。
- 低压加热器疏水泵出水电动门已全开（或已有低压加热器疏水泵运行）。
- 低压加热器疏水泵电机轴承温度均小于75℃。
- 低压加热器疏水泵电机线圈温度均小于130℃。
- 低压加热器疏水泵轴承温度均小于75℃。
- 低压加热器疏水泵无跳闸条件。

2）利用事故疏水调节门将6号低压加热器水位控制在0mm左右，先启动低压加热器疏水泵，再启动变频器。

3）确认低压加热器疏水泵出水电动门联锁开启。

4）逐渐增加变频器频率，直至低压加热器疏水泵有电流显示。然后，逐渐开启低压加热器疏水泵出水母管调节门，再继续增加变频器频率，直至出水母管有流量显示，同时注意检查事故疏水调节门应逐渐关小。

5）随着低压加热器疏水泵出水母管调节门的逐渐开大和变频器频率的增大，确认6号低压加热器事故疏水调节门自动关闭。

6）投入低压加热器疏水泵变频自动，在变频器控制对话框中将6号低压加热器水位设定为0mm，在6号低压加热器事故疏水调节门操作对话框中将其动作定值设定为50mm，并逐渐将低压加热器疏水泵出水母管调节门全开。

7）将低压加热器疏水泵再循环气动调节门投入自动，检查低压加热器疏水泵再循环气动调节门应自动关闭，且低压加热器疏水泵出水母管流量增大。

8）将另一台低压加热器疏水泵投入联锁，检查出水电动门联锁应开启。

3. 低压加热器检修后热态投运

（1）水侧的投入。

1）检查该低压加热器水侧放水门应关闭，缓慢开启低压加热器凝结水进水旁路门，对水侧进行注水、排气，注水结束后关闭排气门，同时确认低压加热器钢管无泄漏。

2）在对应画面上逐步投入低压加热器。

3）确认低压加热器凝结水进出水门开启。

4）确认低压加热器凝结水旁路门关闭。

（2）汽侧的投入。

1）开启该低压加热器正常疏水门及事故疏水门前后隔离门。

2）微开低压加热器进汽电动门，对加热器预暖。温度变化率小于2℃/min为宜。约10min后逐渐开启低压加热器进汽电动门，直至全开。

3）确认加热器水位正常，正常疏水调节门自动调节正常，事故疏水调节门关闭（6号低压加热器根据需要投用疏水泵及变频）。

4）缓慢开启低压加热器连续排气至凝汽器隔离门，注意凝汽器真空变化。

4. 低压加热器运行中的监视

（1）操作员站画面上水位指示正常，就地水位计照明充足，水位指示正常、清晰，低压加热器疏水泵及疏水门动作正常。

（2）加热器保温良好，无振动及汽水冲击声，汽水管道无泄漏。

（3）加热器进出水温度，进汽压力、温度正常，疏水端差小于5.6℃。

（4）7号、8号低压加热器正常运行在低水位，当运行水位超过常规值时要检查低压加热器、疏水冷却器是否泄漏。

（5）6号低压加热器疏水泵保护停止条件（满足任一条件时）。

1）低压加热器疏水泵运行且低压加热器水位小于–88mm。

2）除氧器水位大于400mm。

3）低压加热器疏水泵电机轴承任一温度大于85℃（延时2s）。

4）低压加热器疏水泵轴承任一温度大于85℃（延时2s）。

（6）低压加热器水位联锁保护：

1）低压加热器正常运行水位：0±38mm。

2）低压加热器水位低于–88mm：报警，6号低压加热器保护停止低压加热器疏水泵。

3）低压加热器水位低于–38mm：报警，5号低压加热器联锁关闭低压加热器正常疏水气动调节门，当水位高于–10mm 2s后低压加热器正常疏水气动调节门返回自动调节；6号低压加热器在低压加热器疏水泵出水调节门控制水位的情况下，会联锁关闭低压加热器疏水泵出水调节门，并开启低压加热器疏水泵再循环门，当水位高于–38mm 20s后低压加热器疏水泵出水调节门联锁开启，关闭低压加热器疏水泵再循环门。6号低压加热器在低压加热器疏水泵变频控制水位的情况下，变频器输出会自动减小，以控制低压加热器水位。

4）低压加热器水位高于38mm：报警，当5号和6号低压加热器水位低于38mm 20s后，联锁关闭低压加热器事故疏水气动调节门，允许低压加热器进汽电动门、逆止门开启。

5）低压加热器水位高于88mm：报警，5号和6号低压加热器联锁开启低压加热器气动事故疏水调节门(当6号低压加热器水位高时同时关闭5号低压加热器气动正常疏水调节门)，当水位低于88mm 20s后，低压加热器正常疏水气动调节门返回自动调节。

6）低压加热器水位高于138mm：报警，解列本组低压加热器，开启本组低压加热器凝结水旁路电动门、关闭本组低压加热器凝结水进出水电动门，5号和6号低压加热器关闭进汽电动门和气动逆止门及进汽气动逆止门，开启气动事故疏水调节门和气动疏水门。

5. 低压加热器及低压加热器疏水泵停运

（1）当发电机负荷小于20%额定负荷、6号低压加热器水位无法建立，始终小于–38mm时，开启6号低压加热器事故疏水调节门，停运低压加热器疏水泵（包括变频装置）。

（2）当发电机负荷小于20%额定负荷时，确认低压加热器进汽管道上有关气动疏水门自动开启。

（3）当机组跳闸时，确认低压加热器进汽电动门自动关闭，进汽逆止门自动关闭，进汽管道上的自动疏水器疏水正常。

十四、除氧器

除氧器是一体化除氧器，实际它是一级混合式加热器，其主要作用是除去锅炉给水中的氧及不凝结气体，保证给水品质，防止管道锈蚀。

1. 除氧器的投运

（1）除氧器上水流量控制在273t/h，向除氧器上水至正常水位（0mm），关闭除氧器启动排气门，开启除氧器连续排气，投入除氧器水位调节自动。

（2）用辅助蒸汽对除氧器加热，控制升温速率在0.44℃/min～2.33℃/min，升温至105℃～115℃。

（3）机组负荷大于250MW，当四抽压力大于除氧器内部压力后，除氧器汽源切至四抽，进入滑压运行，注意检查辅助蒸汽至除氧器供汽管道疏水应正常，保持热备用。

（4）除氧器的运行维护。

（5）监视除氧器的压力、温度、水位及进水流量等应正常。

（6）除氧器水位联锁保护。

1）除氧器正常运行水位：0±200mm。

2）除氧器水位低于–2060mm：报警，保护停运给水前置泵。

3）除氧器水位低于–700mm：报警，允许给水前置泵启动条件之一。

4）除氧器水位低于–200mm：报警，联锁关闭除氧器放水电动门、溢流调节门和旁路电动门。

5）除氧器水位高于200mm：报警。

6）除氧器水位高于300mm：报警，联锁开除氧器溢流调节门，低于250mm返回自动调节；当水位低到200mm时，如果除氧器溢流调节门在自动位置，会关到0，如果在手动位置，则保持开度不变。

7）除氧器水位高于400mm：报警，联锁开启凝结水再循环调节门（低于350mm，返回自动调节），联锁关闭除氧器水位主调节门（除氧器水位小于等于370mm后，如果除氧器水位主调节门在自动状态，则返回自动调节），联锁关闭31号和32号高压加热器正常疏水调节门（水位低于350mm后，31号和32号高压加热器正常疏水调节门返回自动调节），保护停运6号低压加热器疏水泵。

8）除氧器水位高于500mm：报警，联锁开除氧器底部放水门和溢流调节门旁路电动门，联锁关闭除氧器水位副调节门（除氧器水位低于470mm后，如果除氧器水位副调节门在自动状态，则返回自动调节），保护关闭四抽至除氧器进汽门和逆止门及辅汽至除氧器进汽总门，保护关闭汽动给水泵组再循环调节门前隔离门，保护关闭除氧器水位调节站旁路电动门，联锁开启辅汽至1、2号小机供汽气动门。

（7）当机组负荷大幅度变化或除氧器加热由辅助蒸汽切换至四抽蒸汽供汽时，应加强监视除氧器水位、压力，以防发生振动。

（8）除氧器压力应控制在小于1.238MPa（a）；若除氧器压力大于1.238MPa（a），除氧器水箱安全门动作，保护关闭四抽至除氧器进汽门、逆止门和辅汽至除氧器进汽总门，保护开启除氧器排汽门，保护关闭汽动给水泵组再循环调节门前隔离门。

（9）根据化学要求给水加氧运行，确认除氧器出水含氧量应正常。

2. 除氧器的停运

（1）负荷降至350MW左右，除氧器汽源切至辅助蒸汽；除氧器进入定压运行。

（2）当锅炉不需进热水时，停止除氧器加热，并将除氧器加热汽源隔离。

（3）除氧器停止进水，注意凝汽器水位正常。

（4）在机组停运后，除氧器应排尽积水，自然干燥，必要时放置干燥剂。

十五、汽动给水泵

本机共配备两台50%汽动给水泵，其主要作用是保证锅炉燃烧所需要的冷却水量，保证机组安全稳定运行。

1. 汽动给水泵组密封水系统投运

（1）将给水前置泵机械密封冷却水滤网前后切换门推向同一侧，开启给水前置泵机械密封室排气手动门，在注水排气后将给水前置泵机械密封冷却水滤网前后切换门推向另一侧，确认气体排尽后关闭排气门。

（2）确认给水泵密封水回水箱已清理、冲洗干净，关闭其底部放水门、至凝汽器排水电动门和气动调节门，开启给水泵密封水回水箱溢流门。

（3）开启凝输水至给水泵密封水回水箱注水减温手动门，当给水泵密封水回水箱溢流管有水连续流出后将其关闭。

（4）开启给水泵泄荷水至给水前置泵进水管手动门、给水泵密封水回水至无压放水母管手动门，关闭给水泵密封水回水至密封水回水箱手动门。

（5）关闭给水泵两端密封水进水气动调节门和旁路手动门。

（6）关闭给水泵密封水滤网放水门，将给水泵密封水滤网切换门推向一侧，开启给水泵密封水进水管和滤网的排气门。

（7）开启凝结水至给水泵密封水进水总门（当凝结水泵变频运行时，应开启凝结水泵出水母管至给水泵密封水手动门，关闭凝结水用户母管至给水泵密封水手动门），对系统进行注水排气，在排气结束后关闭排气门，将给水泵密封水滤网切换门推向另一侧注水排气，排气结束后关闭排气门。

（8）将给水泵两端密封水进水气动调节门投入自动，调节控制给水泵密封水回水温度。

（9）当给水泵密封水系统投运时，检查给水泵密封水回水管路应畅通，防止给水泵进水管道超压和油中进水。

（10）在凝结水系统变频运行后，应将两台给水泵驱动端和自由端的密封水调节门的旁路手动门开启至20%左右的开度，避免低负荷阶段给水泵密封水流量不足，造成小机油中进水。

2. 小机润滑及控制油系统投运

（1）检查油箱油位应正常（1010～1210mm）；检查并确认系统所有放油门、排污门和放水门关闭，小机轴承进油门开启，将小机润滑油冷却器和滤网切换门切至一侧，确认小机润滑油系统畅通。

（2）确认小机润滑油箱油温大于10℃，电加热器投入自动；启动一台小机润滑油箱排油烟风机，调整油箱压力为–2.5kPa～–5kPa，另一台小机润滑油箱排油烟风机投入联锁备用。

（3）启动小机直流润滑油泵对系统注油排气；5min后启动一台小机交流润滑油泵，停用小机直流润滑油泵，检查交流润滑油泵出油压力（5.2bar）及小机润滑油母管压力（4.5bar）应正常。检查并确认系统无漏油，各轴承回油正常，启动另一台小机交流润滑油泵，停用原运行的小机交流润滑油泵，投入联锁备用。

（4）开启小机润滑油冷却器排气门，对冷油器注油排气，在排气结束后，关闭排气门；开启小机润滑油滤网排气门，对滤网注油排气，在排气结束后，关闭排气门。

（5）将小机润滑油冷却器和润滑油滤网切换门切至另一侧，用同样的方法进行注油排气，在排气结束后，关闭润滑油冷却器和润滑油滤网的排气门，开启小机润滑油冷却器和润滑油滤网进油连通手动门，保持备用的小机润滑油冷却器和润滑油滤网内充满油。

（6）确认小机润滑油母管压力（4.5bar）、润滑油滤网压差（小于40bar）正常；确认小机润滑油油温调节门动作正常（油温45℃）。

（7）开启小机润滑油蓄能器进油手动门，氮气压力大于等于2.8bar。

（8）根据需要投运小机润滑油净化处理装置。

（9）确认EH油系统已正常运行，开启EH油至小机进油门，开启小机EH油蓄能器进油手动门，氮气压力大于等于110bar。

3. 汽动给水泵组注水排气及暖泵

（1）检查并关闭下列阀门：给水前置泵进水滤网放水门、给水前置泵泵体放水门、给水泵进水滤网放水门、给水泵再循环调节门前放水门、给水泵出水电动门后放水门、给水泵中间抽头逆止门后放水门。

（2）开启给水泵再循环调节门后排气门和给水泵出水逆止门前放水门。

（3）检查并确认给水泵再循环门调节门前后隔离门开启，确认给水泵再循环调节门全开。

（4）确认给水泵出水电动门关闭，开启给水前置泵进水门，对汽动给水泵组进行注水、排气。在注水、排气结束后，关闭给水泵再循环调节门后排气门；继续对给水泵进行暖泵，在暖泵期间注意除氧器水位正常。

（5）确认给水泵泵体上下金属温差小于20℃，暖泵结束，关闭给水泵出水逆止门前放水门。

（6）备用给水泵倒暖泵。

1）确认一台给水泵运行，备用给水前置泵进水电动门开启、备用给水泵出水电动门关闭。

2）开启运行给水泵至备用给水泵倒暖泵门。

3）在启动备用给水泵前，确认给水泵泵体上下金属温差小于20℃，关闭运行给水泵至备用给水泵倒暖泵门。

4. 启动给水泵前置泵

（1）给水前置泵启动允许条件（必须同时满足以下条件）。

1）给水前置泵在远方控制。

2）给水前置泵没有电气故障；给水前置泵没有保护动作。

3）给水泵出水电动门已关闭；给水前置泵进水电动门已开启。

4）给水泵再循环调节门前电动门已开启且给水泵再循环调节门阀位大于90%。

5）任意一台闭冷水泵运行。

6）除氧器水位大于–700mm。

7）给水前置泵轴承温度均小于90℃。

8）给水前置泵电机轴承温度均小于90℃；给水前置泵电机线圈温度均小于125℃。

9）给水前置泵没有保护跳闸条件。

（2）检查并确认给水前置泵已注满水、轴承油位正常、轴承和机械密封冷却水压力正常。

（3）启动给水前置泵，检查给水前置泵电流、转速、声音、振动、出水压力及进水滤网压差和给水泵再循环流量等参数应正常。

（4）根据需要开启给水泵出水电动门，检查给水泵进水流量和再循环调节门动作应正常。

（5）给水前置泵保护停止条件（满足任一条件时）。

1）在给水前置泵运行10s后，进水电动门未全开。

2）除氧器水位小于–2060mm。

3）给水前置泵任一轴承温度大于100℃，延时2s。

4）给水前置泵电机任一轴承温度大于100℃，延时2s。

5）给水泵再循环调节门阀位小于70%（或进水电动门全关）且给水泵进水流量小于250t/h，延时15s。

5. 小机轴封系统及真空系统投运

（1）检查辅助蒸汽系统投运应正常，确认辅汽至轴封供汽手动总门开启。

（2）开启小机轴封供汽逆止门前放水门和疏水器前后隔离门及旁路门。

（3）确认凝结水系统运行正常，关闭凝结水至小机轴封减温水气动调节门前后隔离门，关闭凝结水至小机轴封减温水气动调节门旁路门。

（4）开启小机轴封进汽、回汽母管放水门和疏水器前后隔离门及旁路门。

（5）开启小机轴封供汽气动调节门前后隔离门，关闭小机轴封供汽气动调节门旁路门。

（6）开启小机前后轴封进汽门，关闭小机轴封进汽总门和回汽总门。

（7）手动开启小机轴封供汽气动调节门，对供汽管道进行暖管疏水。

（8）在暖管疏水完毕，小机轴封供汽温度不再上升后，开启小机轴封进汽总门和回汽总门。

（9）用小机轴封供汽气动调节门控制小机轴封进汽压力（设定压力 11.7kPa～13.8kPa），在压力正常后投入自动。

（10）微开凝结水至小机轴封减温水气动调节门前后隔离门，用凝结水至小机轴封减温水气动调节门控制小机轴封进汽温度（设定温度 150℃～180℃），在温度正常后投入自动。

（11）在确认小机轴封系统运行正常后，关闭轴封供汽系统管道各放水门和疏水器旁路门。

（12）在确认主机真空正常后，开启小机排汽蝶阀旁路门，开始抽真空，注意主机真空变化情况。

（13）当小机真空接近主机真空后，全开小机排汽蝶阀，关闭小机排汽蝶阀旁路门。

（14）在条件具备时，小机轴封同主机一起投运，可在直接开启小汽轮机排汽蝶阀后同主机一起送轴封拉真空。

6. 小机进汽管暖管及疏水系统投运

（1）在小机真空建立后，确认下列阀门开启。

1）高排至小机逆止门前疏水手动总门和疏水器前后隔离门（疏水器旁路门关闭，必要时可开启）。

2）高排至小机电动门前疏水罐放水门和疏水门；高排至小机电动门后疏水门。

3）辅汽联箱至小机电动总门后放水门和疏水器前后隔离门（疏水器旁路门关闭，必要时可开启）。

4）辅汽联箱至小机电动门前放水门和疏水器前后隔离门（疏水器旁路门关闭，必要时可开启）。

5）四抽至小机电动门前疏水二并一疏水器前后隔离门（疏水器旁路门关闭，必要时可开启）。

6）小机低压主蒸汽门前疏水罐放水门和疏水门。

7）小机高压调节门前疏水门。

8）小机调节级后疏水门。

9）小机低压蒸汽室疏水门。

10）小机高压汽门门杆一道漏汽至主机中压缸排汽管门。

（2）确认辅汽联箱压力（大于 0.8MPa）、温度（大于 260℃）正常，开启辅汽联箱至小机进汽电动总门进行暖管疏水（暖管结束后关闭辅汽联箱至小机电动总门后放水门），开启辅汽联箱至小机供汽气动门，缓慢开启辅汽联箱至小机供汽电动门，投入小机低压主蒸汽门前疏水调节门自动，进行暖管疏水（暖管结束后关闭小机低压主蒸汽门前疏水罐放水门）。

（3）确认四抽压力（大于 0.5MPa）、温度（大于 280℃）正常，开启四抽至小汽轮机低压进汽电动门，对进汽管道进行暖管疏水。

（4）检查小机进汽压力、温度及各部分金属温度应正常。

7. 汽动给水泵组冲转前的确认

（1）小机汽源使用原则。

1）第一台小机启动汽源采用辅汽联箱来汽。

2）第二台小机启动汽源采用辅汽联箱来汽。

3）待机组运行稳定，机组负荷高于 600MW 后，再将两台小机汽源切换至四抽供给。

（2）确认小机润滑油、EH 油系统投运正常。

（3）汽动给水泵组报警装置及保护装置全部投入，且 MEH 上无报警和跳闸信号。

（4）确认给水泵密封水畅通，密封水温度正常、密封水调节门工作正常。

（5）给水前置泵机械密封冷却器、轴承套冷却水投入。

（6）小机高低压主蒸汽门、调节门全关。

（7）确认给水泵再循环调节门及其前后隔离门开启，关闭小机排汽电动门前放水手动一、二次门。

（8）小机真空大于–69kPa。

（9）小机轴封系统运行正常。

（10）小机及供排汽系统所有疏水门打开。

（11）小机所有轴承温度均小于 99℃、回油温度均小于 70℃。

（12）小机轴向位移在±0.9mm 之内。

（13）小机冲转蒸汽的过热度大于 50℃。

8. 汽动给水泵组启动

（1）给水泵允许启动条件（必须同时满足以下条件）。

1）给水前置泵已运行。

2）小机任一交流润滑油泵已运行。

3）给水泵进水压力与除氧器压力之差大于 0.5MPa。

4）给水泵出水电动门已关闭。

5）给水泵再循环调节门开度大于 90%且调节门前电动门已开。

6）给水泵密封水压力大于 3.0MPa。

7）给水泵所有轴承温度均小于 90℃。

8）除氧器水位大于–700mm。

9）给水泵上下壳体温差（绝对值）小于 50℃。

10）给水泵没有跳闸保护条件。

9. 小机启动状态划分和升速率

（1）当额定负荷停机后，在 0.5h 内再启动称为热态启动，在 0.5～12h 内再启动称为半热态启动，在 12h 以上再启动称为冷态启动。

（2）冷态按约 100r/min^2 的升速率升速，热态按约 200r/min^2 的升速率升速。

10. 小机冲转

（1）确认小机高低压主蒸汽门及相关疏水门开启，确认蒸汽参数正常，蒸汽温度有 50℃过热度。

（2）在小机控制（MEH CONTROL）画面中分别按小机复归（LATCH）、小机跳闸复归和小机电磁阀带电按钮，开启小机高低压主蒸汽门，然后按小机跳闸按钮，检查并确认小机高低压主蒸汽门关闭、跳闸正常，再重新复位。

（3）在小机控制画面中确认小机允许启动（START PERMISSION 为 IN）。

（4）在小机控制画面中选择控制方式为操作员自动，开启低压主蒸汽门，设置目标转速为 1200r/min 和升速率（冷态升速率约为 $100r/min^2$，热态升速率约为 $200r/min^2$）。

（5）确认目标转速及升速率，按下控制进行按钮，检查并确认低压调节门开启，冲转小机。

（6）在小机冲转升速后，转速逐渐上升至 1200r/min 暖机（冷态暖机 30min，热态暖机 10min）。

（7）检查并确认小机及给水泵内无金属摩擦声。

（8）就地查听轴承、轴封处的转动声音，检查调节门动作应正常。

（9）在小机升速过程中，注意监视进汽参数、小机振动、轴向位移、真空变化情况。

（10）在小机 1200r/min 暖机结束后，设置目标转速为 2800r/min、升速率（冷态升速率约为 $200r/min^2$，热态升速率约为 $300r/min^2$），确认目标转速及升速率，按下控制进行按钮，检查小机应继续升速。

（11）当小机升速至最低工作转速（2800r/min），稳定该转速，待锅炉摇控转速指令（REMSTP）出现后，将小机控制方式切为锅炉摇控。

（12）当汽动给水泵出水压力与母管压力压差小于 1MPa 时，开启给水泵出水电动门。

（13）在两台给水泵并列运行后，当检查给水泵再循环门调节应正常，给水泵进水流量大于 $660m^3/h$ 时，检查给水泵再循环门应自动关小直至关闭。

11. 并泵，带负荷

（1）当小机转速至 2800r/min 时，视情况将小机由 MEH 控制切至 DCS 自动控制。

（2）汽动给水泵的转速被来自 DCS 的给水信号所控制，速度控制范围为 2800～6000r/min。

（3）当手动并泵操作时，应缓慢提升启动泵转速，注意运行泵转速自动降低，调整两台给水泵的出水压力一致，在并泵过程中要保持给水流量稳定，将其并入给水系统。

（4）在并泵过程中，应注意给水泵再循环门动作对锅炉给水流量变化的影响。

（5）当并泵结束后，投入该汽动给水泵组给水自动，确认调节正常。

（6）在升速过程中注意小机振动、轴向位移、轴承温度、进回油温度，进汽压力、温度，排气压力等参数在正常范围。

（7）当机组负荷达 45%额定负荷以上时可并入第二台汽动给水泵。

（8）当并泵结束后，在 60%以上负荷或四抽压力大于 0.6MPa 时，可依次将两台小机汽源由辅汽切至四抽供汽。

12. 小机冲转与升速过程中的注意事项

（1）在升速过程中，转速在一阶临界转速（2055r/min，以实测为准）附近，应避免停留。小机在越过临界转速时轴振动不超过 0.125mm。

（2）当小机转速升高后，注意润滑油温度，冷油器出油温度由温度控制门自动调节，不需调节冷却水量，当冷油器出油温度达46℃时，注意监视油温上升情况和温控阀动作情况，各轴承的进油油温控制在46℃～52℃。

（3）注意推力轴承回油温度应小于70℃，最高不超过80℃；任一轴承的金属瓦温度应小于99℃，最高不超过107℃。

13. 运行监视及调整

（1）高低压蒸汽参数如表5-10所示。

表5-10 高低压蒸汽参数

蒸汽源名称	参数名	单位	正常值	备注
低压主蒸汽门前的低压蒸汽（来自主机第四段抽汽）	温度	℃	300～400	低值满足小机冲转条件
	压力	MPa（a）	0.9～1.6	
低压主蒸汽门前的辅助蒸汽	温度	℃	260～350	
	压力	MPa（a）	0.8～1.3	

（2）蒸汽品质如表5-11所示。

表5-11 蒸汽品质

控制参数	单位	正常值	极限值	
			两星期	24h*
阳离子传导率	$10^{-6}\Omega/cm$	<0.3	0.3～0.5	0.5～1.0
溶解氧	ppb	<10	10～30	80～100
钠	ppb	<5	5～10	10～20
氯	ppb	<5	5～10	10～20
硅	ppb	<10	10～20	20～50
铜	ppb	<2		
铁	ppb	<20		
Na/PO_4	物质的量比	2.3～2.7		
亚硫酸盐及硫酸盐				

注：①*指任何时刻均应避免超过上限值运行，并立即采取措施纠正。
②标准值，至少每周分析测定一次。
③连续直接分析凝结的进口蒸汽，以进行化学控制或用于对锅炉用水和机械蒸发带出物的复算。
④建议采用连续分析。
⑤对于含量极微不可查明之成分，也至少每周分析一次。
⑥适用于经磷酸盐水处理的机组。

（3）小机转子轴向位移值在±1.2mm范围内。

（4）当小机在连续运行的转速范围（2800～6000r/min）内时，1号、2号轴承处测得的轴承振动值小于0.076mm。

（5）小机背压限制在两台给水泵汽轮机同时投运时，当大机负荷大于等于100%时，小机持续运行允许的最大背压为 32kPa（a），当大机负荷小于等于 20%时，给水泵汽轮机持续运行允许的最大背压为 15kPa（a）（当主机负荷在 20%～100%时，按上述 15kPa（a）～32kPa（a）间背压限制曲线线性插值）。

（6）汽封供汽的压力为 11.7kPa～13.8kPa，温度范围为 150℃～180℃。

14. 辅汽至小机供汽气动门使用规定

（1）气动门联锁开启逻辑（以 1 号小机为例说明，以下条件为“或”的关系）。

1）除氧器水位大于 500mm。

2）汽轮机跳闸且 1 号小机未跳闸。

3）2 号给水泵 RB 触发且 1 号小机未跳闸。

（2）气动门保护关闭逻辑为对应小机跳闸。

（3）在机组启动过程中，启动的第一台小机使用辅汽冲转，第二台小机使用四抽冲转。待两台小机并列运行，机组负荷达 550MW，四抽压力达到 0.6MPa 后，将启动的第一台小机汽源切换至四抽。此外，由于目前四抽至小机供汽电动门前疏水管路偏细，造成四抽至小机供汽电动门前温度偏低。因此，在汽源切换之前，应手动开启小机低压主蒸汽门前疏水罐疏水气动门、小机调节级后疏水气动门和低压蒸汽室疏水气动门。在汽源切换过程中，当四抽至小机供汽产生通流后，应先充分暖管，待四抽至小机供汽温度上升且逐渐趋于稳定后，方可继续进行切换操作。

（4）在机组停运过程中，待机组负荷降至 450MW，进行两台给水泵的退出并列运行操作。在操作完毕后，确认辅汽联箱压力不低于 0.8MPa，温度不低于 280℃，将运行小机的汽源切换至辅汽，关闭四抽供汽电动门。

（5）在机组长期处于低负荷运行（500MW 以下）或者机组在 RB 等工况下，应加强小机运行情况的监视，当发现小机低压供汽调节门逐渐开大至 80%以上（禁止在小机低压调节门开度在 80%以上时进行汽源切换），转速实际值低于设定值约 150r/min 左右（注意：转速偏差达到 1000r/min，MEH 会自动将小机控制方式切至手动，如果发现小机控制方式跳至手动，应在转速偏差小于 1000r/min 后先投入自动再投入遥控），给水流量逐渐偏离设定值，无法满足机组所需时，应果断手动开启辅汽至小机供汽气动门，关闭四抽至小机供汽电动门，同时加强小机转速变化、低压调节门动作情况和给水流量、主/再热蒸汽温度的监视（在汽源切换初期，小机转速会有 200r/min 以上的上升，且会出现高于设定值的情况，在低压调节门逐渐自动关小后，转速会趋于正常）。待机组工况稳定后，再将小机汽源切回四抽。

（6）在事故处理过程中，当准备手动快速降低机组负荷或者出现机组负荷快速降低时，应手动开启辅汽至小机供汽气动门，关闭四抽至小机供汽电动门，同时加强小机转速变化、低压调节门动作情况和给水流量、主/再热蒸汽温度的监视（在汽源切换初期，小机转速会有 200r/min 以上的上升，且会出现高于设定值的情况，在低压调节门逐渐自动关小后，转速会趋于正常）。待机组工况稳定后，再将小机汽源切回四抽。

（7）如果发现四抽至小机供汽无法正常供给（逆止门卡涩、门芯脱落等），应手动开启辅汽至小机供汽气动门，关闭四抽至小机供汽电动门。待缺陷处理完毕，负荷高于 550MW 后，再按照操作票将小机汽源切回四抽。

（8）在辅汽至小机供汽气动门开启后，应注意四抽母管逆止门是否关闭，除氧器压力是否变化，如果发现逆止门未关闭、除氧器压力变化，则有可能是四抽至小机供汽逆止门不严或者四抽至辅汽联箱逆止门不严，运行人员应立即关闭四抽至小机供汽电动门，进一步查明原因。

（9）在辅汽至小机供汽气动门开启后，应注意辅汽联箱压力的变化，若四抽至辅汽联箱供汽量无法满足，高排至辅汽联箱供汽调节门会自动开大以维持辅汽联箱压力。若高排至辅汽联箱供汽调节门自动调节缓慢，应解除自动，根据小机供汽压力、转速、低压调节门开度等参数手动调整，待辅汽联箱压力、小机转速稳定后再投入自动。

（10）在辅汽至小机供汽气动门开启的任何情况下，运行人员均应做好给水流量波动和小机超速事故预想，并到就地进行检查，必要时应打闸故障小机。

（11）在汽源切换过程中，应注意小机转速、给水流量、进汽压力、温度和小机振动、低压调节门开度等参数的变化，根据工况及时调整，消除扰动。

15. 小机在运行中的注意事项

在小机运行中，应经常注意检查各项运行项目，做好详细记录，并特别注意下列项目。

（1）小机各轴承处的振动值是否增加，振动变大的幅度、部位、方向。

（2）检查油管路系统轴承座油封环，以及在油系统、保安系统中各部件是否漏油。

（3）检查汽水系统、阀门法兰、门杆等是否泄露。

（4）检查调节、控制系统运行是否稳定可靠。

（5）注意 EH 油压是否正常和变化情况。

（6）注意润滑油系统油压是否正常。

（7）注意各备用油泵是否处于良好的备用状态。

（8）检查油系统中各滤网是否有轴承合金或其他金属屑。

（9）注意各轴承金属温度和推力轴承回油温度，及其变化情况。

（10）在小机运行过程中，如发现有异常情况产生，应具体分析，找出原因，采取相应的对策，给予弥补。不得轻易让事态扩大，以保证汽轮机安全可靠的运行。

（11）在小机运行过程中，应注意监视小机转速实际值与设定值的偏差，转速偏差达到 1000r/min，MEH 会自动将小机控制方式切至手动，如果发现小机控制方式跳至手动，应在偏差小于 1000 r/min 后先投入自动再投入遥控。

（12）无论在运行或汽轮机启停过程中，一定要严格保持汽动给水泵组周围环境整洁、卫生、整齐，保持油质的良好。

16. 汽动给水泵组正常停运

（1）机组负荷小于 45%，退出一台汽动给水泵。

（2）汽动给水泵组停用可选用 MEH 程控或 DCS 手动停止。

（3）视机组负荷下降情况，在 DCS 操作站上逐渐降低目标转速，使汽动给水泵负荷移至另一台给水泵，直至转速达 2800r/min，退出该给水泵运行。

（4）在给水泵降速过程中，当给水泵流量低至最小流量时，确认给水泵再循环门自动开启，尽可能减小给水流量波动。

（5）检查小机转速下降情况，注意给水压力、流量变化，小机金属温度、振动、轴向位移等。

（6）当小机转速为 2800r/min 时，确认不再启动，即手动打闸小机，否则用 MEH 程控降速或用 DCS 手动降速，作备用。

（7）在小机脱扣后，检查高低压主蒸汽门、调节门应关闭，转速逐渐下降。

（8）检查小机所有疏水门均应自动开启。

（9）根据情况停运给水前置泵。

（10）破坏真空和停运轴封。

1）关闭小汽轮机排汽门。

2）关闭小机轴封回汽疏/放水门，停用并隔离小机轴封减温水。

3）确认主机真空与小机真空系统已完全隔离。注意小机真空到零，关闭小机轴封汽供/回汽门，开启小机排汽门前放水门。

4）注意主机真空变化。

5）可根据情况与大机同时停用：主机真空到零，关闭轴封减温水门，关闭辅助蒸汽至小机轴封汽供汽隔离门，开启相关疏水门。

（11）如泵体需放水，则应关闭给水泵暖泵门和给水前置泵进水门。

（12）当给水泵泵壳温度小于80℃，且给水系统泄压至零后，可停运给水泵密封水。

（13）根据情况完成其他停运和隔离工作。

（14）在停机过程中，注意各轴承座振动的情况，小机转子惰走情况，记录小机转子惰走时间及绘制惰走曲线。

（15）当冷油器出油温度降至35℃以下时，停止供冷油器冷却水运行。

（16）当小机调节级后温度小于120℃后，方可停运小机润滑油系统。

17. 给水泵汽轮机紧急停机条件

（1）小机保护跳闸条件（满足任一条件时）。

1）小机轴振动大于0.12mm（二取一）、延时1s；小机轴向位移绝对值大于1.2mm（二取一）。

2）小机转速大于6300r/min（三取二）。

3）小机转速大于15r/min，润滑油母管油压小于3.23bar（三取二），延时1s。

4）小机转速大于540r/min，排汽缸真空小于–68kPa（三取二），延时1s。

5）小机正/负推力轴承任一金属温度大于107℃（同一测点两信号无质坏时两信号相“与”，有一个信号质坏时取单信号，两信号同时质坏不跳机）。

6）小机轴承任一金属温度大于107℃（同一测点两信号无质坏时两信号相“与”，有一个信号质坏时取单信号，两信号同时质坏不跳机），延时1s。

7）DCS来跳小机信号（二取二）。

8）控制画面中手动跳机按钮（TRIP）。

9）控制台上手动跳机按钮（二取二）。

10）低压主蒸汽门和调节汽门任一跳机电磁阀断线且高压主蒸汽门和调节汽门任一跳机电磁阀断线。

（2）给水泵保护停止条件（满足任一条件时）。

1）给水前置泵在跳闸位，或不在合闸位，或电流小于2A（三取二）。

2）除氧器水位小于–2060mm（三取中），延时3s。

3）给水泵进水压力与除氧器压力之差小于0.5MPa。

4）给水泵任一轴承温度大于100℃，延时2s。

5）给水泵任一推力轴承温度大于120℃，延时2s。

6）小机排汽温度大于120℃（三取二）。

7）给水前置泵运行且给水泵进水流量小于左边界流量，延时5s。

（3）汽动给水泵组在下列情况下，运行人员应立即按停机遮断按钮，快速关闭高低压主蒸汽门、调节门和关闭排汽管道上的真空碟阀，破坏给水泵汽轮机后汽缸的真空，切断汽封供汽进行紧急停机：

1）汽动给水泵组突然发生强烈振动或清楚地听到机内有金属撞击响声时。

2）小机发生严重水冲击时。

3）油系统着火且不能迅速扑灭时。

4）任一轴承金属瓦温度超过107℃或轴承冒烟时。

5）推力轴承回油油温超过80℃或轴承冒烟时。

6）润滑油母管油压降至3.23bar，经采取各项措施又无效时。

7）推力轴承损坏，转子轴向位移绝对值超过1.2mm时。

8）轴振动（X方向和Y方向同时达到）值大于0.125mm。

（4）汽动给水泵组在下列情况下，运行人员应立即按停机遮断按钮关闭高低压主蒸汽门、调节门，但不破坏真空，进行紧急停机：

1）汽动给水泵组转速达到及超过6300r/min。

2）高低压主蒸汽管道发生破裂时。

3）油系统发生严重漏油，经修复无法维持运行时。

4）后汽缸背压上升至32kPa（a）而又不能恢复时。

5）后汽缸排汽温度超过121℃时。

6）低压主蒸汽门的门杆发生卡涩，无法活动时。

7）低压调节汽门门杆发生卡涩，无法活动时。

第三节　电气辅助设备及系统操作

发电厂电气辅助系统主要包括厂用电系统、直流系统、UPS系统、发电机氢气系统及柴油发电机系统等，主要设备包括电动机及励磁机等，这些系统及设备运行的安全与否，直接影响整台机组运行的经济性和安全性。

一、厂用电系统的运行

1. 厂用电系统运行规定及操作原则

（1）在机组正常停机期间，6kV厂用电源由启备变供电。

（2）当厂用电系统因故改为非正常运行方式时，应做好事故预想，并在工作结束后尽快使其恢复正常运行方式。

（3）6kV厂用各段均配置一套独立的快切装置，6kV段工作电源与备用电源之间相互切换应通过厂用快切装置进行。正常手动切换为双向，选择并联全自动切换方式；事故切换和非正常工况切换为单向且只能由工作切向备用电源。正常切换由手动启动，在DCS系统或快切装置面板上均可进行操作。

（4）当6kV厂用段正常倒换电源时，调整启备变分接头，使待并开关两侧压差小于5%，同时检查频差应小于0.2Hz。当6kV厂用的任意一段母线由工作（备用）电源切换到备用（工作）电源后，注意监视母线电压及备用（工作）分支电流值。

（5）下列设备禁止投入运行。

1）无保护的设备。

2）绝缘电阻不合格的设备。

3）开关操作机构有问题。

4）开关事故遮断次数超过规定。

5）在保护动作后，未查明原因和排除故障。

（6）操作的一般原则

1）在设备检修完毕后，应按《电路安全工作规程》要求交回并终结工作票，由检修人员书面通知运行人员进行设备更改的技术文档交接。当恢复送电时，应对准备恢复送电设备的所属回路进行认真详细的检查，确认回路的完整性，设备清洁无杂物，无遗留的工具，无接地短路线，测量绝缘正常等，并符合运行条件。

2）在正常运行中，凡改变电气设备状态的操作必须有书面或口头通知，并得到值长的命令后方可进行操作。

3）在设备送电前，应将仪表及保护回路电源、变送器的辅助电源送上。

4）设备送电应投入保护装置，设备的主保护停用必须由生产副总经理（总工程师）批准，后备保护短时停用则应有当班值长的批准。

5）带同期装置闭锁的开关，应在投入同期鉴定装置后方可进行合闸（对无电压母线充电除外）。

6）在变压器充电前应检查电源电压是否正常，使充电后变压器各侧电压不应超过相应分接头电压的105%。

7）在变压器投入运行时，应先合电源侧开关，后合负荷侧开关；在变压器停运时，应先断开负荷侧开关，后断开电源侧开关。禁止由低压侧对厂用变压器反充电。

8）当厂用系统送电时，应先合上电源侧开关，后合上负荷侧开关，逐级操作；在停电时，应先断开负荷侧开关，后断开电源侧开关。

9）在拉合闸刀前，必须检查所属开关应在断开位置；在拉合闸刀后，检查闸刀的位置是否正确。

10）在厂用母线送电前，各出线回路的开关和闸刀应在断开位置，母线压变在运行状态；在厂用母线受电后，必须在检查并确认母线电压正常后，再投入母线快切装置，方可对各负荷送电。

11）在厂用母线停电之前，首先停用该母线的各负荷，再停用该母线快切装置，然后断开母线电源进线开关，检查并确认母线无电压后，断开压变低压交直流小开关，将母线压变停至隔离位置。

12）当6kV、400V母线PT停电时，应先断开母线PT直流小开关，再将母线PT停电；反之，应先将母线PT送电后，再合上母线PT直流小开关，防止母线低电压保护误动，造成有关辅机跳闸。

13）在主厂房内的400V母线电源正常并列切换前，必须检查两400V母线上级电源应为同一系统，且两母线电压基本相等，方可在DCS上进行切换，就地无法实现并列切换功能。

14）对于逻辑上不能实现并列切换的两段 400V 母线供电电源，在切换时需采用停电切换，即先断后合。

2. 6kV 开关及 PT 装置

（1）6kV 厂用电系统采用了真空断路器以及由熔断器与真空接触器组成的 F-C 回路开关两种系列开关。6kV 开关状态有以下五种：

1）运行状态：开关合上，开关小车在工作位置，二次触头插入并卡紧，操作电源送上，保护投入正常，就地/远方切换小开关切至远方。

2）热备用状态：开关断开，开关小车在工作位置，二次触头插入并卡紧，操作电源送上，保护投入正常，就地/远方切换小开关切至远方。

3）传动试验状态：开关断开，开关小车在试验位置，二次触头插入并卡紧，操作电源送上，就地/远方切换小开关切至远方。

4）冷备用状态：开关断开，开关小车在试验位置，二次触头插入并卡紧，操作电源断开。

5）检修状态：开关断开，开关小车锁定在试验位置或拉出仓外，二次触头拔下，操作电源断开，做好安全措施。

（2）6kV 开关柜防止误操作的机械/电气闭锁。

1）开关和地刀在断开位置，小车开关能从试验位置移动到工作位置或反向移动，靠机械闭锁。

2）小车开关确在试验或工作位置，开关才能进行合/分闸操作，靠机械电气闭锁。

3）当小车开关在试验或工作位置而没有控制电压时，开关不能合闸，仅能手动分闸，靠机械电气闭锁。

4）当小车开关在工作位置时，二次插头被锁定，不能拔出。

5）当小车开关在试验位置或柜外时，接地闸刀才能合闸，靠机械闭锁。

6）当接地闸刀合闸时，小车开关不能从试验位置移向工作位置，电缆室柜门可以打开；当电缆室柜门打开时，接地闸刀不能分闸，靠机械闭锁。

7）小车开关的试验位置机械锁与电缆室小门锁共用一把钥匙，只有小车开关拉至试验位置并锁定后，才能取下钥匙去开开关后面电缆室小门。

8）在 F-C 开关保险熔断后，真空接触器无法合上。

（3）6kV 开关投运前的检查。

1）开关及有关设备工作票已全部结束并收回，接地闸刀已断开，其他安全措施已全部拆除。

2）开关外观检查应正常，机构位置正确，分合闸位置和接地闸刀位置指示器指示正确。

3）开关一次触头、二次插件完好，新投运或检修后的开关必须测量开关各触头间及对地绝缘应大于 500MΩ。

4）开关储能装置良好。

5）二次回路元件完好。

6）测量所带负荷及电缆的绝缘良好。

7）F-C 开关要检查并确认熔断器指示良好。

8）在新投运或开关检修后，投运前应做开关的合/跳闸试验确认开关合/跳正常。在做空载合、跳闸试验时，不应连续超过三次，在做拉合闸试验时注意做好防止联动其他开关的措施。

9）小车开关放至试验位置，开关柜低压室、断路器室、电缆室柜门全部锁好。

（4）6kV 开关操作注意事项。

1）6kV 小车开关不准停留在运行位置和试验位置之间的任何中间位置。

2）当摇动小车时要用力适当，当摇不动时要仔细检查分析原因，严禁猛力摇动损坏闭锁装置或小车。

3）当操作曲柄后，在拔出的瞬间不应转动，要平行拔出，以免小车位置外移。

4）在测负荷绝缘前，必须确认开关在试验位置或在仓外，地刀已断开，间隔正确并在验电后进行。

5）在开关或控制回路检修后要在试验位置试验开关电动分合闸及储能。

6）各电动机加热器在设备停电、送电时均不投入，当发现设备绝缘不良时联系检修处理的同时投入加热器辅助烘烤，干燥绝缘。开关柜加热器在发现柜内或后仓电缆室有结露时投入驱潮。

（5）6kV 电源开关送电操作原则（由检修状态转为热备用状态）。

1）检查并确认开关及所属设备工作票的执行已完成，拆除临时安全措施。

2）核对开关名称（KKS 码和中文名）及间隔正确。

3）合上控制电源小开关。

4）拉开开关下口接地闸刀。

5）测量设备及电缆绝缘合格。

6）检查开关在应冷备用状态。

7）装上开关的二次插头。

8）合上综保交流电压输入小开关。

9）合上开关柜照明电源小开关。

10）将开关小车由试验位置摇至工作位置。

11）检查开关综合保护显示应正常。

12）将远方/就地切换开关切至远方位置。

（6）6kV 电源开关停电操作原则（由热备用状态转为检修状态）。

1）核对开关名称及间隔正确。

2）检查开关在应分闸状态。

3）将远方/就地切换开关切至就地位置。

4）将开关小车由工作位置摇至试验位置。

5）取下开关的二次插头。

6）拉开开关柜加热器、开关柜照明电源小开关。

7）拉开综保交流电压输入小开关。

8）合上开关下口接地闸刀。

9）拉开控制电源小开关。

10）根据工作票要求做好安全措施。

（7）6kV 辅机开关送电操作原则（由检修状态转为热备用状态）。

1）检查并确认开关及所属设备工作票的执行已完成，拆除临时安全措施。

2）核对开关名称及间隔正确。

3）合上控制电源小开关。

4）拉开开关下口接地闸刀。

5）测量辅机及电缆绝缘合格。

6）检查开关在应冷备用状态。

7）装上开关的二次插头。

8）合上综保交流电压输入小开关。

9）合上开关柜照明小开关。

10）将开关小车由试验位置摇至工作位置。

11）检查开关综合保护显示应正常。

12）将远方/就地切换开关切至远方位置。

（8）6kV 辅机开关停电操作原则（由热备用状态转为检修状态）。

1）核对开关名称及间隔正确。

2）检查开关在分闸状态。

3）将远方/就地切换开关切至就地位置。

4）将开关小车由工作位置摇至试验位置。

5）拉开电机加热器、开关柜加热器、开关柜照明电源小开关。

6）拉开综保交流电压输入小开关。

7）取下开关的二次插头。

8）合上开关下口接地闸刀。

9）拉开控制电源小开关。

10）根据工作票要求做好安全措施。

（9）6kV 开关柜接地闸刀的操作原则。

1）检查开关应在试验位置。

2）用开关机械锁钥匙打开绝缘测量门，验明无电压。

3）向下压电缆室门右上侧滑板后，露出接地闸刀驱动轴的端部。

4）插入曲柄，顺时针方向转动曲柄 180°，合上接地闸刀（或反时针方向转动曲柄，断开接地闸刀）。

5）观测接地闸刀的机械/电气位置指示正确。

6）取下曲柄。

（10）6kV 母线 PT 的送电操作原则。

1）检查母线 PT 一、二次触头完好。

2）装上母线 PT 一次保险并确认良好。

3）将母线 PT 小车送至试验位置。

4）装上母线 PT 的二次插头。

5）将母线 PT 小车由试验位置摇至工作位置。

6）合上母线 PT 柜内的照明等电源小开关。

7）合上母线 PT 二次交流小开关。

8）合上母线 PT 二次直流小开关。

9）复归母线 PT 综合保护测控装置及微机消谐装置上的告警。

10）在 DCS 中复归 6kV 母线快切装置。

（11）6kV 母线 PT 的停电操作原则。

1）在 DCS 中投入 6kV 母线快切装置“闭锁”。

2）断开母线 PT 二次直流小开关。

3）断开母线 PT 二次交流小开关。

4）将母线 PT 小车由工作位置摇至试验位置。

5）取下母线 PT 的二次插头。

3. 400V 开关及 PT 装置

（1）400V 开关状态。

1）运行状态：开关小车在工作位置，其操作电源送上，开关合上。

2）热备用状态：开关在断开状态，开关小车在工作位置，其操作电源合上。

3）冷备用状态：开关在断开状态，开关小车在检修位置，其操作电源拉开。

4）检修状态：开关在断开状态，开关小车在检修位置，其操作电源拉开，做好安全措施。

（2）400V MT 框架开关的机械/电气闭锁。

1）无法将合闸的小车开关移动。

2）先按下方的位置释放按钮，方可摇动手柄改变开关位置状态。

（3）400V 抽屉式开关的机械/电气闭锁。

1）当开关小车在工作位置，开关操作把手在 I 位置（即开关在合位）时，开关被闭锁不能拉出，抽屉开关联锁把手闭锁在连接位置。

2）当开关小车在工作位置，开关操作把手在 O 位置（即开关在分位）时，开关小车仍被机械锁固定，此时只要将联锁把手切至移动位置就可将开关拉出或推入。

3）当开关小车在检修或试验位置，开关操作把手在 I 位置（即开关在合位）时，开关小车推不进工作位置。

（4）400V 开关投运前的检查。

1）检查并确认各插头完好，无烧伤痕迹。

2）针对新投运或检修后的开关，必须测量开关各插头间及对地绝缘应大于 100MΩ。

3）检查并确认控制单元的继电器定值正确。

4）检查并确认手动储能及分合闸操作指示正常。

5）将小车开关放至开关柜内。

6）检查并确认机械闭锁良好。

（5）400V 开关（MT 框架开关）送电操作原则（由检修状态转为热备用状态）。

1）检查并确认开关及所属设备工作票的执行已完成，拆除临时安全措施。

2）检查并确认开关确在分闸状态。

3）检查并确认远方/就地切换开关在就地位置。

4）按位置释放按钮，将开关从检修位置摇至试验位置。

5）合上控制电源小开关。

6）按位置释放按钮，将开关从试验位置摇至工作位置。

7）检查开关合/跳指示灯、保护装置指示灯、储能指示正常。

8）将远方/就地切换开关切至远方位置。

（6）400V开关（MT框架开关）停电操作原则（由热备用状态转为检修状态）。

1）检查开关确在分闸状态。

2）将远方/就地切换开关切至就地位置。

3）按位置释放按钮，将开关从工作位置摇至试验位置。

4）拉开控制电源小开关。

5）按位置释放按钮，将开关从试验位置摇至检修位置。

6）根据工作票要求做好安全措施。

（7）普通400V抽屉式开关送电操作原则。

1）检查并确认开关操作把手在O位置。

2）将开关小车推至工作位置。

3）将开关操作把手切至I位置。

（8）普通400V抽屉式开关停电操作原则。

1）检查并确认开关所带负荷已停运。

2）将开关操作把手切至O位置。

3）将开关小车拉至检修位置。

（9）400V抽屉式开关（NSX）送电操作原则（由检修状态转为热备用状态）。

1）检查并确认开关及所属设备工作票的执行已完成，拆除临时安全措施。

2）核对开关名称（KKS码和中文名）及间隔正确。

3）检查并确认开关在冷备用状态。

4）在开关负荷侧验明无电压后，测量设备及电缆绝缘良好。

5）装上控制电源保险。

6）将开关联锁把手由分离位置切至移动位置。

7）将开关小车推至工作位置。

8）将联锁把手由移动位置切至连接位置。

9）将开关操作把手切至I位置。

10）将远方/就地切换开关切至远方位置。

（10）400V抽屉式开关停电操作原则（由热备用状态转为检修状态）。

1）检查并确认开关所带负荷已停运。

2）将远方/就地切换开关切至就地位置。

3）将开关操作把手切至O位置。

4）将联锁把手由连接位置切至移动位置。

5）将开关小车拉至隔离位置。

6）取下控制电源保险。

7）根据工作票要求做好安全措施。

（11）400V母线PT送电操作原则。

1）检查并确认母线PT一次保险已取下。

2）检查并确认母线PT二次小开关在断开位置。

3）装上母线PT一次保险。

4）合上母线PT二次小开关。

5）合上母线 PT 控制直流开关。

（12）400V 母线 PT 停电操作原则。

1）拉开母线 PT 控制直流开关。

2）拉开母线 PT 二次小开关。

3）取下母线 PT 一次保险。

4. 厂用电母线

（1）厂用电母线状态。

1）运行状态：该母线上工作电源开关或备用电源开关在运行状态，母线 PT 送电。

2）冷备用状态：该母线上所有出线开关小车在试验位置，其操作电源开关断开；该母线工作电源开关及备用电源开关在冷备用状态，母线 PT 停电。

3）检修状态：该母线上所有出线开关小车在试验位置，其操作电源开关断开，二次插头拔下；该母线工作电源开关、备用电源开关在检修状态；母线 PT 停电；做好安全措施。

（2）6kV 和 400V 母线在投运前的检查。

1）检查所属一、二次系统工作已结束，工作票全部收回，拆除全部安全临时措施。配电盘、配电柜的接地良好。

2）系统设备各部清洁，无明显的接地、短路现象。

3）测量投运系统设备的绝缘电阻应符合下列要求：6kV 母线用 2500V 兆欧表测量母线绝缘应大于 6MΩ，400V 母线用 500V 兆欧表测量母线绝缘应大于 0.5MΩ。

4）检查所有开关应在试验位置。

5）关闭并锁紧各开关柜门。

6）检查并确认各保护自动装置具备投运条件。

7）检查并确认母线 PT、工作和备用电源进线开关及所属设备具备投运条件。

8）检查并确认母线 PT 柜上的微机消谐装置后面板上电源保险装置良好，开关投入正常，装置前面板上指示灯显示正常。

（3）6kV 母线送电（由检修状态转为运行状态）操作原则。

1）检查母线及所属设备符合运行条件，接地线已拆除，测量母线绝缘合格。

2）检查工作电源进线开关在冷备用状态。

3）检查备用电源进线开关在试验位置。

4）检查母线上所有负荷开关均在冷备用状态。

5）将母线 PT 送电。

6）将备用电源进线 PT 送电。

7）检查备用电源进线开关在分闸状态。

8）检查备用电源进线开关保护装置投入正常。

9）投入母线弧光保护。

10）将备用电源进线开关转热备用状态。

11）检查备用电源进线开关满足合闸条件。

12）合上备用电源进线开关。

13）检查备用电源进线开关确已合闸，开关位置显示正确。

14）检查母线三相电压指示正常。

（4）6kV 母线停电（由运行状态转为检修状态）操作原则（操作前母线负荷由备用电源接带）。

1）检查工作电源进线开关在冷备用状态。

2）检查母线上所有负荷开关均在冷备用状态。

3）检查母线快切装置在退出状态。

4）拉开备用电源进线开关。

5）检查母线电压表三相指示均为零。

6）检查备用电源进线开关分闸状态。

7）将备用电源进线开关转为冷备用状态。

8）将备用电源进线 PT 停电。

9）将母线 PT 停电。

10）根据工作票要求做好安全措施。

（5）400V 母线送电操作原则（由检修状态转为运行状态）。

1）检查并确认低压厂用变压器及母线符合运行条件，接地线已拆除，测量绝缘合格。

2）将母线 PT 送电。

3）检查低压厂用变压器电源开关应在冷备用状态。

4）检查母线工作电源进线开关应在冷备用状态。

5）检查母线联络开关应在冷备用状态。

6）将低压厂用变电源开关转热备用状态。

7）将母线工作电源进线开关转热备用状态。

8）将母线联络开关转热备用状态。

9）合上低压厂用变压器电源开关。

10）检查并确认低压厂用变压器充电正常。

11）合上母线工作电源进线开关。

12）检查并确认母线三相电压指示正常。

（6）400V 母线停电操作原则（由运行状态转为检修状态）。

1）检查母线上所有负荷开关均在冷备用状态。

2）在 DCS 上检查母线联锁确在切除状态。

3）拉开工作电源进线开关。

4）检查并确认母线三相电压指示为零。

5）拉开低压厂用变压器电源开关。

6）将母线联络开关转冷备用状态。

7）将工作电源进线开关转冷备用状态。

8）将低压厂用变压器电源开关转冷备用状态。

9）将母线 PT 停电。

10）根据工作票要求做好安全措施。

（7）400V 母线的并列切换操作原则。

1）两段母线由同一台机组供电。

- 检查并确认待并列两段母线上级电源为同一机组。
- 检查并确认待并列两段母线联络开关在热备用状态。

- 在 DCS 上将相应母线的电源联锁“投入”。
- 在 DCS 上点击“电源切换”。
- 检查并确认联络开关（进线开关）已合闸。
- 检查并确认进线开关（联络开关）已分闸。
- 检查并确认两段母线电压正常。
- 在 DCS 上将联锁“切除”。

2）两段母线非同一台机组供电。

- 检查并确认待倒换电源的母线上负荷开关均已停电。
- 检查并确认待并列两段母线联络开关在热备用状态。
- 在 DCS 上将相应母线的电源联锁“投入”。
- 在 DCS 上点击“电源切换”。
- 检查并确认进线开关（联络开关）已分闸。
- 检查并确认联络开关（进线开关）已合闸。
- 检查并确认两段母线电压正常。
- 在 DCS 上将联锁“切除”。

5．厂用电系统的检查

（1）配电室内温度、湿度符合规定，温度小于等于 40℃，湿度小于等于 80%。

（2）配电室无漏水、渗水，地面无积水，室内照明充足，消防器材齐全。

（3）运行中的配电装置各部清洁，无放电现象和闪络的痕迹。

（4）开关、闸刀、接触器等设备的运行状态指示正确，与 DCS 指示一致。

（5）开关柜上远方/就地切换开关在远方位置。

（6）开关、接触器等设备的电流电压不超过额定值。

（7）各开关、闸刀、母线、PT、CT 无振动和异音。

（8）封闭母线各部良好，外壳及架构无过热现象，外壳接地良好，无放电现象。

（9）配电装置各部无过热现象，各导电部分接头温度不超过 70℃，封闭母线温度不超过 65℃。

（10）各 PT 二次侧无短路，CT 二次侧无开路。

（11）监视各段母线电压指示值在规定范围内，三相电压平衡。6kV 母线电压正常维持在 6.3kV，400V 母线电压正常维持在 400V。

（12）各段负荷分配合理，无过负荷现象。

（13）继电保护装置及自动装置定值正确，无报警信号。

（14）微机消谐装置无报警信号。

（15）检查运行的 6kV 开关柜带电显示装置指示应正确。

（16）开关柜门关好。

（17）开关室消防设施齐全良好。

二、电动机的运行

（一）电动机运行的一般规定

（1）在每台电动机外壳上，均应有原制造厂的铭牌。若铭牌遗失，应根据原制造厂数据或试验结果由检修人员及时补上。

（2）保持电动机周围干燥清洁，防止水、汽、油浸入，特别是通风口附近应无任何障碍物，通风口无积灰。

（3）电动机引出线和电缆头以及外露转动部分均应装设牢固的遮栏或护罩，电动机及启动调节装置的外壳可靠接地，禁止在运转中的电动机接地体上工作。

（4）电动机及其所带动的机械上，应有指示旋转方向的箭头标志；对启动装置则应注明其所属电机的名称，启动装置上应标明“启动”“停止”等标志。

（5）电动机外壳、通风管道及金属结构应涂漆，并按所属机组标明设备命名及编号。

（6）交流电动机定子线圈引出线应标明相别，直流电动机则应标明极性。

（7）电动机启动调节装置和引出线盒应做到密闭，必要时各相间用绝缘板隔开。

（8）电动机的开关、接触器、操作把手及事故按钮，应有明显的标志以指明属于哪一台电动机；事故按钮应有防护罩。

（9）有爆炸和火灾危险的场所，应采用防爆式电动机，电动机出线处应有防爆措施。

（10）电动机轴承用的润滑油或润滑油脂应清洁，符合化学规定的要求。

（11）电动机的可熔设备（可熔片、熔断器等）在使用前应检查并确认其完好，并注意其额定电流与电动机容量的匹配。

（12）所有的电动机均应有相应的保护装置，不允许无保护投入运行。

（13）备用电动机应定期测绝缘、试转或切换，保证可随时启动。对于安装地点潮湿的电动机，应缩短定期切换周期。

（14）经常监视电动机运行工况和参数，当开关分合闸指示灯不亮时，应查明原因并设法排除。

（15）电动机在额定冷却空气温度时，可按制造厂铭牌上所规定的额定数据长期运行。

（16）电动机轴承的最高允许温度，如无制造厂规定时，可按下列标准。

1）对于滑动轴承，不得超过 80℃。

2）对于滚动轴承，不得超过 95℃。

（17）电动机线圈、铁芯及外壳的最高监视温度与温升均不应超过制造厂的规定，无制造厂规定时，可参照表 5-12 进行监视。

表 5-12 电动机各部温升限值

绝缘等级	定子线圈温升限值/K	定子铁芯温升限值/K	外壳温升限值/K	外壳最高允许温度/℃
A	60	60	35	75
E	70	70	40	80
B	80	80	45	85
F	100	100	—	—
H	125	125	—	—

1）表 5-12 内为空气冷却的电动机的监视温升限值，按环境温度 40℃计算。

2）对 F 级绝缘电动机，其温升按 B 级绝缘考核。

（18）电动机一般可以在额定电压变动为–5%～10%的范围内运行，其额定出力不变。

（19）电动机在额定出力运行时，相间电压的不平衡值不得超过5%，在电压不平衡运行期间，应特别注意电动机的发热及振动情况。

（20）在电动机运行过程中，在每个轴承测得的振动不得超过表5-13内的数值。

表5-13 电动机轴承振动限值

额定转速/（r/min）	3000	1500	1000	750及以下
振动值（双振幅）/mm	0.05	0.085	0.10	0.12
电动机转子轴向窜动	一般不超过3mm			

（二）电动机的操作、启动、监视和维护

厂用电动机的停/送电操作，均应由运行操作人员进行。

1. 电动机的操作

（1）6kV电动机送电的操作。

1）检查并确认电动机电机及所属设备各部良好，开关在试验位置、断开状态。

2）拉开电动机电源开关下口接地刀闸。

3）在电动机电源开关下口电缆头处验明无电压，测量电机及电缆绝缘电阻合格。

4）合上电动机电源开关控制电源小开关。

5）用电动机电源开关机械锁钥匙解除开关本体位置闭锁。

6）装上电动机电源开关二次插头。

7）合上电动机电源开关柜加热、照明电源小开关。

8）检查并确认电动机电源开关综合保护良好，符合运行条件。

9）将电动机电源开关由试验位置摇至工作位置。

10）检查电动机电源开关智能操控装置显示开关位置正常。

11）将电动机电源开关远方/就地切换开关切至远方位置。

（2）6kV电动机停电的操作。

1）检查并确认电动机已停运。

2）检查并确认电动机电源开关在断开状态。

3）将电动机电源开关远方/就地切换开关切至就地位置。

4）将电动机电源开关由工作位置摇至试验位置。

5）检查并确认电动机电源开关智能操控装置显示开关位置正常。

6）用电动机电源开关机械锁钥匙闭锁开关本体位置。

7）用电动机电源开关机械锁钥匙打开电缆室验电小门。

8）在电动机电源开关下侧验明确无电压。

9）合上电动机电源开关接地刀闸。

10）断开电动机电源开关控制电源小开关Q11。

11）断开电动机电源开关综保交流电压输入小开关Q21。

12）检查并确认电动机电源开关柜内加热电源小开关Q22在断开状态。

13）检查并确认电动机电源开关柜内照明电源小开关Q23在合上状态。

14）检查并确认电动机加热电源小开关Q24在合上状态。

（3）一拖一变频器的电动机以变频方式送电的操作。

1）通知继保：检查并确认电动机电源开关保护定值为变频方式定值。

2）检查并确认电动机电机及所属设备各部良好，开关在试验位置、断开状态。

3）拉开电动机电源开关下口接地刀闸。

4）将电动机变频器出口刀闸 K2 切至旁路位置。

5）拉开电动机变频器进口刀闸 K1。

6）在电动机变频器出口 K2 刀闸下口电缆头处验明无电压，在电动机变频器出口 K2 刀闸下口电缆头处测量电机及电缆绝缘电阻。

7）将电动机变频器出口刀闸 K2 合至变频位置。

8）合上电动机变频器进口刀闸 K1。

9）将电动机变频器控制柜上远方/就地切换开关切至远方位置。

10）合上电动机电源开关控制电源小开关。

11）用电动机电源开关机械锁钥匙解除开关本体位置闭锁。

12）装上电动机电源开关二次插头。

13）合上电动机电源开关柜加热、照明电源小开关。

14）检查并确认电动机电源开关综合保护良好，符合运行条件。

15）将电动机电源开关由试验位置摇至工作位置。

16）检查并确认电动机电源开关智能操控装置显示开关位置正常。

17）将电动机电源开关远方/就地切换开关切至远方位置。

（4）一拖一变频器的电动机由变频方式切为工频方式送电的操作。

1）通知继保：将电动机电源开关保护定值改为工频方式定值。

2）检查并确认电动机电机已停运。

3）检查并确认电动机电源开关在断开状态，将电动机开关由工作位置摇至试验位置。

4）将电动机电源开关远方/就地切换开关切至就地位置。

5）检查并确认电动机及所属设备各部良好。

6）将电动机变频器出口刀闸 K2 切至旁路位置。

7）拉开电动机变频器进口刀闸 K1。

8）检查并确认电动机变频器控制柜上远方/就地切换开关在远方位置。

9）在电动机变频器出口 K2 刀闸下口电缆头处验明无电压，测量电机及电缆绝缘电阻。

10）检查并确认电动机电源开关综合保护良好，符合运行条件。

11）将电动机电源开关由试验位置摇至工作位置。

12）检查并确认电动机电源开关智能操控装置显示开关位置正确。

13）将电动机电源开关远方/就地切换开关切至远方位置。

（5）一拖一变频器的电动机以工频方式送电的操作。

1）通知继保：检查并确认电动机电源开关保护定值为工频方式定值。

2）检查并确认电动机电机及所属设备各部良好，开关在试验位置、断开状态。

3）拉开电动机电源开关下口接地刀闸。

4）检查并确认电动机电源开关下口接地刀闸三相确已断开。

5）检查并确认电动机及所属设备各部良好。

6）将电动机变频器出口刀闸 K2 切至旁路位置。

7）拉开电动机变频器进口刀闸 K1。

8）在电动机变频器出口 K2 刀闸下口电缆头处验明无电压，测量电机及电缆绝缘电阻。

9）将电动机变频器控制柜上远方/就地切换开关切至远方位置。

10）合上电动机电源开关控制电源小开关。

11）用电动机电源开关机械锁钥匙解除开关本体位置闭锁。

12）装上电动机电源开关二次插头。

13）合上电动机电源开关柜加热、照明电源小开关。

14）检查并确认电动机电源开关综合保护良好，符合运行条件。

15）将电动机电源开关由试验位置摇至工作位置。

16）检查并确认电动机电源开关智能操控装置显示开关位置正常。

17）将电动机电源开关远方/就地切换开关切至远方位置。

（6）一拖一变频器的电动机由工频方式切为变频方式送电的操作。

1）通知继保：将电动机电源开关保护定值改为变频方式定值。

2）检查并确认电动机及所属设备各部良好。

3）检查并确认电动机电源开关确在断开状态，将电动机开关由工作位置摇至试验位置。

4）将电动机电源开关远方/就地切换开关切至就地位置。

5）在电动机变频器出口的 K2 刀闸在工频位置，在 K2 下口电缆头处验明无电压，测量电机及电缆绝缘电阻。

6）将电动机变频器出口刀闸 K2 切至变频位置。

7）合上电动机变频器进口刀闸 K1。

8）检查并确认电动机变频器控制柜上远方/就地切换开关在远方位置。

9）检查并确认电动机电源开关综合保护良好，符合运行条件。

10）将电动机电源开关由试验位置摇至工作位置。

11）检查并确认电动机电源开关智能操控装置显示开关位置正确。

12）将电动机电源开关远方/就地切换开关切至远方位置。

（7）一拖二变频器的电动机变频方式送电的操作。

1）检查并确认电动机及所属设备各部良好。

2）检查并确认电动机电源开关确在断开状态，试验位置，电源开关远方/就地切换开关切至就地位置。

3）检查并确认共用变频器的另一电动机变频进出口电源刀闸均已断开。

4）检查并确认电动机变频柜进出口电源刀闸及旁路刀闸均已断开。

5）在电动机变频器出口刀闸 K2 下口验明无电压，测量电动机电机绝缘良好。

6）检查并确认电动机电源开关确在试验位置、分闸状态。

7）在电动机电源开关电缆头处下侧验明无电压，测量电动机电源电缆绝缘良好。

8）将电动机变频柜电磁锁操作把手拉下，向右旋转 45°至操作位置。

9）合上电动机变频器出口刀闸。

10）合上电动机变频器进口刀闸。

11）将电动机变频柜电磁锁操作把手拉下，向左旋转 45°至工作位置。

12）检查并确认电动机电源开关在试验位置、二次插头装置良好，各交/直流控制电源小开关合上良好。

13）检查并确认电动机电源开关综合保护良好，符合运行条件。

14）检查并确认电动机电源开关三相熔断器良好。

15）将电动机电源开关由试验位置摇至工作位置。

16）检查并确认电动机电源开关智能操控装置显示开关位置正常。

17）将电动机电源开关远方/就地切换开关切至远方位置。

（8）一拖二变频器的电动机以工频方式送电的操作。

1）检查并确认电动机电机及所属设备各部良好。

2）检查并确认电动机电源开关在试验位置、断开状态。

3）拉开电动机电源开关下口接地刀闸。

4）拉开电动机变频器进口/出口刀闸。

5）合上电动机变频器旁路刀闸。

6）在电动机变频器旁路刀闸下口电缆头处验明无电压，测量电机及电缆绝缘电阻。

7）将电动机变频器控制柜上远方/就地切换开关切至远方位置。

8）合上电动机电源开关控制电源小开关。

9）用电动机电源开关机械锁钥匙解除开关本体位置闭锁。

10）装上电动机电源开关二次插头。

11）合上电动机电源开关柜加热、照明电源小开关。

12）检查并确认电动机电源开关综合保护良好，符合运行条件。

13）将电动机电源开关由试验位置摇至工作位置。

14）检查电动机电源开关智能操控装置显示开关位置正常。

15）将电动机电源开关远方/就地切换开关切至远方位置。

（9）一拖二变频器的电动机以工频改为变频的操作。

1）检查电动机确已停运。

2）检查电动机电源开关确已断开。

3）将电动机电源开关远方/就地切换开关切至就地位置。

4）将电动机电源开关由工作位置摇至试验位置。

5）检查共用变频器的另一电动机变频进出口电源刀闸均已断开。

6）将电动机变频柜电磁锁操作把手拉下，旋转至操作位。

7）拉开电动机变频器旁路刀闸。

8）合上电动机变频器出口电源刀闸。

9）合上电动机变频器进口电源刀闸。

10）将电动机变频柜电磁锁操作把手拉下，旋转至工作位。

11）检查并确认电动机变频控制柜内变频指示灯亮，工频指示灯灭。

12）检查并确认电动机电源开关二次插头装上良好，各交/直流控制电源小开关合上良好。

13）检查并确认电动机电源开关综合保护良好，符合运行条件。

14）检查并确认电动机电源开关三相熔断器良好。

15）将电动机电源开关由试验位置摇至工作位置。

16）检查并确认电动机电源开关智能操控装置显示开关位置正常。

17）将电动机电源开关远方/就地切换开关切至远方位置。

（10）一拖二变频器的电动机由变频改为工频的操作。

1）检查并确认电动机已停运。

2）检查并确认电动机电源开关确已断开。

3）将电动机电源开关远方/就地切换开关切至就地位置。

4）将电动机电源开关由工作位置摇至试验位置。

5）用电动机电源开关机械锁钥匙闭锁开关本体位置。

6）断开电动机电源开关交/直流控制电源小开关。

7）将电动机变频柜电磁锁操作把手拉下，旋转至操作位。

8）拉开电动机变频器进出口电源刀闸。

9）在电动机变频器出口电源刀闸下口电缆头处下侧验明无电压后，测量电动机及电缆绝缘良好。

10）合上电动机变频器旁路电源刀闸。

11）将电动机变频柜电磁锁操作把手拉下，旋转至工作位。

12）检查并确认电动机变频控制柜内工频指示灯亮，变频指示灯灭。

13）用电动机电源开关机械锁钥匙解除开关本体位置闭锁。

14）检查并确认电动机电源开关二次插头装上良好。

15）合上电动机电源开关交/直流控制电源小开关。

16）合上电动机电源开关，综保装置良好。

17）检查并确认电动机电源开关三相熔断器良好。

18）将电动机电源开关由试验位置摇至工作位置。

19）检查并确认电动机电源开关智能操控装置显示开关位置正常。

20）将电动机电源开关远方/就地切换开关切至远方位置。

2. 电动机启动前的检查

（1）检查并确认电气检修工作票的执行已经完成，检修交代可以投入运行，并做好技术文档交接工作，有关临时接地线已拆除，一、二次回路良好，保护投入正确。

（2）电动机及所属机械设备完整，转动部及其附近应无杂物，也无人工作。

（3）电动机及电缆外壳接地线应完整牢固；电动机电缆头保护罩、风叶及风叶罩完整牢固；电机外壳及地脚螺丝无松动。

（4）轴承油位、油质正常。如轴承采用强力润滑，应投入油系统，将油压调至正常值，并确认油路畅通，不漏油。轴承如采用水冷却，则应投入冷却水。

（5）对直流电动机，检查整流子表面是否良好，碳刷接触是否紧密。

（6）在电机检修后送电前，如有可能，设法转动转子，以证实转子与定子不相互摩擦，它所带动的机械也没有被卡住。

（7）带空冷器的电动机，在启动前应投用空冷器，并确认水压和流量正常，无漏水、漏风。

（8）检查是否有反转现象，如有应设法停止反转。禁止电动机在反转情况下启动。

（9）检查电动机各部测温元件显示（环境温度）应正确。

（10）电动机应测量绝缘电阻合格。

3. 电动机测量绝缘电阻的规定

（1）以下情况必须测量电动机绝缘合格。

1）新安装或检修后的电动机第一次送电前。

2）发现电动机有进水、受潮现象时。

3）电动机电气量保护动作跳闸后。

4）停电时间达到七天以上的电动机，在送电前必须测量绝缘电阻。若电动机的工作环境较差且停电时间达到五天，在送电前必须测量绝缘电阻。

5）处于备用状态下的电动机，必须定期测量绝缘电阻。

（2）带有变频器的电动机测量绝缘必须将变频器隔离后（联系检修人员隔离）才能测量电缆、电动机绝缘。

（3）6kV 高压电动机的绝缘电阻应用 2500V 摇表测量，电阻值不小于 6MΩ，2000kW 及以上的电动机的吸收比（*R*60"/*R*15"）不小于 1.3。当在相同环境及温度下测量的绝缘值比上次测量值低 1/3 时，应检查原因，并测量吸收比应大于规定值。

（4）380V 及以下的电动机绝缘电阻应用 500V 摇表测量，绝缘电阻值不小于 0.5MΩ。

（5）绝缘不合格的电动机不能投入运行。

（6）在测量电动机绝缘电阻后，应将绝缘数值登记在“电气绝缘记录薄”内。

4. 电动机的启动规定

（1）电动机一般采用远方启动。在启动时，就地应留有人员，确认满足启动条件后，方可联系操作员远方启动电动机。在启动结束后，应根据具体情况对电动机进行检查。

（2）在电动机启动时，应监视启动电流、电流返回时间及稳定后的电流是否正常。

（3）在启动大容量电动机前应调整好母线电压，控制 6kV 母线电压不低于 6.3kV，380V 母线电压不低于 400V，220V 直流母线电压不低于 230V。

（4）电动机应逐台启动，不允许在同一条母线上同时启动两台及以上的电动机。

（5）在启动过程中出现以下情况，必须立即拉开电动机电源开关，并联系检修查明原因：

1）启动时间超限，且电流未返回到正常。

2）电动机在启动后，不转动而发出嗡翁响，或者达不到正常的转速。

3）电动机在启动时出现开关拒合或在启动后立即跳闸。

4）电动机在启动后，电动机内冒烟或有火星。

（6）电动机的允许启动次数应按制造厂规定的次数和条件执行。如无制造厂规定，对于鼠笼式电动机，在正常情况下，允许在冷态下连续启动 2 次，每次间隔时间不得少于 5min；允许在热态下启动 1 次。只有在处理事故以及启动时间不超过 2～3s 时，电动机可以多启动 1 次。

（7）当新安装、大修或长期停运后，在不连接机械负载的情况下，可点动电动机检查电动机转向。电动机一次点动相当于一次启动，点动时间一般可通电 1s 左右。

5. 电动机运行的监视和检查

（1）电动机在正常运行期间，应做好电流、各部件温升、温度等参数的监视。发现参数异常超限，应及时汇报给值长，要求降低出力，在采取措施无效后应停运检查。

（2）就地做好如下检查。

1）定期测量电动机轴承的温度、振动、轴向窜动，确认在规定范围内。

2）检查电动机外壳、轴承温度应不超过规定值。

3）检查轴承的润滑油位，对强力润滑的轴承，检查其油系统和冷却水系统运行应正常。

4）检查电动机的电缆接头无过热及放电现象。电动机外壳接地良好，接地线牢固；遮拦及防护罩完整，地脚螺丝无松动。

5）装有加热器运行的电动机，检查加热器应在退出状态。

（3）直流电动机应注意检查的项目。

1）碳刷是否有冒火、晃动或卡涩现象。

2）碳刷软铜辫是否完整，是否有碰外壳、过热现象。

3）碳刷是否已过短。

4）碳刷是否有因滑环、整流子磨损不均匀，整流子中间云母片有无凸出，碳刷固定件有无松动，机组振动等是否引起不正常振动现象。

三、直流系统的操作

1. 直流系统投入前检查

（1）检查并确认直流系统所有工作已结束，安全措施已全部拆除，检修后的设备应有检修人员设备可以投运的书面交代。

（2）检查并确认监控器、微机绝缘监测仪、蓄电池巡检仪已由检修人员正确设置，具备投运条件。

（3）用 500V 摇表测量直流母线及各支路绝缘电阻不小于 0.5MΩ；用 500V 摇表测量充电装置交流进线电缆绝缘电阻不小于 0.5MΩ。

（4）检查并确认各开关进出接线完好，开关机构灵活，无卡涩现象，全部开关在断开位置。

（5）各仪表、控制、信号及保护的二次回路正确，接线良好，无松动现象。

（6）检查并确认蓄电池无破损、无漏液、无短路现象。

（7）检查并确认充电装置交流输入电源正常。

（8）检查并确认充电装置内各元件完好、无异味、杂物，外壳接地牢固。

（9）检查并确认充电装置及蓄电池组出口熔断器及其他各熔断器装上良好，熔丝无熔断。

2. 直流母线送电的操作

（1）检查并确认直流母线及所属设备处于冷备用状态，符合运行条件。

（2）测量直流母线绝缘电阻合格。

（3）合上母线电压表、电压变送器、监控器、微机绝缘监测仪、蓄电池巡检仪电源、防雷进线、加热、照明开关。

（4）合上直流母线蓄电池组输出开关。

（5）将母线进线及联络开关合至该段母线位置，检查并确认母线电压正常，监控器、微机绝缘监测仪工作正常。

（6）合上 400V MCC 段上充电装置电源开关。

（7）合上直流母线充电装置交流电源输入总开关。

（8）合上直流母线充电装置各充电模块交流进线开关，检查并确认充电装置直流电压正常。

（9）合上直流母线充电装置直流输出开关，检查并确认直流母线电压正常。

（10）分别测量各支路负荷绝缘合格。

（11）合上相关负荷开关。

3. 直流母线停电的操作

（1）对于两路电源供电的负荷先将负荷切至另一路电源供电。

（2）拉开所有负荷开关。

（3）拉开直流母线充电装置直流输出开关，检查并确认充电装置电流指示为“0”。

（4）拉开直流母线充电装置各充电模块交流进线开关及交流电源输入总开关，检查并确认充电装置电压无指示。

（5）拉开400V MCC段上充电装置电源开关。

（6）将母线进线及联络开关切至断开位置，检查并确认直流母线电压无指示。

（7）拉开直流母线蓄电池组输出开关。

（8）拉开监控器、微机绝缘监测仪、蓄电池巡检仪电源开关；根据检修需要断开电压表、电压变送器开关及蓄电池组出口熔断器。

4. 直流母线由工作充电装置切换至公用充电装置供电的操作

（1）检查并确认直流母线公用充电装置输出状态已由检修人员调整好，具备运行条件。

（2）合上400V MCC段上公用充电装置电源开关。

（3）合上直流母线公用充电装置交流电源输入总开关。

（4）合上直流母线公用充电装置各充电模块交流进线开关，检查并确认公用充电装置直流电压正常。

（5）检查并确认公用充电装置出口电压与待并直流母线压差合格，将公用充电装置出口开关合至待并直流母线侧，检查并确认公用充电装置输出电流正常。

（6）拉开直流母线工作充电装置直流输出开关，检查并确认直流母线电压正常。

（7）拉开直流母线工作充电装置各充电模块交流进线开关及交流电源输入总开关，检查并确认工作充电装置电压无指示。

（8）拉开400VMCC段上工作充电装置电源开关。

5. 直流母线由公用充电装置切换至工作充电装置供电的操作

（1）检查并确认直流母线工作充电装置输出状态已由检修人员调整好，具备运行条件。

（2）合上400V MCC段上工作充电装置电源开关。

（3）合上直流母线工作充电装置交流电源输入总开关。

（4）合上直流母线工作充电装置各充电模块交流进线开关，检查并确认充电装置直流电压正常。

（5）检查并确认直流母线工作充电装置直流输出开关两侧压差合格，合上直流输出开关，检查并确认直流母线工作充电装置输出电流正常。

（6）将直流母线公用充电装置直流输出开关切至断开位置，检查直流母线电压正常。

（7）拉开直流母线公用充电装置各充电模块交流进线开关及交流电源输入总开关，检查直流母线公用充电装置电压无指示。

（8）拉开400V MCC段上公用充电装置电源开关。

6. 蓄电池组停电的操作（本段直流母线切至另一段直流母线充电装置和蓄电池组运行）

（1）检查并确认两段直流母线正常，两段压差合格。

（2）将待停蓄电池组所属直流母线进线及联络开关切至另一段母线位置。

（3）拉开待停蓄电池组输出开关。

（4）拉开待停充电装置直流输出开关，检查并确认两段直流母线电压正常。

（5）根据需要停用该蓄电池组对应充电装置。

7. 蓄电池组送电的操作（直流母线由另一段蓄电池组切回本段蓄电池组供电）

（1）检查并确认两段直流母线正常。

（2）检查并确认待送电蓄电池组对应充电装置已送电，合上充电装置直流输出开关，检查并确认其输出电流正常。

（3）检查并确认待送电蓄电池组电压正常，合上其直流输出开关

（4）检查并确认待送电蓄电池组电压与直流母线压差合格

（5）将待停电蓄电池组所属直流母线进线及联络开关切至本段母线位置，检查直流母线电压正常，蓄电池浮充电流正常。

8. 双路电源供电的直流网络并列切换的操作

（1）检查并确认双路电源供电的直流网络分列运行正常。

（2）将直流母线进线及联络开关切至联络位置，使两段母线合环。

（3）合上直流馈线屏上待并直流网络开环点开关。

（4）拉开直流馈线屏上并列直流网络工作电源开关。

（5）将母线进线及联络开关切至浮充位置，使两段直流母线解环。

四、UPS 系统的运行

（一）UPS 系统运行方式

1. 正常运行方式

（1）正常时每套 UPS 装置由主电源供电，整流器、逆变器运行，静态开关工作回路自动接通而旁路自动断开，输出开关在合闸位置；主厂房 220V 直流电源送上，在备用状态；旁路柜带电运行，自动旁路开关在合闸位置，手动维修旁路开关在断开位置。

（2）正常时两套 UPS 同时投入运行。

2. 特殊运行方式

（1）UPS 系统由自动旁路供电：当逆变器发生异常，如短路、机内温度过高，或输出负载过载，超过系统逆变器所能负荷的范围时，微处理器会自动将系统由逆变器模式切至旁路模式，以防止系统损坏，此时输入由第二电源经旁路回路，静态开关旁路自动接通，工作回路自动断开，此时为旁路电源供应。

（2）UPS 系统由主厂房 220V 直流电源供电：当系统交流电源全部失去时，系统由电池经逆变压器模组、静态开关模组至输出负载，此时为电池电源供应，使得交流输出不会中断。

（3）UPS 系统由手动旁路供电：当系统需进行维护，而负载供电又不可中断时，可开启手动维修旁路开关，以便对 UPS 系统进行维护及清洁保养。整流器、逆变器均停用，主电源、主厂房 220V 直流电源均断开，输出开关在断开位置；旁路柜带电运行，自动旁路开关在断开位置，手动维修旁路开关在合闸位置。

3. UPS运行注意事项

（1）在电池放电状态下，严禁关闭直流输入开关，避免造成危险。

（2）当逆变器出现因过流、负载冲击过大或性能故障等不能满足负载所需的情况时，静态开关就会将输出转为旁路供电模式。

（3）当任一UPS因检修原因需要停用时，必须首先确认UPS已经切为手动维修旁路运行且正常后方可停运。

（4）当使用电池供电时，其供电时间因受电池数量与负载量大小影响而有所不同，如果交流电中断，尽快做资料的存储与正常的关机程序。

（二）UPS系统运行监视、检查与维护

1. UPS投运前的检查

（1）检查并确认UPS主路电源开关和旁路电源开关及主厂房220V直流馈线屏上的直流电源开关均已断开。

（2）检查并确认UPS工作进线主输入开关、自动旁路输入开关、主输出开关、直流进线开关均在断开位置，手动维修旁路开关在断开位置。

（3）检查并确认所有接线都牢固、可靠。

（4）检查并确认所有机柜接地牢固。

（5）检查并确认所有负荷开关均已断开。

（6）检查并确认柜内各设备干燥、清洁，无杂物。

2. UPS的运行监视和维护

（1）UPS的运行监视参数（如表5-14所示）。

表5-14 UPS的运行监视参数

参数	数值
UPS输出电压（AC）	220V±1%
交流输入电压	380/220V±25/20%
直流输入电压	220/110V±10%
UPS输出频率	50Hz±0.2%
运行环境温度	5℃～40℃

（2）检查并确认整流器、逆变器柜风扇运行正常，通风良好。

（3）检查并确认室内空调运行正常，门窗关闭，环境温度满足要求。

（4）检查并确认控制面板上各指示信号正常，无异常报警，运行参数在正常范围内。

（5）检查并确认各开关无过热现象，熔断器无熔断现象。

（6）检查并确认各表计指示正常。

（7）检查并确认UPS装置各设备无异音，无特殊气味，无油污结垢，外壳接地良好。

（8）检查并确认UPS装置各开关、闸刀位置正确。

（三）UPS系统的操作

1. UPS系统投运的操作

（1）确认UPS系统具备投运条件，检查并确认UPS主机柜、馈线柜、旁路柜各开关均在断开 OFF 位置。

（2）合上电池辅助开关。

（3）合上自动旁路开关。

（4）合上整流器输入开关。

（5）等待 5～10s，断开，接着立即合上电池开关及电池箱侧保险丝座开关。

（6）合上输出开关，接着按控制面板上 ON 键，控制面板会跳出确认画面，此时按 ENTER 键确认，逆变器启动，此时系统会进行电池侦测约 30s，之后 UPS 系统由 BYPASS（旁路）转换到 INVERTER（逆变器）。

（7）确认 UPS 输出正常，根据需要合上馈线柜各负荷开关。

2. UPS 系统停运的操作

（1）停用 UPS 所接的所有负载，拉开馈线柜各负荷开关。

（2）UPS 主机关机。

1）检查并确认 UPS 所接的所有负载已停用。

2）在控制面板上按 OFF 键会跳出确认画面，此时按 ENTER 键确认，然后面板 LED INVERTER 灯熄灭，转由 BYPASS 灯亮，即 UPS 已由 BYPASS 供电。

3）将 UPS 上的输出开关、直流输入开关、输入开关、自动旁路开关依次关闭，待所有 LED 灯皆熄灭即可。

3. 进入维修旁路模式的操作

（1）在按控制面板上 OFF 键后，跳出确认画面，此时请按 ENTER 键确认，然后面板 LED INVERTER 灯熄灭，转由 BYPASS 灯亮。

（2）移除限操压板，合上手动维修开关。

（3）拉开输出开关。

（4）拉开直流输入开关。

（5）拉开整流器输入开关。

（6）拉开自动旁路开关。

（7）在当前面板上的所有指示灯都熄灭后，方可对 UPS 内部进行维修。

4. 退出维修旁路模式并重新开机的操作

（1）确认输出开关在 OFF 状态。

（2）合上电池辅助开关。

（3）合上自动旁路开关。

（4）合上整流器输入开关。

（5）合上输出开关。

（6）拉开手动维修开关。

（7）此时 BYPASS LED 灯亮起，经过 5～10s 后，合上直流输入开关，拉开电汉辅助开关。

（8）按控制面板 ON 键，跳出确认画面，此时请按 ENTER 键确认，约 1min 后 INVERTER LED 灯亮。

5. 使用紧急关机开关后的开机操作

EPO（Emergency Power Off）为紧急时电源关闭装置，UPS 设此开关是为了在机器遇到一些特殊状况时，如当系统无法控制时或遇到外来灾害时，可按下本开关，按下本开关后联动如下：

（1）INVERTER 立即停止动作。

（2）S.T.S 静态开关立即停止动作，系统无输出。

（3）RCM 整流充电系统立即停止作用。

除了以上三种条件，控制面板会保持作用状态，并将 EPO 被动作时间及复原时间记录，同时 UPS 对外通信将保持畅通，并不影响。当复原 EPO 时，在按控制面板 OFF 键后，跳出确认画面，按 ENTER 键确认，系统转由旁路提供输出，再将控制面板 ON 键按下，跳出确认画面，此时按 ENTER 键确认，系统逆变器启动，约 1min 后，系统由旁路转换到整流器方式，输出由整流器供电。

五、发电机氢气系统的运行

（一）氢气系统操作的一般规定

（1）发电机充氢必须经过整体严密性试验合格后才能进行。

（2）在发电机充入气体前，密封油系统投入运行，油氢压差维持在 0.036MPa～0.076MPa。

（3）气体置换应在机组转子静止或盘车时进行；若遇紧急情况，可在机组惰走时进行气体置换，不允许发电机充入二氧化碳气体在额定转速运行。

（4）在置换过程中，必须维持机内压力在 0.02MPa～0.03MPa 范围内。

（5）当发电机充满氢气时，应在供压缩空气的管路上形成明显的断开点。

（6）当发电机内充满空气时，应在供氢管道上形成明显的断开点。

（7）当充排机内各种气体及排污、补氢操作时，压力变动速度不得超过 0.1MPa/h（不适用于事故排氢）

（8）氢气系统进行操作应使用铜制的工具，当必须使用钢制工具时，应涂上黄油。

（9）在对外排氢时，一定要首先检查并确认氢气排出地点 20m 以内有无明火和可燃物，严禁向室内排氢。

（10）氢气干燥器应随发电机同时进行气体置换。

（11）当发电机严密性试验不合格时，不可置换至氢气运行。

（12）氢气置换各阶段的合格标准。

由空气置换为氢气状态：

1）二氧化碳排空气，在出口处化验二氧化碳含量高于 90%。

2）氢气排二氧化碳，在出口处化验氢气含量高于 96%，氧含量低于 2%。

由氢气置换为空气状态：

1）二氧化碳排氢气，在出口处化验二氧化碳含量高于 95%。

2）空气排二氧化碳，在出口处化验空气含量应近于 100%。

（二）发电机气体置换的注意事项

（1）在置换气体过程中，严禁空气与氢气直接接触。

（2）在气体置换前，退出氢气湿度仪、氢气纯度分析仪、漏氢在线监测装置、发电机绝缘过热监测仪。

（3）置换结束，系统内氧或氢的含量必须连续三次化验合格。

（4）在置换过程中应注意防止二氧化碳与人体接触，否则会造成严重的冻伤。

（5）密封油系统中的扩大槽在气体置换过程中应定时手动排气。

（6）开关阀门一定要缓慢进行，防止氢气与阀门、管道剧烈摩擦而产生火花。

（7）在置换过程中，发电机本体排污门定期排气。

（8）当取样时，必须同时从充排氢管路和不易流动的死区取样。

（三）氢气系统投运前的检查

（1）按照辅机通则对氢气系统进行详细检查，系统已经具备投运条件。

（2）氢气系统挡板和阀门状态已按“氢气系统投运阀门检查卡”确认无误。

（3）确认主机润滑油系统、发电机密封油系统已投入正常运行。

（4）检查二氧化碳数量应足够，供氢母管压力应正常。

（四）氢气系统的投运

（1）确认纯度分析仪取样已切至高区，气体分析仪投用正常。

（2）用二氧化碳置换空气操作步骤。

1）打开发电机排气手动总门和发电机上部排气手动门。

2）关闭发电机下部排气手动门。

3）打开发电机充二氧化碳手动门。

4）投入二氧化碳闪蒸器前后自动调压门。

5）打开二氧化碳汇流排出口手动门、二氧化碳汇流排出口手动总门。

6）打开二氧化碳瓶出口门。为保证进入二氧化碳闪蒸器内的是液态二氧化碳，可将若干个气瓶并联工作。

7）投运二氧化碳闪蒸器，保证进入发电机的二氧化碳为气态，且闪蒸器工作的环境温度不得低于5℃。

8）检查并确认二氧化碳闪蒸器前自动调压门压力设定为1.6MPa，二氧化碳闪蒸器后自动调压门的压力设定为0.1MPa，并动作正常，发电机内压力为0.005MPa～0.01MPa。

9）当二氧化碳瓶口压力下降至1MPa以下时应换瓶。

10）在约充入50瓶二氧化碳后，机内二氧化碳纯度可达90%，联系化学取样化验。

11）在合格后，逐一开启绝缘过热监测装置进出口放气门、各漏液检测装置放水门、漏液检测装置管道放气门、氢气干燥装置进出口放气门等死角进行排气，5min后关闭。

12）对补氢减压门后的氢气管道进行气体置换，时间约为2min。

13）关闭二氧化碳瓶出口门，停止充气和停运二氧化碳闪蒸器。

14）关闭发电机充二氧化碳手动门、发电机上部排气手动门和发电机排气手动总门。

（3）用氢气置换二氧化碳操作步骤。

1）将纯度分析仪取样已切至低区。

2）拆除可移动连接管与压缩空气管连接法兰，转接至氢气管。

3）打开发电机排气总门，开启发电机下部排气手动门。

4）打开氢气母管到发电机氢压控制站手动门及补氢压力调节门前手动门，查补氢压力调节门前氢气压力为0.7MPa～1MPa。

5）开启一路发电机补氢压力调节门后手动门，检查并确认压力调节门旁路门关闭，开启发电机补氢手动门。

6）开启补氢流量计前后手动门，关闭补氢流量计旁路门。

7）开启一路发电机补氢压力调节门，将氢气充入机内。

8）发电机内氢气纯度约达96%，联系化学运行人员取样化验。

9）逐一开启绝缘过热监测装置进出口放气门、各漏液检测装置放水门、管道放气门、氢气干燥装置进出口放气门，进行死角排气5min，当化学检测氢气纯度达96%后死角排气结束，关闭相应阀门。

10）关闭发电机下部排气手动门，关闭发电机排气总门。

11）调节补氢压力调节门，逐渐将发电机内氢压提升到0.47MPa～0.48MPa，同时注意密封油压力自动调节应正常，油氢压差正常。

12）当发电机带上负荷后，检查并确认发电机内氢压升到额定压力，根据情况投入发电机补氢自动。

（4）投运氢气干燥装置。

（5）对氢冷器水侧进行充水排气，根据氢温及时投入氢冷器温度自动调节。

（6）发电机绝缘过热监测仪操作。

1）在发电机准备启动前，关闭氢气进气管入口门和放油门、回气管出口门和放油门、绝缘过热装置两侧进出口门。

2）当发电机启动完毕，运行正常后，投入发电机绝缘过热监测仪。

3）排放油污：交替打开氢气进气管进口门和放油门，逐步排放进气管中的油污，直至排净为止，然后关闭氢气进气管放油门；交替打开氢气回气管出口门和放油门排污，排净后关闭氢气回气管放油门。在排放过程中，不得过快，防止氢气大量外排，引起事故。

4）装置通氢运行，按顺序缓慢打开绝缘过热装置进出气门，不得过快。

5）机箱内短路开关在短路位置，合上电源开关装置通电，检查并确认电流表指示正确。

（五）氢气系统的运行维护

（1）检查并确认发电机内氢压、纯度、温度正常，发电机纯度分析仪运行及显示正常。

（2）检查并确认氢冷器进出口氢温正常。

（3）检查并确认供氢压力及氢压调节正常。

（4）定期检查各漏液检测装置应无积水（或油），若有水（或油）应分析原因并设法消除，必要时应增加排放次数并汇报。

（5）监视漏氢情况，若系统漏氢量增加，应分析原因并汇报给值长，同时联系有关部门查漏。

（6）氢气系统运行参数限额如表5-15所示。

表5-15 氢气系统运行参数限额

运行监视项目	单位	正常监视	高报警	低报警	备注
供氢母管压力	MPa	1	1.4	0.6	
供氢温度	℃	<0			
发电机内氢气压力	MPa	0.5	0.52	0.49	
机内氢气露点温度	℃	−25～−5			
发电机内氢气纯度		≥97%		95%	
补充氢气流量	m^3/h	<1	1		
冷氢与定冷水温差	K	5		3和1	水温大于氢温

续表

运行监视项目	单位	正常监视	高报警	低报警	备注
发电机漏氢量	Nm^3/d		10		高高 33，高高高 100
热氢温度	℃	<84	88		最大允许运行温度 90
氢冷器出口氢温	℃	≤43	48		53 跳闸
环境含氢量		<2%			

（六）氢气系统的停运

（1）停止氢气干燥器运行。

（2）检查二氧化碳数量应足够。

（3）关闭供氢手动门、氢压调节门前手动门、氢压调节门旁路门。

（4）用二氧化碳置换氢气操作步骤。

1）将热导式气体分析仪取样切至高区。

2）打开发电机排气手动总门，缓慢开启发电机上部排气手动门，将发电机内氢压降至0.02MPa，检查油氢压差应正常，及时调整密封油系统运行，防止发电机进油。

3）打开发电机充二氧化碳手动门。

4）投入二氧化碳闪蒸器前后自动调压门。

5）打开二氧化碳汇流排出口手动门、二氧化碳瓶出口门、二氧化碳汇流排出口隔离门。

6）投运二氧化碳闪蒸器，保证进入发电机的二氧化碳为气态，且闪蒸器工作的环境温度不得低于 5℃。

7）检查并确认二氧化碳闪蒸器前自动调压门压力设定为 1.6MPa，二氧化碳闪蒸器后自动调压门的压力设定为 0.1MPa，并动作正常。

8）当二氧化碳瓶口压力下降至 1MPa 以下时应换瓶。

9）当约充入 60 瓶二氧化碳且机内二氧化碳纯度显示达 95%后，联系化学运行人员取样化验。

10）在合格后逐一开启绝缘过热监测装置进出口放气门、各漏液检测装置放水（油）门、漏液检测装置管道放气门、氢气干燥装置进出口放气门，进行死角排气。

11）关闭二氧化碳瓶出口门。

12）退出二氧化碳闪蒸器前后自动调压门的自动调节并停用二氧化碳闪蒸器。

13）关闭二氧化碳汇流排出口手动总门、发电机充二氧化碳手动门、发电机排氢手动门和发电机排气总门。

（5）用空气置换二氧化碳操作步骤。

1）关闭氢气母管供氢总门、发电机补氢调节门前后隔离门及旁路门。

2）开启压缩空气管路排污门，在放净积水后，通知检修人员接入压缩空气管。

3）拆除可移动连接管与氢管道连接法兰，转接至临时压缩空气管，开启压缩空气供发电机供气门。

4）关闭发电机排氢手动门，开启补氢手动门，开启发电机排气总门。

5）缓慢开启二氧化碳排气手动门降低机内气压，并注意密封油压自动调节正常。

6）将热导式气体分析仪取样切至低区，开启补氢手动门向机内充空气。

7）当发电机内空气含量约达100%时，联系化学运行人员取样化验校核。

8）开启各漏液检测装置放水门、漏液检测装置管道放气门、绝缘过热监测装置进出口放气门、氢气干燥装置进出口放气门进行死角排气，正常后关闭。

9）关闭发电机补氢手动门、压缩空气供发电机供气门、发电机排二氧化碳手动门和发电机排气管道手动总门，并通知检修人员拆除压缩空气临时管。

（6）停用热导式气体分析仪。

（7）当发电机泄压后，开启系统所有排气门。

六、柴油发电机系统的运行

（一）柴油发电机组的启动和停止

1. *启动前检查*

（1）检查并确认柴油发电机组及所属设备所有工作票的执行已经完成，安全措施已拆除。

（2）检查并确认仪表盘内外清洁，无遗留物。

（3）检查并确认电气一、二次回路正常。

（4）检查并确认柴油发电机组保护投入正常，控制盘上无报警。

（5）检查并确认相关开关位置符合启动要求。

（6）检查并确认柴油发电机及所属设备符合运行要求。

（7）检查并确认启动用蓄电池在正常自动充电状态，电池电压和充电电流正常。

（8）检查并确认柴油机旁无人工作及无其他障碍物。

（9）检查并确认柴油发电机润滑油油位正常。

（10）检查并确认柴油发电机冷却水液位正常。

（11）检查并确认柴油发电机预热正常。

（12）检查并确认机组无漏油、漏水现象，机内清洁，无遗留杂物，排气系统密封良好，排气口无杂物。

（13）检查并确认柴油机组各阀门位置正确。

（14）检查并确认DCS画面上相关测点显示正常。

（15）检查并确认就地控制柜和柴油机PLC各热工显示灯正常。

2. *柴油发电机组启动*

（1）柴油发电机组的启动分为自动和手动两种方式。柴油发电机组的手动启动分为远方紧急启动、就地空载试验启动、就地带载试验启动三种。

（2）柴油发电机组启动原则。

1）检查并确认柴油发电机组及所属设备符合运行条件，各部位良好。

2）检查并确认柴油发电机组就地PLC柜上各控制键控制方式开关在规定位置。

3）通过就地柴油发动机启动按钮或集控室手操台柴油机启动按钮启动柴油机。

4）检查并确认柴油发电机组启动至全速运行，各仪表指示正确，信号灯指示正常，无异常报警。

5）检查并确认柴油发电机开关自动合闸。

6）检查并确认柴油发电机输出电压、电流、频率正常。

7）根据需要将保安段负荷倒至柴油发动机供电。

3. 柴油发电机组停止

（1）在正常情况下，柴油发电机的停用必须在400V保安MCC段母线的工作或备用电源恢复后进行。

（2)柴油发电机组的停用分为DCS恢复保安MCC段工作或备用电源后停机(自动停机)、就地控制盘停机、保护动作停机。

（3）柴油发电机组停用原则。

1）由集控室发出柴油机停止指令或在就地控制盘上按下“停止”按钮程序停止柴油机组。

2）柴油发电机组所带400V保安MCC段母线自动倒至工作或备用电源供电。

3）400V柴油发电机出口母线10（20）段至400V保安MCC段馈线开关自动分闸。

4）柴油发电机组出口开关自动分闸。

5）检查并确认柴油机在空载运行3min后停运。

（二）运行监视、检查与维护

（1）柴油发电机可在额定工况下连续运行，在运行中应监视、检查并确认下列各运行参数不超过规定值，如表5-16所示。

表5-16　柴油发电机运行参数限额

项目	参数
电压	400V±0.4%
电流	3250A
频率/功率因数	50Hz/0.8
燃油箱油位	正常
蓄电池充电电压	21.6～28.8DC
蓄电池容量	50Ah

（2）柴油发电机组在运行中应连续监视，且每30min抄录表计和检查一次。

（3）运行中的柴油发电机组应无异常振动现象，机内无金属摩擦等异常音响，柴油发电机的排烟无异常颜色。

（4）在柴油机运行中不得触及机组的排气管附近，以免烫伤。

（5）检查并确认机组无漏油、漏水、漏气现象。

（6）检查柴油发电机组控制回路及保护装置有无异常报警，接线有无松动、发热及冒烟。

（7）检查柴油发电机开关接触是否良好，有无过热现象。

（三）柴油发电机组的定期试验

（1）柴油发电机组应每月进行一次空载试验，每季度进行一次带负荷试验。

（2）柴油发电机组空载启动试验。

1）检查并确认柴油发电机组具备启动条件。

2）将功能选择开关切至空载试验位置。

3）按“启动”按钮，机组启动，在发电机频率、电压达到额定值后空载运行。

4）待柴油发电机组正常运行约5min后，按“停机”按钮，柴油发电机组程序停机。

5）在停机后将功能选择开关切至自动位置。

（3）柴油发电机组就地手动带负荷启动试验（以机用保安 MCC11 段为例）。

1）检查并确认柴油发电机组具备启动条件。

2）将柴油发电机 PLC 控制柜上功能选择开关切至带载试验位置。

3）将柴油发电机 PLC 控制柜上带载试验母线选择开关切至机保 1 位置。

4）按“启动”按钮，机组启动，发电机频率、电压达到额定值。

5）检查并确认柴油发电机开关、400V 机用保安 MCC11 段母线保安电源馈线 411 开关自动同期合闸。

6）检查柴油发电机输出电压、电流、频率及带载运行应正常。

7）在柴油发电机组带载运行 3min 后 400V 机用保安 MCC11 段母线保安电源馈线柴保机开关及柴油发电机开关自动分闸。

8）柴油发电机开关自动停运。

9）将柴油发电机 PLC 控制柜上功能选择开关切至自动位置。

（四）注意事项

（1）柴油发电机在未做好启动准备工作以前不准启动，也不准投入自动启动方式。

（2）柴油发电机组正常运行时柴油发电机运行方式为自动状态，启动方式为远方位置。

（3）当冷却液液面低于散热器顶部时，即需添加冷却液。

（4）在柴油发电机组处于热备用状态或启动后，蓄电池充电开关、燃油泵开关均应合上，电加热开关处于自动状态，柴油发电机组的程控（PLC）电源不得断开。

（5）柴油机房的环境温度应不高于 40℃。在环境温度为 40℃时机组连续运行平均温升不超过 80K。

（6）当储油箱油位低至仅能满足 2h 的柴油机满载运行时，液位开关动作报警，检查电动阀门应自动开启，对油箱进行补油，当储油箱油位达到 95%时，电动阀门自动关闭。

（7）当柴油发电机组润滑油油位接近最低刻度线时，应补充润滑油。

（8）当空气过滤器的警报指示器发出红色信号时，需要更换过滤元件。

（9）柴油发电机组带负荷试验一般情况下在机组停运后进行，试验前应做好保安段的事故预想。

第六章　机组事故处理

整台机组是由锅炉、汽轮机、发电机和相关辅机构成的一个不可分割的整体，其中任何一个环节的故障都将引起整个机组的故障或事故。因此，为了提高电厂的效益，必须努力提高机组运行的可靠性，尽可能减少事故。

机组发生事故的原因很多，有的是由于设备设计、制造、安装和检测等方面的质量存在问题，有的是由于运行人员的技术不熟练、疏忽大意，或事故发生时的判断错误导致操作错误等。这就需要运行人员根据事故前后运行的情况，进行全面分析，查明根源，及时处理。

第一节　机组事故处理原则

发生事故时，运行人员应沉着冷静，对机组工况进行全面分析，迅速找出故障点和事故根源，判断故障的性质和影响范围并进行正确、迅速的处理。

一、机组事故处理的总原则

机组事故处理的总原则是“保人身、保设备、保电网”，消除事故根源，限制事故发展，并解除事故对人身和设备的威胁；在保证人身和设备安全的情况下，尽可能保持机组运行，尽量保证用户的正常用电；保证厂用电源的正常供给，防止扩大事故。

二、机组事故处理的组织原则

（1）各级运行人员应及时根据操作员站上的报警、显示的参数和就地设备的运行情况判断出设备确已发生故障，并初步判明故障的原因、发展趋势和危害程度。

（2）迅速进行事故处理，首先消除对人身、电网和设备的威胁，以防止事故蔓延。

（3）必要时可立即解列、停用或隔离故障设备，并确保非事故设备的正常运行。

（4）无论发生何种故障均应该核对操作员站画面上必要的报警、参数和状态显示，若有必要应到现场确认，迅速采取相应的措施，以避免异常的扩大。

（5）在排除故障时，动作应迅速、正确；在处理故障时接到命令后应复诵一遍，如果没有听懂，应问清，命令执行完毕后，应迅速向发令者汇报。

（6）在机组发生故障和处理事故时，运行人员不得擅自离开工作岗位。如果故障发生在交接班时间，交班人员应延迟交班，而接班人员应积极协助交班人员一起消除故障。待机组工况稳定后，再进行交接班。交班人员应做好详细的事故处理记录，并同接班人员交底。

（7）当发生本规程以外的事故及故障时，值班人员应根据自己的经验做出正确判断，主动采取对策，迅速进行处理，并及时向上级有关部门汇报。

（8）在事故处理过程中，禁止无关人员围聚在集控室或停留在故障发生地。

（9）当事故处理完毕后，值长、主值班员和值班人员应将观察到的现象、事故发生的过程和时间、所采取的消除故障措施等进行正确、详细的记录，并及时向调度和各级领导汇报。

班后组织全值人员进行事故分析，并写出报告。

第二节 锅炉事故处理

火电厂事故有相当大一部分是由锅炉事故引起的。统计表明：锅炉方面的事故小时数约占火电厂非计划停运事故总小时数的一半。因此，为了提高电厂的效益，必须努力提高锅炉运行的可靠性，减少事故。

锅炉发生事故的原因很多，如设备设计、制造、安装和检测的质量不良，锅炉运行人员的技术不熟练、疏忽大意以及事故发生时的判断错误和操作错误等。锅炉运行人员的责任，首先是积极预防事故，极力避免锅炉事故的发生，确保锅炉安全稳定运行。

电站锅炉一般均配备有效完善的联锁、保护装置及计算机控制系统，对一般常见的典型事故能够自动进行处理，既增加了设备运行的安全性，又增加了保护动作的可靠性，这是电站锅炉在事故发生和处理中的一大显著特点。电站锅炉运行人员应具备在事故情况下（如锅炉联锁、保护装置拒动）能迅速人工参与进行处理的应变能力。此外，计算机或联锁、保护装置处理事故的过程极快，有时锅炉运行人员很难在极短的时间内找出故障的根源，这就需要锅炉运行人员借助事故前后运行工况的追忆记录，进行全面分析，查明原因。

一、锅炉事故的种类

锅炉事故，按造成事故的原因来分，一般可分为设备事故和人员责任事故两大类。

设备事故又包括锅炉设备本身故障使锅炉丧失运行能力和由于电网系统、厂用电系统、热工控制系统、压缩空气系统、发电机、汽轮机等设备故障或联锁、保护装置误动，造成锅炉局部或全部丧失运行能力两种。

人员责任事故按事故性质又可分为责任性事故和技术性事故两种。责任性事故是由于锅炉运行人员监视疏忽、错误操作或未经全面分析便草率作出错误判断和处理所造成的事故。技术性事故是由于锅炉运行人员对设备特性没掌握、操作规程不熟悉或操作技能不熟练而造成的事故。因此，对于责任性事故，应着重加强对锅炉运行人员的主人翁责任感教育，而对于技术性事故，则应从加强技术培训着手。

二、锅炉事故的处理原则

发生事故时，锅炉运行人员应沉着冷静，对机组工况进行全面分析后迅速找出故障点和事故根源，判断故障的性质和影响范围并进行正确和迅速的处理，故应遵循以下原则。

（1）尽快消除事故根源，迅速隔绝故障点以便解除对人身和设备的威胁，防止事故蔓延和扩大。

（2）在确保人身和设备不受损害的前提下，尽可能保持和恢复锅炉机组的正常运行，其中包括尽量发挥正常运行设备的最大出力和将部分设备的负荷进行必要的调整和转移，以满足系统负荷的需要。只有在锅炉确已全部丧失运行能力、运行条件或继续运行将对人身或设备的安全构成威胁时才停止锅炉的运行。

（3）发生事故后如有关联锁、保护装置未能按规定要求动作，锅炉运行人员应立即手操使其动作，以免造成设备损坏。

（4）当锅炉由于联锁或保护动作而骤降负荷或紧急停用时应迅速查明事故原因，并设法消除后方可恢复机组的正常运行。凡故障跳闸的设备，在未查明真相前，不可盲目将其恢复运行。

（5）设法保护厂用电源，防止事故扩大。

（6）发生事故后，应立即采取一切可行的办法，防止事故扩大，限制事故范围或消除事故根本原因，在保证人身和设备安全的前提下，保持或恢复机组正常运行。

（7）在事故及故障的处理过程中，达紧急停炉规定时，应立即紧急停炉；辅机达紧急停运规定时，立即停运该辅机。

三、锅炉常见故障及处理

（一）锅炉紧急停炉

1. 锅炉 MFT 保护动作的条件

（1）手动紧急停炉。

（2）送风机均跳闸。

（3）联合引风机均跳闸。

（4）一次风机均跳闸。

（5）FSSS 电源丧失。

（6）给水泵全部跳闸。

（7）省煤器出口给水流量小于设定值（三取二）。

（8）炉膛压力高越限（三取二）。

（9）炉膛压力低越限（三取二）。

（10）全炉膛燃料丧失。

（11）全炉膛火焰丧失。

（12）风量小于 25%。

（13）火检冷却风丧失。

（14）分离器水位高越限。

（15）汽机跳闸。

（16）空预器全部跳闸。

（17）主蒸汽压力高（三取二）。

（18）最高的分配集箱进口温度高。

（19）再热器保护丧失。

（20）首支油枪点火推迟。

（21）多次点火失败。

（22）FGD 跳闸。

2. 锅炉遇到下列情况之一时，应紧急停炉（手动 MFT）

（1）锅炉 MFT 保护应动未动时。

（2）锅炉灭火或锅炉火焰电视显示无火且炉膛负压大幅波动。

（3）锅炉主要承压部件（如水冷壁、过热器、再热器、主要的汽水管道）发生爆破或严重泄漏，导致锅炉无法正常运行或严重威胁人身设备安全。

（4）炉膛烟道内发生爆炸，使主要设备损坏或锅炉尾部烟道（包括空预器）发生再燃烧事故，排烟温度达到 205℃。

（5）锅炉安全门动作后不能及时回座，导致蒸汽压力、温度或各段工质温度超过锅炉运行允许范围。

（6）锅炉在 20MPa 以下，无法监视汽水分离器液位。

（7）锅炉范围内发生火灾，直接威胁锅炉的安全运行。

（8）锅炉运行中，空预器跳闸停转无法隔离或盘转不动。

（9）闭式水供应中断。

（10）机组主要汽水品质严重恶化，如给水 pH 值小于 7，或凝结水中的 Na^+含量大于 400μg/L。

（11）锅炉所有给水流量测点损坏，造成水冷壁出口蒸汽温度异常，或损坏测点在半小时内未能恢复。

3. 锅炉紧急停炉的主要操作

（1）同时按下两个 MFT 事故按钮，确认锅炉灭火，保护联锁动作正常。

（2）维持炉膛负压和必要的二次风量，炉膛吹扫 5～10min 后，根据实际情况停运送风机、联合引风机，锅炉闷炉。

（3）如果因锅炉四管泄漏而停炉，可开启锅炉各风烟挡板对锅炉进行自然通风冷却，必要时保持一台联合引风机运行。

（4）如果是因锅炉尾部再燃烧而停炉，锅炉灭火后严禁通风。

（5）其他操作同锅炉 MFT 后操作。

（二）锅炉故障停炉

机组发生故障或运行参数接近控制限额，还不会立即造成严重后果，应尽量采取措施予以挽回，无法挽回时应立即汇报调度和总工要求故障停机。

1. 锅炉遇到下列情况之一时，应申请故障停炉

（1）锅炉承压部件发生泄漏但尚能维持运行。

（2）锅炉管壁温度超限：过热器壁温度超过 631℃或再热器壁温度超过 623℃，经采用降低负荷等降温措施仍无法恢复正常，需紧急停炉。

（3）锅炉主要汽水品质不合格，经处理后仍不能恢复正常。

（4）锅炉严重结焦，虽经处理但仍不能恢复正常。

（5）所有空压机均故障，仪用气压力降至 0.45MPa 以下。

（6）锅炉环保装置如电除尘器、脱硫/脱硝装置等故障，短时间无法恢复运行。

（7）辅机故障无法再维持主机正常运行。

（8）操作员站画面部分数据显示异常，或部分设备状态失去，或部分设备手动控制功能无法实现，将危及机组安全运行。

（9）锅炉主要保护及仪表（如 MFT）功能失去，在规定时间内无法恢复。

2. 锅炉故障停炉的主要操作

（1）由值长向各级领导和上级调度值班员汇报机组故障情况，做好事故预想并申请停炉，获准后快速降负荷至 400MW 以下。

（2）通过最大负荷设定块将机组负荷减到 50MW 停机。

（3）确认高中压主蒸汽门、调节门和补汽门及各段抽汽逆止门均关闭，高排通风门开启，发电机逆功率动作与系统解列，机组转速下降。

（4）根据故障情况决定手动 MFT 的时间。

（5）如要求锅炉进行通风冷却，可以对锅炉进行自然通风冷却，如确要启动风机，需报总工或生产副厂长批准后才能实施。

（6）其余操作同机组正常停运后的操作。

（三）锅炉灭火

锅炉灭火是锅炉常见的燃烧事故，若处理不当，会造成锅炉设备的严重损坏及人身伤害，危害极大。

1. 锅炉灭火的现象

MFT 动作语音报警，MFT 首出条件的指示灯亮；火焰电视中看不到火焰。机组负荷到零，汽轮机跳闸，发电机解列；高低压旁路开启，锅炉再热器安全门可能动作并发出尖锐的排汽音；炉膛负压波动。相应辅机、辅助设备跳闸并发声光报警。

2. 锅炉灭火后的处理

（1）检查 MFT 是否动作，若不动作应立即手动 MFT。

（2）确认所有磨煤机、给煤机、一次风机、密封风机、所有油枪跳闸，燃油进油快关阀、回油快关阀全部关闭。

（3）确认汽机跳闸，高中压主蒸汽门、高中压调节门、高中压补汽门、高排逆止门、各抽汽逆止门、抽汽电动门关闭，高排通风门、汽机本体疏水门开启，汽机转速下降。

（4）确认发电机逆功率保护动作与系统解列。检查发变组主开关、励磁开关断开，厂用电快切动作正常。

（5）确认高低压旁路动作正常，防止锅炉超压。待锅炉压力正常后，及时关闭高低压旁路，并检查再热器安全门回座。

（6）确认一台汽泵跳闸、锅炉省煤器入口电动门关闭，过/再热器减温水调节门前后的隔离电动门关闭；投运的吹灰器保护退出；所有的辅助风小挡板开启；及时将主/再热蒸汽管道疏水门关闭，维持辅汽压力稳定。

（7）确认汽水分离器疏水箱液位控制以及锅炉各受热面疏水液位控制正常。

（8）确认电除尘、脱硝/脱硫系统退出运行。

（9）值长将相关情况向各级领导和上级值班调度员汇报，并通知各运行工程师、设备工程师等到现场分析故障原因。确认故障为保护误动或很快可消除，则做好机组启动的准备；如故障难以在短时间内消除，则按正常停炉处理。

（10）维持炉膛负压，调整风量至 30%～40% BMCR 对锅炉进行吹扫，吹扫 5～10min 后结束。如机组需停炉处理，在吹扫完成后，停运送风机、联合引风机进行闷炉。

（11）保持辅汽供应正常。尤其注意轴封汽温度的控制，确保轴封汽温度与转子金属温度相匹配。

（12）按照机组正常停运操作将汽轮机和发电机安全停运。拉开发变组出口闸刀。

（13）停止化学加药。

（14）加强跳闸磨煤机的检查，若机组需停炉检修，还应联系检修人员清理磨煤机及给煤机中的存煤，防止制粉系统着火、爆炸。

（15）退出空预器密封装置运行。

（16）查明原因并消除后，重新点火。

（四）机组RB

机组RB是指当机组重要辅机发生故障时，辅机出力不能满足机组当前出力要求，机组自动把负荷快速降至辅机最大出力以下的功能。

1. 机组RB的现象

操作员站上出现辅机跳闸报警；RB动作报警；机组负荷快速下降；锅炉主控自动跳出，机组协调撤出，转为TF方式运行。

2. 机组RB的原因

运行的磨煤机跳闸；两台运行汽泵中的一台跳闸；两台运行送风机中的一台跳闸；两台运行联合引风机中的一台跳闸；两台运行一次风机中的一台跳闸；两台运行空预器中的一台跳闸（主电机跳闸，自动联启辅助电机。若辅助电机启动未成功，延时20s触发空预器RB）。

3. 机组RB动作的结果

（1）磨煤机RB：机组最大允许负荷以每分钟1000MW的速率降至剩余磨煤机的最大出力（每台21% BMCR）；锅炉主控跳出自动，跟踪机组最大允许负荷。

（2）汽泵RB：机组最大允许负荷以每分钟2000MW的速率降至550MW；锅炉主控跳出自动，跟踪机组最大允许负荷；燃料、给水自动降至对应值；按6号、1号、5号顺序每8s跳一台磨煤机，保留三套制粉系统运行。

（3）送风机RB：机组最大允许负荷以每分钟1500MW的速率降至500MW；锅炉主控跳出自动，跟踪机组最大允许负荷；燃料、给水自动降至对应值；同侧引风机跳闸，按6号、1号、5号顺序每10s跳一台磨煤机，保留三套制粉系统运行。

（4）联合引风机RB：机组最大允许负荷以每分钟1500MW的速率降至500MW；锅炉主控跳出自动，跟踪机组最大允许负荷；燃料、给水自动降至对应值；同侧送风机跳闸，按6号、1号、5号顺序每10s跳一台磨煤机，保留三套制粉系统运行。

（5）一次风机RB：机组最大允许负荷以每分钟2000MW的速率降至500MW；锅炉主控跳出自动，跟踪机组最大允许负荷；燃料、给水自动降至对应值；按6号、1号、5号顺序每5s跳一台磨煤机，保留三套制粉系统运行。

（6）空预器RB：机组最大允许负荷以每分钟1500MW的速率降至500MW；锅炉主控跳出自动，跟踪机组最大允许负荷；燃料、给水自动降至对应值；同侧送风机、引风机跳闸，按6号、1号、5号顺序每5s跳一台磨煤机，保留三套制粉系统运行。

4. 机组RB动作后的处理

（1）在重要辅机跳闸后，首先确认RB发生，RB动作正确，否则手动干预。

（2）由于RB动作，锅炉燃烧工况发生巨大扰动，要做好锅炉总燃料量、给水量、燃水比、分离器出口温度、主/再热蒸汽温度、压力、炉膛负压、机组负荷等重要参数的监视和调整。若发现锅炉扰动过大，燃烧不稳，应及时投入油枪稳燃。

（3）检查汽机润滑油压、轴封蒸汽温度、轴向位移、振动、凝汽器水位、除氧器水位、各高低压加热器水位等参数正常。

（4）检查跳闸磨煤机的消防蒸汽投入。

（5）一次风机跳闸引起RB动作，应及时检查热一次风母管压力，各台制粉系统入口一次风压力及流量等参数。其他情况下，应检查两台一次风机电机的电流、喘振报警。若一次风机发生失速，应尽快调整。

（6）当启动跳闸磨煤机时，由于磨煤机内有大量的存煤，应先确认满足该磨煤机的点火能量，缓慢将磨煤机内的存煤吹入炉膛，当磨煤机内部存煤吹扫干净后，才可启动该制粉系统，以防止发生煤粉爆燃。

（五）尾部烟道发生再燃烧

烟道再燃烧是指尾部烟道内积存的燃料和空气的混合物达到一定数量并被引燃时所造成的急剧而不可控制的燃烧，烟道再燃烧严重威胁着锅炉的安全运行。

1. 尾部烟道发生再燃烧的现象

再燃烧处工质温度不正常地升高，再燃烧处负压急剧波动；排烟温度、热风温度不正常地升高；烟道不严密处可能向外冒烟或喷出火星；若空预器处再燃烧，红外探头检测装置将报警，严重时，外壳将发热或烧红；空预器电流可能大幅波动，空预器可能变形、卡涩、停转；烟塔冒黑烟。

2. 尾部烟道发生再燃烧的原因

燃烧调整不当，风量不足或配风不合理；锅炉点火前或停炉后吹扫不充分；低负荷运行时间过长或启停过程中燃烧不良；煤粉细度过粗，长期超过标准；炉膛负压大，将未完全燃尽的燃料带入烟道，受热面吹灰不正常；油枪投用时雾化不良或空预器未及时连续吹灰。

3. 尾部烟道发生再燃烧的处理

（1）发现锅炉存在尾部再燃烧的现象后，应及时判明位置并分析原因。

（2）及时投入再燃烧区域及其后部受热面的吹灰器，并进行适当的燃烧调整，以便消除锅炉尾部再燃烧。

（3）做好再燃烧区域受热面壁温度以及主/再热蒸汽温度的监视，一旦越限按壁温度和主/再热蒸汽温度异常规定处理。

（4）当采取上述措施后，若锅炉尾部再燃烧无法控制，应立即汇报有关领导，紧急停炉。

1）同时按下两个锅炉 MFT 紧急事故按钮，检查 MFT 动作正常。

2）强制投入再燃烧区域的吹灰器进行灭火。

3）保持空预器运行，停运所有的一次风机、密封风机、送风机、联合引风机，关闭各风门挡板，锅炉严禁通风。

（5）锅炉灭火之后，应尽可能维持锅炉进水，适当开启高低压旁路，以便对省煤器、过/再热器进行冷却。

（6）确认火焰已被熄灭后，可停运吹灰器，并谨慎开启风门、挡板及联合引风机、送风机，以对锅炉进行必要的吹扫。

（7）锅炉冷却后，要进行内部检查，确认设备正常，锅炉方可重新点火。

（8）空预器着火按辅机运行规程相关部分处理。

（六）单侧空预器跳闸

1. 单侧空预器跳闸的现象

空预器主、辅电机均跳闸，气动马达联启，空预器进口烟气挡板联关；故障侧空预器出口一、二次风温度迅速下降，烟气出口温度迅速上升；对应侧联合引风机、送风机跳闸；炉膛压力大幅波动，燃烧恶化；机组 RB 可能动作。

2. 单侧空预器跳闸的原因

主电机故障或失电；传动机械装置或轴承损坏；动静部分卡住使驱动装置超负荷故障。

3. 单侧空预器跳闸的处理

（1）若RB动作，按RB动作结果处理。

（2）若RB未动作，退出机组协调，转为TF方式运行，并提升扇形板至最高位。

（3）视炉膛燃烧情况投入油枪稳燃，同时确认停运空预器侧的联合引风机、送风机跳闸。

（4）确认空预器的烟气进口挡板、二次风出口挡板、一次风出口挡板及跳闸风机出口挡板、进口动叶关闭，确认另一侧风机动叶相应开大，打开送风机出口联络挡板，调整炉膛负压，使风量、氧量正常。

（5）只保留三台磨煤机运行，并确认跳闸磨煤机已有效隔离，保证三台运行磨煤机有足够的一次风量维持运行。

（6）根据煤量快速降低给水流量，保持合适的燃水比，将锅炉负荷快速减至50%。

（7）在降负荷的过程中，维持汽温、汽压正常，控制分离器进口蒸汽温度和焓值正常。

（8）启动气动马达，尽快对空预器盘车。

（9）严密监视跳闸空预器的排烟温度，以防发生空预器燃烧。

（10）联系检修人员，尽快查出故障原因，确认故障消除后重新启动，恢复正常运行方式。

（七）锅炉受热面损坏

省煤器、水冷壁、过热器和再热器简称"锅炉四管"。四管受热面的损坏爆破事故是锅炉事故中最常见的一种事故，当受热面管路爆破时，高温、高压汽水从爆破点喷出，不但要停炉限制电负荷，而且严重时会发生人身伤害。

1. 四管泄漏的共同现象

（1）炉管泄漏检测装置报警。

（2）根据炉管泄漏检测装置提示位置，就地检查可能听到泄漏声，严重时有烟气或蒸汽外冒。

（3）当泄漏严重时，机组负荷会有明显下降。

（4）除再热器泄漏外，当其余受热面管道泄漏严重时均会出现给水流量不正常地大于蒸汽流量的现象。

（5）泄漏点后的受热面管壁温度及工质温度都有所上升。

（6）联合引风机电流增大。

2. 除上述共同特征外，不同的受热面泄漏还有自身的特殊现象

（1）省煤器：泄漏侧烟气温度降低。

（2）水冷壁：水冷壁严重泄漏可能造成燃烧不稳，炉膛负压偏正并波动，联合引风机电流增大，特别严重时可能造成炉膛灭火。

（3）过热器：两侧主蒸汽温度或减温水调节门的开度出现明显偏差。

（4）再热器：当再热器发生泄漏时，给水流量和主蒸汽流量基本平衡；两侧再热汽温度或减温水调节门的开度出现明显偏差。

3. 四管泄漏的原因

（1）管材不良，制造、安装或焊接质量不合格。

（2）给水品质长期不合格，受热面内结垢严重引起垢下腐蚀。

（3）燃烧调整不当，火焰冲刷管屏或锅炉热负荷分配不均，导致部分管材高温腐蚀。

（4）管壁长期超温导致爆管。

（5）蒸汽吹灰器安装位置不正确，吹灰前未能疏尽疏水或者吹灰器内漏，导致受热面吹损。

（6）受热面膨胀不良，热应力增大。

（7）锅炉给水流量或给水温度大幅变化引起水冷壁相变区反复位移，导致管壁疲劳损坏。

（8）飞灰冲刷使受热面磨损。

（9）锅炉掉落焦块较大，砸坏水冷壁管。

（10）当启停炉时对再热器、省煤器缺少必要的保护。

（11）水力吹灰投用不当，导致受热面应力损坏。

（12）炉膛受热面不严密，部分受热面漏风导致应力损坏。

（13）锅炉受热面高温腐蚀和低温腐蚀。

4. 四管泄漏的处理

（1）当确认四管泄漏后，立即向有关领导汇报。

（2）若泄漏不严重，尚能维持运行，可进行以下处理。

1）省煤器和水冷壁泄漏的处理。

注意给水和燃料自动控制，必要时切为手动，调整燃水比正常，并维持各段工作温度，尤其是分离器出口温度正常；降低机组出力和锅炉主蒸汽压力。

2）过热器、再热器管泄漏的处理。

过热器泄漏应降低锅炉压力，同时注意泄漏侧主蒸汽不超温；再热器泄漏应降低机组负荷，同时注意泄漏侧再热汽温不超温。

（3）在停炉前应做好泄漏部位的监视，做好事故预想，并在泄漏区域周围增设围栏并悬挂标示牌，防止汽水喷出伤人。

（4）请示停炉。

（5）若泄漏严重，当泄漏点后工质温度急剧升高无法维持正常运行时，应紧急停炉。在停炉后，对锅炉进行自然通风冷却。

（八）给水流量骤降或中断

1. 给水流量骤降或中断的现象

给水压力、给水流量迅速下降并报警；主蒸汽流量及机组负荷下降；锅炉水冷壁出口温度迅速上升；如给水流量低于跳闸值，则锅炉 MFT 动作。

2. 给水流量骤降或中断的原因

给水泵跳闸或给水泵故障；给水系统高压加热器故障或阀门误关；给水管道泄漏或爆破；给水自动失灵或给水门故障，或小汽轮机控制系统故障；机组负荷骤减或其他原因造成小机汽源压力下降或中断；启动阶段，锅炉启动循环泵异常跳闸导致水冷壁入口给水流量减小。

3. 给水流量骤降或中断的处理

（1）给水泵跳闸，参照给水泵 RB 的相关规定处理。

（2）当给水泵故障导致给水流量突降，尚未达到保护动作值时，应迅速降低机组负荷出力，减少燃料量，同时迅速处理故障，调整给水流量，维持合适的燃水比，从而确保锅炉各受热面温度和蒸汽温度正常。

（3）待机组运行稳定后，联系检修人员对故障进行处理。如在运行中无法处理，应请示停炉处理。

（4）若给水流量低于保护动作值、分配集箱进口温度达到保护动作值，而保护未动或锅炉受热面严重超温不能立即恢复至正常值，则应立即手动 MFT。锅炉 MFT 后的有关操作按锅炉 MFT 的相关规定处理。

（5）当给水管道严重泄漏，威胁设备及人身安全时，应立即停止机组运行。

（6）当给水自动失灵后，应立即将给水泵切至手动控制。根据煤量和分配集箱进口温度来调整给水量，并及时联系热工处理。

（九）汽水分离器储水箱水位高

在启动及停运过程中，锅炉启动旁路的汽水分离器储水箱水位应保持在规定的范围内，若水位过高超过规定值，将造成机组跳机。

1. 汽水分离器储水箱水位高的原因

一级过热器进口温度低，无过热度；锅炉启动 3A 调阀或截止阀未正常开启；锅炉启动 3A 调阀自动投入“自动”的定值设定错误，自动投入“自动”功能不能实现；分离器储水箱水位测量故障。在锅炉正常运行中，锅炉启动循环泵进口过冷水调节门和隔离门误开；高压加热器解列。

2. 汽水分离器储水箱水位高的处理

（1）适当提高锅炉负荷，提高一级过热器进口温度，保证有过热度。

（2）锅炉启动 3A 调阀自动投入自动功能若不能实现，及时联系维护人员处理。

（3）当分离器储水箱水位高时，若锅炉启动 3A 截止阀未正常开启，及时手动开启，若无法开启，联系维护人员处理。

（4）在锅炉正常运行过程中，锅炉启动循环泵进口过冷水调节门和隔离门关闭。

（5）在高压加热器解列期间，应重点监视和提高一级过热器进口温度及过热度。

（6）若分离器储水箱水位测量故障，及时联系维护人员处理。

（十）锅炉炉膛爆炸

1. 锅炉炉膛爆炸的现象

炉膛负压大幅波动；火焰电视变黑；就地发生巨大的噪声和强烈的震动；锅炉 MFT 可能动作。

2. 锅炉炉膛爆炸的原因

锅炉点火前炉膛未吹扫干净，炉内存有可燃物；锅炉突然灭火，燃料未能及时切断；锅炉严重结渣；炉膛负压调节不当，导致炉膛内爆；在锅炉闷炉期间有燃料进入炉膛。

3. 锅炉炉膛爆炸的处理

（1）若锅炉 MFT 动作，则按锅炉 MFT 事故处理原则处理，否则按下机组 MFT 紧急事故按钮，并向有关领导汇报现场情况。

（2）全面检查锅炉本体和重要设备，分析事故原因，制定防范措施并在消除故障后方可允许重新启动。

（十一）锅炉结焦

1. 锅炉结焦的现象

从锅炉观火孔观察受热面有明显的结焦情况；排烟温度上升；再热汽温异常升高，减温水量大幅增加；过热器、再热器的管壁温度明显上升或超限；当局部结渣时，将使热偏差增大，局部管壁过热；当结焦严重时，会发生明显的塌焦迹象。

2. 锅炉结焦的原因

燃用煤种的灰熔点过低，属于易结焦煤种；配风和氧量控制不合理，导致炉膛内形成还原性气氛，降低了灰熔点；锅炉连续高负荷运行；锅炉燃烧调整不当，导致火焰中心偏斜或燃烧器区域热负荷过大；煤粉过粗或燃烧器工作不正常；炉膛长时间未吹灰或吹灰器投用不合理。

3. 锅炉结焦的预防和处理

（1）尽量燃用设计煤种，当出现煤种大幅变化时，应及时进行燃烧调整，制定出完善的防止锅炉结焦的运行措施。

（2）神华煤属极易结焦的煤种，当在燃用过程中发现有明显的结焦倾向，通过燃烧调整无效时，应进行合理掺烧，必要时适当降低锅炉负荷。

（3）加强就地看火和观焦，重点了解炉膛出口、燃烧器区以及渣斗等区域的结焦情况，发现结焦及时处理。

（4）当燃用神华煤时，应适当地提高氧量，并根据锅炉结焦情况调整一、二次风配比。

（5）制定合理的吹灰方式并严格执行。同时，运行人员还应根据锅炉运行的情况，当发现过热器、再热器壁温度偏高，或过热器减温水量过大时，及时增加水冷壁吹灰。

（6）当虽经加强水冷壁吹灰，过、再热器管壁温度和减温水未见明显下降时，应申请机组降负荷。

（7）锅炉结焦严重，无法维持正常运行，应汇报相关领导，申请停炉处理。

（8）定期化验磨煤机出口煤粉的细度，并根据煤粉细度情况调整磨煤机的运行参数和对磨煤机检修。

（9）发现有结焦现象，及时加入松焦剂。

（十二）管壁超温

1. 管壁超温的现象

水冷壁、过热器、再热器管壁超温报警；分离器出口或主/再热汽温度偏高。

2. 管壁超温的原因

燃水比失调；炉底机械密封被破坏，漏风量大，炉膛火焰中心上移；锅炉结焦，积灰严重。锅炉运行方式不正常，如配风不合理，燃烧器摆角上摆过高；给水温度大幅骤降；煤种变化、突然掉焦、启停制粉系统、升降负荷等对炉内燃烧工况引起扰动；受热面管内有杂物、氧化皮脱落堵塞；锅炉燃烧偏斜，火焰贴壁；锅炉水动力平衡失调；锅炉长期不吹灰。

3. 管壁超温的处理

（1）当发现锅炉管壁超温后，首先应确定报警点的位置和报警的真实性。

（2）检查燃水比，若发现失调，立即解除协调，根据分离器出口温度手动调整至正常。

（3）加强水冷壁等受热面吹灰；当吹灰时发生受热面超温应立即停止吹灰，待受热面温度恢复正常后才能继续进行吹灰。

（4）改变制粉系统的运行方式或改变上下层给煤机的出力。

（5）加强燃烧器二次风的配风。

（6）若风量过大，应根据氧量适当减少风量。

（7）调节燃烧器摆角和减温水量，适当降低主/再热蒸汽温度。

（8）禁止投入超温受热面区域的长伸缩式吹灰器。

（9）降低锅炉负荷运行。

（10）如锅炉受热面壁温度超温度严重，经上述措施仍不能恢复正常，应汇报相关领导，请示停炉。

（十三）旁路及再热器安全门故障

1. 旁路及再热器安全门故障的现象

压力达到整定值，不能正常开启或关闭、起座或回座。

2. 旁路及再热器安全门故障原因

（1）再热器安全门压缩空气系统故障或高低压旁路液压系统故障。

（2）控制回路故障或电源失去。

（3）机械卡涩。

3. 旁路及再热器安全门故障的处理

（1）当旁路或再热器安全门自动不正常时，切至手动控制。

（2）当高低压旁路或再热器安全门达到动作值，未能开启、起座时，应迅速降低燃料量和给水量，检查旁路控制油系统和再热器安全门压缩空气系统工作情况，并及时联系热工或检修人员进行处理。

（3）当高低压旁路或再热器安全门开启后无法关闭或回座时，应汇报相关领导，由其决定停炉处理。若蒸汽压力、温度或各段工质温度超过锅炉运行允许范围，则应立即紧急停炉，此时需根据锅炉壁温度变化情况，做好保证锅炉上水的工作。

第三节 汽轮机事故处理

汽轮机在运行中会发生一些故障，比如汽轮机水冲击、轴瓦磨损、大轴振动、凝汽器掉真空、汽轮机断叶片、保护误动作跳机、辅机运行中跳闸等。当发生此类故障时，运行人员若不及时处理，会造成人员伤亡或设备损坏，给社会、企业、家庭带来严重影响。

一、汽轮发电机组破坏真空紧急停机

当汽轮发电机组造成人身伤亡及机组主设备损坏时，应破坏真空紧急停机。

1. 汽轮发电机组遇到下列情况之一时，应破坏真空紧急停机

（1）汽轮机转速升高到超速保护动作转速（3300r/min），而仍不动作。

（2）汽轮发电机组 1 号～5 号轴承座的绝对振动达 11.8mm/s，6 号～8 号轴承座的绝对振动达 14.7mm/s 或任一轴承相对振动值达到 130μm。

（3）汽轮发电机组内部有明显的金属摩擦声和撞击声。

（4）汽轮机发生水冲击或主/再热蒸汽温度在 10min 内突降 50℃，或高中压外缸上下缸壁温度差超过 45K。

（5）轴封处摩擦发生火花。

（6）汽轮发电机组任一轴承冒烟。

（7）汽轮机发电机组 1 号～5 号轴承金属温度达 130℃，6 号轴承金属温度达 120℃，7 号～8 号轴承金属温度达 107℃。

（8）汽轮机轴向位移小于–1mm 或大于 1mm，或推力轴承金属温度大于 130℃。

（9）汽轮机油系统着火，不能很快扑灭，严重威胁机组安全运行。

（10）发电机或励磁变压器内部冒烟、起火或爆炸。

（11）氢系统着火、爆炸。

（12）主机润滑油箱油位低于 1350mm 或高于 1550mm。

（13）油系统严重漏油，影响油压、油位。

2. 破坏真空紧急停机的主要操作（要求闷缸处理）

（1）手动按备用盘上（或就地）“汽机跳闸”按钮（因轴承座振动高、轴承金属温度高、汽机紧急供油动作或发电机保护等引起汽机跳闸，凝汽器的两个真空破坏门将自动开启）。

（2）在锅炉侧立即按下 MFT 事故按钮。确认锅炉灭火，保护联锁动作正常。

（3）检查高中压主蒸汽门、调节门、补汽门及各级抽汽逆止门、抽汽电动门均关闭，高排通风门开启，发电机逆功率动作与系统解列，负荷到零，机组转速下降。

（4）如高压旁路快开，待快开条件消失后，立即关闭高压旁路。

（5）解除真空泵联锁，停用运行真空泵，同时按下两个“开真空破坏门”事故按钮，检查真空破坏门是否开启。

（6）按下两台汽动给水泵的遮断按钮。

（7）关闭所有进入的凝汽器的疏水门。如遇汽轮机水冲击，应及时开启汽轮机本体及各段抽汽管道疏水门，必要时强制开启。

（8）破坏真空停机，必须确认后缸喷水自动开启。

（9）在机组惰走期间，就地检查机组的振动、润滑油回油温度、润滑油压力，倾听机组内部的声音，并准确记录惰走时间。

（10）完成运行规程规定的其他停机、停炉操作。

（11）电气部分按发变组主开关跳闸处理。

二、汽轮发电机组不破坏真空紧急停机

1. 汽轮发电机组遇到下列情况之一时，应不破坏真空紧急停机

（1）机侧重要的汽、水、油管道破裂，导致机组无法维持运行。

（2）主/再热蒸汽温度异常升高，超过 624℃。

（3）主蒸汽压力升高，汽轮机自动主蒸汽门前汽压升高至 31.5MPa。

（4）主/再热蒸汽管道两侧汽温偏差大于 28K，并在 15min 内无法恢复。

（5）汽轮机蒸汽品质严重恶化。

（6）DEH 工作失常，汽轮机不能控制转速或负荷。

（7）汽轮发电机组的保护出现拒动（要破坏真空停机的保护除外）。

（8）发电机漏水、漏油严重，且无法处理。

（9）发电机密封油系统故障，无法维持油氢压差，导致发电机密封瓦处大量漏氢。

（10）汽轮机无蒸汽运行时间超过 1min，而发电机逆功率未动作。

（11）发电机励磁回路两点接地。

（12）氢气纯度小于 92%，处理无效。

（13）中压缸排汽温度大于 337℃。

（14）主机高中压缸轴封温度小于 260℃，低压缸轴封温度大于 340℃，调整无效。

（15）发变组一次系统发生短路故障，保护装置拒动，定子电流指示满挡，定子电压剧烈降低。

（16）发电机或励磁变压器内部冒烟、起火或爆炸。

（17）发电机组出现超过允许的剧烈振动。

（18）出现直接危及人身安全的事故。

2. 不破坏真空紧急停机的主要操作

（1）同时按下汽轮机两个紧急停机按钮，检查并确认高中压主蒸汽门、调节门及各级抽汽逆止门、加热器进汽电动门均关闭，负荷到零，转速下降。

（2）高低压旁路和有关疏水门自动打开。

（3）检查机组情况，听测转动部分声音、振动。

（4）当转子静止时，记录并比较惰走时间。

（5）根据机组的运行情况，适时停用一台凝结水泵和一台汽动给水泵。

（6）完成运行规程规定的其他停机操作。

（7）电气部分按发变组主开关跳闸处理。

三、故障停机

机组发生故障或运行参数接近控制限额，还不会立即造成严重后果，应尽量采取措施予以挽回，当无法挽回时应立即汇报调度和总工要求故障停机。

1. 汽轮发电机组遇到下列情况之一时，应进行故障停机

（1）高中压主蒸汽门前任意一侧主/再热蒸汽温度超过 616℃，在 15min 内不能恢复正常。

（2）凝汽器真空缓慢下降，采取降负荷至零仍无效时。

（3）汽轮机高中压主蒸汽门卡涩或调节门、抽汽逆止门不能自动关严。

（4）EH 油系统故障危及机组安全运行。

（5）机侧汽、水、油管道泄漏，隔离无效，将无法维持机组运行。

（6）EH 油、主机润滑油的油质恶化，且处理无效。

（7）发电机氢系统泄漏，无法维持氢压或发电机氢气纯度低于 95%，且处理无效。

（8）发电机同侧的两组氢冷器都泄漏，或氢气冷却系统故障而无法控制氢温。

（9）发电机漏液检测装置报警，经检查确认发电机漏水、漏油。

（10）发电机层间温度大于 90℃或线棒出水温度大于 85℃，调整无效。

（11）发电机铁芯温度大于 120℃或转子绕组温度大于 110℃，调整无效。

（12）发电机定子线棒出水温差大于 12℃或线棒层间温差大于 14℃，调整无效。

（13）DCS、DEH 主要监视数据异常，部分画面失去，危及机组安全。

（14）轴向位移接近限值，在处理后仍不能恢复正常且推力瓦温度同时升高。

2. 故障停机的主要操作

（1）由值长向各级领导和上级调度值班员汇报机组故障情况，做好事故预想并申请停机，

在获准后快速降负荷至400MW以下。

（2）通过最大负荷设定块将机组负荷减到50MW停机。

（3）确认高/中压主蒸汽门、调节门和补汽门及各段抽汽逆止门均关闭，高排通风门开启，发电机逆功率动作与系统解列，机组转速下降。

（4）根据故障情况决定手动MFT的时间。

（5）当要求锅炉进行通风冷却的时候，可以对锅炉进行自然通风冷却，如确要启动风机，需报总工或生产副厂长批准后才能实施。

（6）其余操作同机组正常停运后的操作。

四、仪用气中断

机组在运行中发生仪用气中断时，会造成部分气动调节门、锅炉烟气挡板无法正常动作，气控逆止门不能在事故情况下正常动作，严重威胁机组正常安全运行。

1. 仪用气中断的现象

操作员站画面上发出仪用气压力低报警；部分气动调节门位置发生变化，失气全开或全关；气动调节门、挡板控制失灵。

2. 仪用气中断的原因

运行空压机故障，备用空压机无法投用；仪用气管路爆破或系统有关安全门动作后卡涩不回座；仪用气系统的有关阀门误开/关；仪用气干燥净化器滤网堵塞或故障而不能运行，备用设备无法投用。

3. 仪用气中断的处理

（1）当仪用气母管压力降至0.6MPa时，备用空压机应联启，若联启成功，压力恢复正常，应查明原因并消除；若联启失败，开启1、2号炉仪用联络门，通过邻炉空压机供气。

（2）在采取上述措施后，仪用气母管压力仍下降，应立即查明原因。发现系统阀门误开/关应及时恢复正常状态；发现系统管路爆破或泄漏，应在不影响机组安全运行的前提下设法隔离；若是因备用设备无法投运引起，则应控制机组不必要的用气量，并联系检修人员尽快恢复备用设备运行。

（3）仪用气压力继续下降，应保证仪用气无故障机组的安全运行，做好仪用气故障机组的停机准备，值长向省调申请退出AGC，稳定负荷，通知设备维护部相关专业人员立即到现场协助查找事故原因，汇报公司领导及各部门领导，保持机组各系统运行工况稳定，尽量使各气动调节门少参与调节，具体处理如下所列。

1）解除磨煤机冷热风门自动。

2）加大磨煤机出石子煤的时间间隔，可根据料位计高报时出料。

3）退出凝泵再循环门自动，调至合适位置。

4）退出凝汽器正常补水调节门、事故补水调节门自动，采用正常补水旁路电动门补水。

5）除盐水箱旁路门切至就地、手动关闭。除盐水箱存水够用时将补水气动门切至就地、关闭。

6）开启汽机本体疏扩、高压疏扩、低压疏扩的减温水旁路门。

7）启动三台真空泵运行。

（4）仪用气压力小于0.45MPa，机组故障停机，按下面操作处理。

1）气动调节门因仪用气压力低失灵时，可利用旁路门进行应急调节，并关闭其前后隔离门。

2）在仪用气中断后，如关闭型阀门无法关闭时，应立即关闭调节门前后的隔离门；如全开型阀门无法开启时，应立即开启旁路门，以确保机组安全停运。

3）关闭主/再热蒸汽管道、汽机本体、抽汽管道的疏水门前手动门，防止大量高压疏水进入扩容器引起危险。

4）在停炉、停机后仍应就地操作相应的气动阀门、风门、挡板，防止设备损坏。

5）当仪用气压力恢复后，运行人员应手动缓慢调节，待调节消除偏差后方可投入自动控制。

五、蒸汽参数异常

当蒸汽参数异常时，运行人员若不及时调整正常，会给机组安全运行带来威胁，甚至造成设备损坏。

1. 主/再热蒸汽压力异常

（1）主/再热蒸汽压力异常的现象。

操作员站画面及有关指示表计、记录仪、趋势曲线指示偏离正常值；操作员站画面上相应报警画面报警；机组负荷变化；轴向位移变化。

（2）主/再热蒸汽压力异常的原因。

自动调节故障或人工调节不当；机组负荷突变；高压加热器隔离；锅炉辅机运行异常；煤质突变；安全门误动启座或严重内漏造成再热蒸汽压力低；高低压旁路误开或严重内漏造成主蒸汽压力低；高中压主蒸汽门或调节门故障，不正常开大或关小；主/再热蒸汽系统严重泄漏；给水系统异常；抽汽系统异常；减温水流量变化；炉膛燃烧工况发生巨大扰动；炉膛严重结焦或积灰；锅炉受热面或管道发生泄漏。

（3）主/再热蒸汽压力异常的处理。

1）当机组协调故障时，应立即手动调整；机组自动控制失灵，应及时切至手动，调整燃水比在正常范围之内。

2）若负荷调节速度过快，应降低负荷变化率。若 RB 等工况引起负荷突变，应分别按有关规定处理；若煤质发生严重变化，引起锅炉燃烧工况扰动，导致蒸汽参数异常，应及时通知燃料管理人员对入炉煤和入厂煤进行煤质分析，并做好相应的燃烧调整。

3）高压加热器保护动作，应及时调整机组出力。

4）若因燃烧系统异常造成主蒸汽压力异常，应及时调整处理。

5）若因给水系统异常造成主蒸汽压力异常，应及时手动干预处理。

6）若因高、低压旁路严重内漏、高中压主蒸汽门或调节门故障造成主/再热蒸汽压力异常，应通知检修人员进行处理，若处理无效，应故障停机。

7）主蒸汽压力突降，低于压力极限值 1MPa，主蒸汽压力限制保护动作，直至主蒸汽压力恢复。

2. 主/再热蒸汽温度异常

（1）主/再热蒸汽温度异常的现象。

操作员站画面及有关指示表计、记录仪及趋势曲线指示偏离正常值；操作员站画面上相应报警画面报警；轴向位移异常；机组负荷变化；排烟温度可能异常高；金属壁温度可能超限。

（2）主蒸汽温度异常的原因。

燃水比自动调节故障、人工调节不当或给水流量突变，造成燃水比严重失调；减温水调节系统失灵或调整不当，使减温水流量不正常地减小或增大；高压加热器保护动作，引起给水温度突变；当煤种或燃烧工况变化时，汽温调整不及时；锅炉严重结焦或积灰，锅炉吹灰器投运；锅炉辅机运行异常，引发机组 RB 等；机组负荷突变；主蒸汽系统受热面或管道严重泄漏；炉底密封故障或燃烧器摆角调整不当，造成炉膛火焰中心变化；总风量控制不合理。

（3）再热蒸汽温度异常的原因。

减温水调节系统故障或减温水调整不当；喷燃器层改变，引起炉膛火焰中心的变化；高压加热器保护动作，引起给水温度突变；锅炉结焦或积灰，锅炉吹灰器投运；锅炉辅机运行异常，引发机组 RB 等；机组负荷突变；再热蒸汽系统受热面或管道严重泄漏；锅炉配风不合理；炉底密封故障或其他因素引起风量过大；给水流量突变或燃水比控制失灵，造成燃水比严重失调。

（4）主/再热蒸汽温度异常的处理。

1）立即调整水煤比及减温水量，控制分离器出口温度及过热器出口温度至正常值。当减温水自动装置失灵时，应立即将其切至手动，手操调节使之恢复正常。若炉底密封被破坏应联系灰硫运行人员尽快恢复炉底密封并适当调整燃烧器摆角。

2）当煤种或燃烧工况变化时应及时调节汽温，并根据情况合理选择磨煤机组合及风量与其燃烧变化相适应。

3）若汽温异常是由受热面泄漏、爆破或烟道内可燃物再燃烧，或高压加热器解列引起的，除按汽温异常处理外，还应分别按相应规定处理。

4）炉膛严重结焦应立即联系维修人员除焦并按要求对炉膛水冷壁进行吹灰，在除焦时应做好安全防护措施及相关事故预想。

5）当主/再热蒸汽温度异常时还应提醒机侧监盘人员加强对汽轮机膨胀、胀差、轴向位移，轴振及轴瓦温度的监视。当主/再热蒸汽温度在 10min 内急剧降低 50℃时，应紧急停机。当主/再热蒸汽温度异常升高，超过 624℃时，应紧急停机。

6）经调整后，如果高中压主蒸汽门前任意一侧主/再热蒸汽温度超过 616℃，在 15min 内不能恢复正常应故障停机。

7）当锅炉燃烧工况发生大幅度扰动（如发生 RB 或一台以上制粉系统发生跳闸）或当给水系统故障（如一台给水泵跳闸、高压加热器解列等）时，应密切注意机组协调系统和汽温自动调节的工作状况，必要时手动干预。

8）若煤质发生严重变化，引起锅炉燃烧工况扰动，导致蒸汽参数异常，应及时通知燃料管理人员对入炉煤和入厂煤进行煤质分析，并做好相应的燃烧调整。

9）当发现炉膛负压变正，联合引风机出力变大，蒸汽温度瞬时上升等现象时，可基本判为炉底密封故障，此时应保持炉膛微正压运行，并尽快恢复炉底密封正常，及时将炉膛负压控制在正常运行值。

10）当采用减温水调节汽温时，严禁大开大关，并保证减温器后的蒸汽温度保持 15K 以上的过热度。主/再热蒸汽温度达 608℃报警，应将汽温调至正常；在额定蒸汽压力下，当主/再热蒸汽温度下降到 575℃时，在 10min 内应恢复汽温至正常范围。经调整仍不能升温时，应降低主蒸汽压力及机组负荷。必须保证主蒸汽温度有150℃以上的过热度，主蒸汽温度高于相应汽缸第一级金属温度50℃。

六、机组负荷摆动

机组负荷摆动时，会造成调速汽门、补汽门摆动，主蒸汽压力、流量及各段抽汽压力等参数出现变动，有可能造成机组振动增大，给机组安全运行带来威胁。

1. 机组负荷摆动的现象

机组负荷、主蒸汽压力、主蒸汽流量及各段抽汽压力等参数出现变动；调速汽门、补汽门摆动；汽轮发电机组振动可能出现异常。

2. 机组负荷摆动的原因

电力系统冲击、振荡或发电机失步；电网周波晃动；机组协调控制回路、DEH、MEH故障及EH油压波动；汽轮机静态特性曲线不佳；高低压旁路动作或主再热管道疏水门频繁开关、抽汽电动门频繁开关；高压加热器突然解列或凝汽器压力波动；机组中大的辅机系统（制粉系统、给水系统等）发生故障。

3. 机组负荷摆动的处理

（1）根据操作员画面显示和外部现象，对照主蒸汽、再热蒸汽和汽轮机运行的各种工况、状态，分析负荷突然升高或降低的原因。

（2）当机组负荷摆动时，应严格控制负荷在允许范围内。

（3）若发生系统振荡，按值长的命令执行相关操作，并按系统振荡规定处理。

（4）若调速系统工作异常，联系热工人员检查处理，若仍不能消除机组负荷摆动，应要求故障停机。

（5）若由高压加热器解列或凝汽器压力波动引起负荷突变按相关规定处理。

（6）汽轮机静态特性曲线欠佳，应停机重新调整。

（7）若是由协调控制系统失常引起的，应尽量减少操作，稳定运行工况，并将控制方式切至基本方式，通知热工人员处理。

（8）若是由EH油压波动引起负荷摆动的，应迅速查明原因，稳定EH油压。

（9）若由电网周波变化引起机组负荷突变，运行人员应严格控制机组出力。

（10）机组负荷摆动对各系统扰动较大，应严密监视蒸汽参数的变化、高低压旁路和汽泵组的运行工况及主再热管道疏水门的状态，加强对有关辅助系统、设备运行工况的监视调整。

（11）检查并确认各轴承的回油温度、轴承温度、轴向位移、振动等均正常，否则按有关规定进行处理。

七、机组火灾

当机组发生火灾时，运行人员应首先切除人身及设备危险，利用现有灭火设备进行灭火。当火势较大时，迅速拨打119火警电话通知消防队，防止火灾事故的发生。

1. 机组火灾的原因

汽机油系统、燃油系统漏油；制粉系统爆燃或自燃；电缆故障或室内配电装置故障；变压器或互感器故障；氢系统泄漏；违章施工作业。

2. 机组火灾的处理原则

（1）对于电气设备火灾，应首先断开电气设备的电源，并按照《电业生产安全工作规程》的规定进行灭火。当电气设备附近发生火灾，危及设备安全运行时，应停止设备运行，并断开有关电气设备电源，进行灭火。

（2）对于油系统火灾，禁止用水灭火，可以使用泡沫灭火器、CO_2 灭火器、干式灭火器灭火，地面上油着火可用干砂灭火。

3. 机组火灾的处理

（1）发生火灾时，应立即赶到现场进行灭火处理并迅速召唤厂消防队，并通知厂、部领导。检查并启动电动消防泵，检查并确认有关消防系统自动投入正常，若投入不正常或无自动灭火装置，则应使用有关消防器材进行灭火。假如着火地点有电缆，必须先切断电源。

（2）尽量隔离着火范围并保证机组安全运行。

（3）当火灾严重威胁机组及人身安全，或者油系统设备或管道、法兰结合面损坏而喷油起火时，应紧急停机、停炉。

（4）因主机润滑油箱或其附近着火，严重威胁油箱安全时应紧急停机。同时，应将主机润滑油箱中的油放至储油箱，必要时排至事故油池，但必须保证机组惰走所需的润滑油量，尽可能兼顾盘车用油。

（5）当发电机密封油系统着火无法迅速扑灭，严重威胁设备安全时，应紧急停机，并在惰走过程中进行紧急排氢，发电机密封油系统尽量维持到机组转速到零。

（6）当一般电气设备（如电动机、电缆及厂用变压器及配电装置）发生火灾时，应首先切断电源，然后使用相应灭火器灭火。当电气设备附近发生火灾，威胁设备安全运行时，也应停止有关设备运行并切断电源。

（7）发电机或氢冷系统发生火灾，应紧急停机，同时向发电机内充二氧化碳进行排氢灭火，水冷系统应继续运行。

（8）主变压器、高压厂用变压器发生火灾，应紧急停机，并在采取相应措施后进行灭火。

（9）当制粉系统着火时，应根据辅机规程相关条款处理。

（10）当燃油系统附近着火时，应首先考虑停止供油泵的运行，切断电源，再进行灭火处理。

（11）当机组发生重大火灾事故时，应加强运行监视，做好停机准备；当火灾严重威胁机组安全时，应立即紧急停机。

八、汽水管道水击

汽水管道水击将造成机组被迫停机，给机组安全经济运行带来危害。

1. 汽水管道水击的现象

汽水管道内部声音异常；汽水管道发生振动、晃动，严重时使管道及支吊架开裂；当水冲击时，压力、流量大幅度波动。

2. 汽水管道水击的原因

蒸汽管道在投运前未暖管或暖管不充分；蒸汽管道进水；管道在充水前未排尽空气；管道设计不合理；疏水自动控制装置失灵。

3. 汽水管道水击的处理

（1）当汽水管道发生水击时，应立即关闭汽水管道阀门或停止有关设备，待充分疏水或排空气后再投入，严禁强行投入。

（2）检查水击管道的支吊架，若发现有威胁设备及人身安全的情况，应及时停运机组。

（3）辅汽母管、轴封供给站、各抽汽管道、除氧器汽源管道、小机汽源管道等投入都要按规定进行预热暖管，检查并确认疏水情况正常。

（4）抽汽管发生水击，必须仔细检查除氧器、加热器水位和加热器疏水是否正常，管道是否破裂，除氧器、加热器故障按有关规定执行。

（5）高低压旁路在投入前应进行预热暖管，检查并确认疏水情况正常。在旁路投用后，应注意检查旁路阀门后温度的设定值，保证阀门后蒸汽保持一定的过热度。当旁路切除后还应检查并确认减温水门关闭严密。

（6）在机组启停过程中注意监视过热器及再热器减温水流量，防止减温水门关闭不严，造成管道水击。

（7）在机组启动前或停止后都要检查并确认锅炉、汽机所有疏水门按规定开启。

（8）循环水、凝结水、给水等系统在启动前都应进行注水放空。

4. 蒸汽、给水、凝结水等主要管道破裂的处理

（1）当蒸汽、给水和凝结水管道破裂，无法维持运行时，应不破坏真空紧急停机，并在破裂管道周围设好围栏，防止无关人员接近受伤，且做好防火措施。

（2）管道破裂可以隔离，并能维持机组运行，应立即进行隔离，及时调整机组的运行方式，同时联系检修人员处理。

（3）当燃油系统漏油时，应马上隔离泄漏点，停用油枪或油泵，并联系检修人员消缺，及时清扫场地。

（4）锅炉四管泄漏参照第六章第二节“锅炉事故处理”进行处理。

（5）当汽轮机润滑油管破裂，油位或油压下降，经补油或启动备用油泵能维持油位和油压时，应申请故障停机，如不能维持油压或油位应破坏真空紧急停机。

（6）若有高压介质倒入低压管路导致管路爆裂，应先将高压侧隔绝，再开启低压侧管路的放水门消压。

5. 管道故障的隔离原则

（1）隔离范围尽可能得小，尽量不停运设备。

（2）隔离时应先关介质来侧阀门，后关介质送出侧阀门。

（3）先隔离近事故点阀门，如因汽水弥漫而无法接近事故点，可先扩大隔离范围，待允许后再缩小隔离范围。

九、凝汽器真空降低

汽机凝汽器真空降低会造成机组做功能力降低，汽动给水泵出力下降，机组经济性降低，运行人员应认真排查，消除故障，恢复机组真空。

1. 凝汽器真空降低的现象

操作员站画面上显示凝汽器真空下降；汽轮机低压缸排汽温度升高，凝结水温度相应升高；在相同负荷下蒸汽流量增加，监视段压力升高；凝汽器端差增大；凝结水过冷度可能增大。

2. 凝汽器真空降低的原因

机组负荷不正常增加；凝汽器冷却水量不足或中断、循环水温上升；凝汽器钢管脏污或结垢；凝汽器水位控制失常；凝汽器满水；真空系统泄漏或真空泵工作失常；真空破坏门误开或真空破坏门水封失去；轴封系统工作失常；低压缸安全薄膜破损；高低压旁路投运或大量高中压疏水进入凝汽器；凝结水储存水箱水位过低。

3. 凝汽器真空降低的处理

（1）凝汽器真空下降较快的处理：

1）发现真空下降，应对照低压缸排汽温度表进行确认。只有真空降低同时排汽温度相应升高，才可被判断为凝汽器真空真正下降。

2）当凝汽器内背压升至 11.8kPa（a）时，确认备用真空泵自启。

3）凝汽器背压大于 30kPa（a），汽轮机跳闸保护将动作跳机；当低压缸进汽压力在 0.113MPa～0.607MPa 范围内时，对照主机凝汽器背压曲线，限制凝汽器真空在该区域范围 5min，汽轮机跳闸保护将动作跳机，否则手动紧急停机。当凝汽器压力到 30kPa（a），小机保护拒动时应手动脱扣。

4）真空每下降 1kPa，降低负荷 100MW。

5）当凝汽器真空下降，低压缸排汽温度升高到 80℃时，开启低压缸喷水电磁阀，控制排汽温度不超过 90℃。排汽温度超过 110℃，汽轮机跳闸保护将动作跳机。

6）因循环水中断或水量不足引起真空下降，应立即查找原因并处理；如循环水全部中断，应立即打闸紧急停机，待凝汽器排汽温度下降到 50℃以下时，再向凝汽器通循环水。

7）因凝汽器真空过低紧急停机或其他原因破坏真空停机，应立即切除高低压旁路，禁止所有带压管道（锅炉、主/再热蒸汽管道等）向凝汽器排汽、疏水。

（2）凝汽器真空缓慢下降的处理。

1）对循环水系统进行下列检查。

- 检查循环水压力是否正常，若压力低则检查循环水系统是否泄漏和堵塞。
- 检查吸水井水位是否正常，若水位低应及时清洗循环水泵入口滤网或提高排烟冷却塔水位。
- 若凝汽器进水压力增大，凝汽器端差增大，则管系脏污，此时应对凝器进行清洗或增加循环水流量。
- 确认循环水泵运行正常，否则启动备用泵。

2）若轴封压力低，应调整轴封汽母管压力至正常值。如溢流调节门失控，应手动关小调节门或调节门前隔绝门。如系轴封调节门失控，应开启调节门旁路。如系轴封汽温低，应开启疏水门，查看并关闭轴封汽减温水门，且确认轴封电加热器投入。必要时可切换冷再蒸汽或辅助蒸汽供轴封用汽。

3）因凝汽器水位高引起真空下降，应查明原因，及时设法降低热井水位。

4）检查并确认真空泵入口门开启，分离器水位应正常，如果真空泵运行不正常影响真空，则应启动备用真空泵运行，停运故障泵，并关闭进气气动门。

5）对真空系统的设备进行查漏和堵漏。

6）检查汽封冷却器、汽泵密封水回水水封装置、凝结水泵密封水；检查真空系统管道及低压加热器连续放气管道是否损坏；破坏真空门不严密，应关严并注水；若真空系统有关阀门

（仪表排污门、水位计排放门）等误开，应立即关闭。

7）对小汽轮机排汽侧进行检查。如小机排汽侧真空低影响凝汽器真空，应将机组负荷降至额定负荷的 50%，停运并隔绝排汽侧漏空小机进行堵漏。

十、汽轮机油系统工作失常

汽轮机油系统工作失常时，会给机组安全运行带来危害：润滑油压低会造成轴承油膜破坏，轴瓦烧损；润滑油压高会造成轴瓦跑油等事故。

1. 主机润滑油箱油位异常

（1）主机润滑油箱油位异常的原因。

主机润滑油箱油位升高的原因有冷油器泄漏，闭冷水进入油系统；轴封汽调整不当，润滑油进汽（水）。

主机润滑油箱油位降低的原因有冷油器泄漏，润滑油泄至闭冷水系统；主机润滑油系统、发电机密封油系统管路泄漏或放油门、放水门误开；发电机进油（主机润滑油箱、发电机密封油储油箱负压调整不当，排烟风机、防爆风机带油）。

（2）主机润滑油箱油位异常的处理。

1）在正常运行期间，主机润滑油箱油位在 1400～1500mm 之间。

2）在机组正常运行中，发现主机润滑油箱油位突然下降 10～20mm，应立即查找原因。若属于事故放油门、放水门或滤油门误开，应及时关严。若是发电机进油，应及时调整发电机氢侧回油箱油位。若是油箱负压过大，应及时调整至正常。若是冷油器泄漏，应检查闭冷水水质，并切换冷油器，隔离泄漏冷油器。在油位下降后，按下列规定处理。

- 油箱油位下降至 1400mm，应在 8h 内加油至正常。
- 油箱油位下降至 1380mm，应立即通知化学运行人员化验储油箱油质，在油质合格后向油箱加油至正常。
- 油箱油位下降至 1350mm，紧急供油动作。

3）油箱油位升高，应开启油箱底部放水门排放（做好计量记录），并通知化学运行人员化验油中含水的成分。如含水的成分是凝结水，应调整和降低轴封汽蒸汽压力，防止轴封汽侵入轴承润滑油中；如含水的成分是闭冷水，应切换冷油器，联系检修人员处理。在油位高于 1550mm 后，应紧急停机。

4）油压、油位同时下降，应设法补油，当油压、油位无法维持达停机值时，应破坏凝汽器真空立即停机，并做好防火措施。

2. 润滑油压下降

（1）润滑油压下降的原因。

交流润滑油泵工作失常；压力油管道泄漏；冷油器泄漏；出口滤网脏；备用交流润滑油泵和直流润滑油泵出口逆止门不严。

（2）润滑油压下降的处理。

1）当主机润滑滤网后压力降至 0.31MPa 时，确认备用交流润滑油泵和直流润滑油泵启动；当润滑油母管油压下降至 0.29MPa 时，汽轮机应自动跳闸，否则应手动打闸，破坏真空紧急停机，并立即启动顶轴油泵。

2）当主机润滑滤网后油压下降至 0.31MPa，经启动备用交流润滑油泵后，油压有回升趋势时，应立即对下列设备进行检查。

- 检查交流润滑油泵进出口油压，若是交流润滑油泵工作失常，应及时汇报给值长，联系检修人员立即处理。
- 对冷油器进行查漏，若为冷油器泄漏，应及时切换冷油器。
- 检查滤网的压差，若是滤网脏污堵塞，应及时切至备用滤网，并联系检修人员清洗。
- 检查主机润滑油箱油位，如油位低应启动输油箱的净油泵向主油箱补油，并注意油箱油位及油温的变化。
- 如果备用交流润滑油泵出口逆止门不严，造成压力低，应联系检修人员处理。若在运行中无法检修，应将备用交流润滑油泵开启，并在合适时间停机处理。

十一、汽轮机水冲击

高压大容量汽轮机，尤其是大型再热汽轮机，由于进水或进冷汽造成的设备损坏事故，在国内外多次发生。由于进水之后将造成汽轮机叶片损伤、动静部分碰磨、汽缸裂纹或产生永久变形、推力轴承损坏等严重事故，因此，运行人员应高度重视。

1. 汽轮机发生水冲击的现象

主蒸汽或再热蒸汽温度急剧下降；清楚地听到蒸汽管道或汽轮机内有水击声；机组负荷晃动；主蒸汽门和调节门门杆处、蒸汽管道法兰、阀门密封圈、汽轮机轴封、汽缸结合面冒出白色的湿汽或溅出水滴；推力轴承乌金温度和回油温度上升，轴向位移窜动且有增大趋势，汽缸金属壁温度急剧下降，高中压外缸上下壁温度差增大，机组振动剧烈。

2. 汽轮机发生水冲击的主要原因

汽温、汽压控制系统故障或人工调节不当，造成主/再热蒸汽温度急剧下降；主/再热蒸汽减温水阀门控制失灵或内漏严重；在运行中多台磨煤机跳闸，给水调节不及时，燃水比严重失调，主蒸汽温度急剧下降；汽水分离器水位控制不当或给水泵工作失常，造成汽水分离器满水；加热器、除氧器满水，汽轮机防进水保护拒动，或保护动作，但抽汽隔离门不严；高压旁路、主蒸汽管预暖阀门减温水控制不当或减温水隔离门、调节门不严；本体疏水及有关蒸汽管道疏水不良；轴封系统蒸汽汽源温度过低、减温器调节失常（过低）、疏水不良，汽封冷却器满水进入汽封；在低负荷运行阶段，汽水分离器分离性能差，致使蒸汽带水；机组负荷突然大幅增加，主蒸汽温度剧烈下降。

3. 汽轮机水冲击的处理

（1）主/再热蒸汽温度在10min内急剧下降50℃，应紧急停机。

（2）确认汽轮机发生水冲击，应破坏真空紧急停机，尽快切断有关汽水源，加强主/再热蒸汽管道、汽轮机本体及轴封供汽系统的疏水。

（3）如因加热器或除氧器满水引起水冲击，应立即撤出故障加热器或除氧器，并开启相应的事故疏水，同时加强抽汽管道的疏水。

（4）轴封汽带水，应立即切断水源，开启轴封减温器后疏水器旁路门，加强管道疏水。

（5）在停机过程中，应严密监视推力瓦乌金温度、回油温度、轴向位移、高中压外缸上下缸壁温度差、汽缸膨胀情况、机组振动情况。

（6）必须准确记录惰走时间、大轴偏心度，仔细倾听机内声音。

（7）汽轮机因水冲击而停机，若惰走时间明显缩短，轴向位移、推力轴承温度、振动超限或机内有异常声音，应及时汇报总工和有关领导，以决定是否开缸检查。

（8）在投入盘车后，要特别注意盘车运行情况、大轴偏心度等参数变化，严禁强行盘车。

（9）在汽轮机水冲击紧急停机后，必须连续盘车24h以上，同时确认轴向位移、汽缸温差等重要技术指标合格，在经总工批准、有关专业领导及技术人员到场后，方可重新启动。

十二、汽轮机叶片损坏

汽轮机叶片损坏事故包括叶片出现裂纹、断裂、水蚀；拉金开焊或断裂；围带飞脱；叶轮损坏等。在汽轮机发生的事故中，由于叶片损坏而导致的事故占很大一部分，应引起重视。

1. 汽轮机运行中叶片损坏的现象

汽轮机内部发出明显的金属摩擦声；机组振动增加或发生强烈振动；轴向位移异常变化，推力瓦乌金温度、回油温度异常升高；各段抽汽压力异常；低压末级叶片断裂造成凝汽器冷却水管破裂，使凝汽器水位升高，凝结水电导率、钠离子浓度、硬度等明显增大，汽水品质急剧恶化。

2. 汽轮机叶片损坏或断落的原因

机组偏频运行超时限；机组超出力运行；汽水品质不合格，使叶片结垢或腐蚀，各监视段压力升高，超过许可值；开停机疏水、暖机等操作不当，造成叶片过载或动静部件摩擦；凝汽器真空偏低或未盘车进行冲转；在临界转速附近长时间停留；机组发生严重超速；低压缸排汽湿度大，末级叶片水蚀严重；主/再热蒸汽参数突降或加热器、除氧器满水，发生水冲击；设计不合理，制造、安装、检修质量不合格。

3. 汽轮机叶片损坏或断落的处理

汽缸内发出清晰的金属撞击声或机组发生强烈振动，应按破坏真空紧急停机处理。

4. 为防止汽轮机断叶片，运行方面应注意以下五点

（1）保持机组在许可周波47.5～51.5Hz范围内运行。

（2）保持机组蒸汽参数正常。

（3）保持加热器、除氧器正常运行，有关疏水畅通。

（4）保持机组正常出力，严格控制运行限额。

（5）加强汽水品质监督，防止叶片结垢腐蚀。

十三、汽轮机轴向位移增大

汽轮机轴向位移增大有可能造成汽机动静部分间隙减少，轴向推力增大，严重时可能造成汽机动静部分碰磨、推力轴承损坏事故。

1. 汽轮机轴向位移增大的现象

操作员站显示轴向位移增大，报警；推力瓦金属及回油温度指示增大，机组振动可能增强；当达到跳闸值时，汽轮机保护动作跳闸。

2. 汽轮机轴向位移增大的原因

负荷或蒸汽流量变化大；主/再热、蒸汽参数、负荷大幅度波动，造成轴向推力增加；通流部分结垢、断叶片或漏汽量增加，造成轴向推力增加；汽轮机水冲击；回热系统运行方式改变；凝汽器真空下降；系统周波偏离正常范围或发电机转子窜动；推力轴承断油或磨损。

3. 汽轮机轴向位移增大的处理

（1）当轴向位移值发生异常变化时，应检查负荷、蒸汽参数、轴封汽温度、真空、各监视段压力，密切监视推力轴承金属温度变化，并设法调整，通知热工人员校验表计，并倾听机组有无异声，各轴承有无异常振动。

（2）当轴向位移绝对值超过 0.5mm 时，密切监视推力轴承金属温度，除上述检查外，汇报给值长，调整负荷至轴向位移正常值。

（3）当轴向位移绝对值增大，并出现金属响声和强烈振动时，应破坏真空紧急停机。

（4）若轴向位移绝对值超过 1mm，跳机保护应动作，否则应立即破坏真空紧急停机。

（5）如果负荷与蒸汽流量骤变，应迅速稳定负荷并调整蒸汽参数至正常值。

（6）当轴向位移增大且推力轴承温度增加时，应加强监视并分析原因，同时汇报领导。

十四、汽轮机大轴弯曲

汽轮机大轴弯曲事故，大多发生在机组启动（特别是热态启动）或滑停过程中和停机后。大轴弯曲通常分为热弹性弯曲（指转子内部温度不均匀，引起转子沿径向的热膨胀不同而产生弯曲）和永久性（塑性）弯曲（转子局部区域受到急剧加热或冷却，使该区域与临近部位产生很大的温度差，受热部位热膨胀受约束，产生很大的热应力，当超过材料的屈服极限时，转子局部产生塑性变形）。

当汽轮机大轴弯曲时，由于转子质量中心与回转中心不重合，存在偏心，偏心引起摩擦，摩擦热变形进一步加大偏心，使汽轮机转子振动，且随转速升高振动加剧。

1. 汽轮机大轴弯曲的现象

汽轮机转子偏心度超限，连续盘车 4h 不能恢复正常；汽轮发电机组振动显著增大。

2. 汽轮机大轴弯曲的原因

汽轮机发生振动或动静部件发生碰磨；汽缸进水或冷汽，造成高温转子急剧冷却并产生径向温差而发生大轴弯曲；上下缸温差过大，造成转子热弯曲；当机组启动前或停机后，在汽缸温度仍然较高时，未能进行连续盘车。

3. 汽轮机大轴弯曲的处理

（1）在冲转前若转子偏心度超限，应延长盘车时间，直至偏心度合格为止。

（2）在汽轮发电机组启动或正常运行期间，当发生振动异常时，应认真分析，查明原因。因振动异常停机必须投入盘车，连续盘车不少于 4h 才能再次启动。

（3）汽轮机发生进水事故，应严格按汽轮机进水事故处理原则进行处理。

（4）当停机后因盘车装置或顶轴油系统故障无法连续投入盘车运行时，应做好转子偏心度的监视，同时通知检修人员进行定期盘车，并在盘车恢复正常后及时投入连续盘车，进行直轴。

（5）若连续盘车无效，说明转子产生永久弯曲，在确认大轴发生弯曲后，不得再次启动，应进行机械直轴。

（6）若液动盘车、手动盘车均盘不动，禁止用其他方法强行盘车，待汽缸、管道疏水疏净后，关闭汽轮机所有本体疏水及与汽轮机相连通的管道疏水，进行闷缸。

4. 汽轮机大轴弯曲的预防要点

（1）加强汽轮机基础数据与运行数据积累。

（2）在机组启动前应严格按照运行规程检查汽轮机各项启动条件。

（3）加强轴封系统投退的管理，严格控制轴封汽温度有一定的过热度，并与转子金属温度相匹配。

（4）在机组启动前及停机后均应测量大轴偏心度，其不应超过原始值（1 号、2 号机均为 0.02mm）的±0.02mm，按规定投用盘车且盘车转速应正常。

（5）当汽轮机盘车时，应采取有效的隔离措施，防止冷水、冷汽进入汽轮机。

（6）当汽轮机启动时应充分疏水，疏水系统应保证疏水畅通。

（7）在机组启动过程中因振动异常停机必须回到盘车状态，进行全面检查、认真分析并查明原因。连续盘车不少于 4h 才能再次启动，严禁盲目启动。

十五、汽轮机强烈振动

汽轮机振动可分为强迫振动和自激振动。强迫振动是由外界激振力引起的，对汽轮发电机组而言，激振力主要是机械激振力和电磁激振力；自激振动则是振动系统通过本身运动不断向自身馈送能量，自己激励自己。自激振动主要是由油膜自激、间隙自激、摩擦涡动等原因造成的。

汽轮机强烈振动有可能造成汽轮机地基基础损坏、轴系断裂、动静摩擦、汽机零件松动等恶性事故；若振动发生在汽轮机高压端时，还有可能引起危机保安器动作而发生停机事故。

1. 机组振动大的现象

操作员站显示轴振值、瓦振值增大或报警；机组声音异常，就地测量，瓦振明显增大。

2. 机组振动大的原因

润滑油压、油温异常，油质异常；在启动升速过程中发生油膜振荡；在开机前盘车时间不足，汽轮机转子偏心度大；在开停机阶段转速在临界转速区域；机组膨胀异常和滑销系统卡涩等原因引启动静摩擦；机组暖机不充分，疏水不畅；上下缸温差及高、中压转子热应力超限；热态开机，冲转参数（主/再热蒸汽温度）偏低；运行参数、工况剧变，汽轮机进冷汽或发生水冲击；主机轴承损坏，轴承基础或地脚螺栓松动；汽轮机本体内部机械零件损坏或脱落；发电机磁场不平衡或转子风扇脱落，电力系统振荡；转子质量不平衡引起振动；真空过度下降，引起汽轮机中心偏移或末级叶片喘振。

3. 机组振动异常的处理

（1）在机组正常运行中，确认任一轴振突然增加 50μm 且相邻轴振也明显增大，或轴承座振动达 11.8mm/s（1 瓦～5 瓦）、14.7mm/s（6 瓦～8 瓦），或轴振已达 130μm，或在任何工况下机内发出明显的金属摩擦声，应紧急停机，同时正确记录惰走时间。

（2）在启动升速过程中，若因振动超限或振动保护动作跳机，当降至盘车自动投入转速后，确认盘车装置正常。

（3）在机组启动过程中，因振动高而停机后，必须全面检查。确认机组符合启动条件并已连续盘车 4h 以上，才能再次启动。

（4）在升负荷过程中振动增大，应停止升负荷，进行观察。待振动稳定后，方可继续升负荷，当重新升负荷时，应注意振动变化趋势，若振动再次增大，则禁止继续升负荷，并汇报领导，分析处理。

（5）发电机磁场不平衡引起机组振动，应降低机组负荷，直至振动下降到许可范围。

（6）电力系统振荡引起机组振动增大，应立即报告值长。振动越限，应破坏真空紧急停机。

（7）如果 TSI 故障，应立即通知热控人员处理。

十六、汽轮机油系统着火

汽轮机油系统着火往往来势凶猛不易控制，若不及时切断油源、热源，火势将迅速蔓延、扩大，以致烧毁设备、厂房，危及人身安全。

1. 汽轮机油系统着火的原因

油系统的油泄漏至高温部件；电缆着火或其他火情引起。

2. 汽轮机油系统着火的处理

（1）油系统着火，立即组织灭火，汇报领导并联系消防队。当火势不能立即扑灭，严重威胁设备安全时，应启动紧急供油。

（2）若发电机解列后，火势仍无法扑灭，且有蔓延之势，应开启机组事故放油门，放油速度应适当，以使在转子静止前润滑油不中断。当扑灭火后，立即关闭事故放油门。

（3）火灾发生时，应迅速切断故障设备的电源，对已着火的高温高压设备和管道进行灭火时，应使用泡沫式或干粉式灭火器，不准使用黄沙和水灭火。当转子停止后，应立即停用交流润滑油泵并每隔 15min 启动交流润滑油泵，盘动转子 180°。如火势已扑灭，应及时投运润滑油系统和盘车装置。

十七、机组甩负荷

机组运行中，机组的负荷突然大幅度减少或降到零，这种事故被称为机组甩负荷，往往是电网或发电机发生事故、汽轮机调节系统发生事故、汽轮机发生事故、锅炉或锅炉辅机发生事故、电调控制回路发生事故等引起的。

1. 机组甩负荷的现象

机组有功负荷表指数突然减小；当全甩负荷时，负荷至零；就地声音突变，轴向位移变化；蒸汽流量急剧减小；当全甩负荷时，流量接近零；蒸汽压力急剧上升，高低压旁路动作，再热器安全门动作；各段抽汽压力急剧降低；主/再热蒸汽温度升高；EH 油压、调节汽门开度大幅度变化；当机组甩负荷达到功率负荷不平衡继电器及加速度继电器动作条件时，相应回路动作。

2. 机组甩负荷的原因

电网或发变组及厂用电发生故障；主变压器、主开关及厂用电系统发生故障；DEH 发生故障；汽轮机发生故障；机组辅机发生故障；机组保护动作。

3. 机组甩负荷的处理

（1）根据机组负荷情况，启动备用凝结水泵，做好锅炉总燃料量、给水量、燃水比、分离器出口温度、主/再热蒸汽温度、压力、炉膛负压、机组负荷等重要参数的监视和调整。若发现锅炉扰动过大，燃烧不稳，应及时投入油枪稳燃。

（2）全面检查机组运行情况，尽快查明原因并进行相应处理；若无明显故障，立即汇报值长并做好升负荷的准备。

（3）注意厂用电运行情况；注意凝汽器真空及低压缸排汽温度；监视调整好凝汽器、除氧器、加热器水位；维持辅助蒸汽母管压力正常。

（4）注意监视主/再热蒸汽参数，当抽汽压力不能满足小汽轮机、除氧器需要时，切换除氧器、小汽轮机汽源。

（5）在重要辅机跳闸后，首先确认 RB 发生，RB 动作正确，否则手动干预。

（6）检查并确认跳闸磨煤机的消防蒸汽自动投入，否则应手动投入。

（7）检查联合引风机、送风机及一次风机电机的电流、喘振和失速情况，并及时调整。

（8）当恢复负荷时，若启动跳闸的磨煤机，应先确认该磨煤机的点火能量满足，缓慢将磨煤机内的存煤吹入炉膛，当磨煤机内部存煤吹扫干净后，才可启动该制粉系统，以防止发生煤粉爆燃。

（9）若电气保护动作，则按发电机保护动作处理。

十八、汽轮机严重超速

汽轮机严重超速事故是汽轮机事故中最为危险的一种事故。严重超速主要发生在汽轮发电机与系统解列或运行中甩负荷的情况下。当机组严重超速时，则可能使叶片甩脱、轴承损坏、大轴折断，甚至导致整个机组报废。所以运行人员在运行中应对汽轮机超速事故给予足够的重视。

1. 汽轮机严重超速的现象

汽轮机转速超过 3300r/min，超速保护未动作并继续升速；机组发出异常声音，振动增大，轴瓦金属温度上升。

2. 汽轮机严重超速的原因

在发电机甩负荷后，汽轮机调速系统工作失常；高中压主蒸汽门、补汽门、抽汽逆止门卡涩或关闭不严；超速保护失灵；主机功率不平衡，整定不正确或动作不正常。

3. 汽轮机严重超速的处理

（1）立即破坏真空紧急停机。按下两个“紧急停机”事故按钮，锅炉应立即手动 MFT。检查并确认高中压主蒸汽门、调节门、补汽门及各段抽汽逆止门、抽汽电动门均关闭，机组转速下降，否则立即设法关闭，切断一切可能进入汽轮机的蒸汽源。如果汽门未关，解除 EH 油泵联锁，停运 EH 油泵。

（2）检查并确认高排通风门开启。

（3）检查并确认高压旁路动作正常。

（4）在机组惰走期间，应安排人员去就地检查机组的振动、润滑油回油温度、供油压力，倾听机组内部的声音，并准确记录惰走时间。

（5）查明超速原因并消除故障。

（6）全面检查并确认汽轮机正常，方可重新启动。应校验超速保护装置动作正常，方可并网带负荷。

（7）在重新启动过程中应对汽轮机振动、内部声音、轴承温度、轴向位移、推力瓦温度等进行重点检查和监视，若发现异常立即停机。

4. 汽轮机严重超速的预防措施

（1）在机组启动前认真检查高中压主蒸汽门、调节门、补汽门的安装质量，检查并确认各汽门开关动作灵活。

（2）在运行中任一汽轮机超速保护故障，当不能消除时，应停机消除。

（3）定期进行 ETS 超速保护通道试验和主蒸汽门、调节门，补汽门、抽汽逆止门的活动试验。

（4）在机组运行过程中发现主蒸汽门或调节门卡涩，应设法把机组负荷降至零，汽轮机先打闸，后解列发电机。

（5）机组正常停运，采用程序逆功率的方法解列发电机。

（6）加强汽、水、油品质的监督，确保品质符合规定。

十九、汽轮机轴承损坏

汽轮机轴承损坏事故主要针对汽轮发电机组的推力轴承和支持轴承而言。当油膜破坏后，除会引起轴承烧瓦事故外，还会引起轴承振动、轴向位移增大、通流部分碰磨事故，导致机组损坏。

1. 汽轮机轴承损坏的现象

汽轮机轴承金属温度快速上升超过 130℃（发电机轴承金属温度为 107℃）或轴承冒烟。回油中发现乌金碎末；汽轮发电机组振动异常。

2. 汽轮机轴承损坏的原因

轴承断油；润滑油压力偏低、油温过高或油质不合格；轴承过载或推力轴承超负荷，在盘车时顶轴油压低或未顶起；汽轮机进水或发生水击；汽轮发电机组长期振动偏大。

3. 汽轮机轴承损坏的处理

（1）在运行中发现轴承金属异常，应加强主机润滑油系统的检查和机组负荷、各监视段压力、油温、油压、振动、缸温等参数的监视，若发现问题尽快消除。

（2）若确认轴承已损坏，应立即破坏真空紧急停机。

（3）因轴承损坏停机后盘车不能投入运行时，不应强制盘车，而应采取可靠的隔离措施，防止汽缸进水或冷汽。

（4）在轴承损坏后，应彻底清理油系统，确保油质合格方可重新启动。

4. 汽轮机轴承损坏的预防要点

（1）加强油温、油压、油位的监视调整，严密监视轴承金属温度、回油温度。

（2）主机润滑油系统的设备应备用可靠，并严格进行定期试验。

（3）在运行中油泵或冷油器的投停、切换操作应平稳谨慎，严防断油烧瓦。

（4）加强主机润滑油系统的油质检测，确保油净化装置运行正常。

（5）防止汽轮机进水、大轴弯曲、振动异常或通流部分损坏。

（6）顶轴油泵的启停控制应符合主机厂的规定。

（7）汽轮发电机转子应可靠接地。

二十、高压加热器异常工况处理

高压加热器的正常运行与否直接关系到机组回热抽汽系统运行的好坏、给水温度的高低、机组燃料的消耗、机组经济性的高低。机组运行人员在运行中要严密监视。

1. 高压加热器的紧急停运

（1）紧急停运条件。

1）汽水管道破裂，直接威胁设备和人身安全。

2）高压加热器水位高处理无效，且保护未动。

3）水位计全部失灵，无法监视水位。

（2）紧急停运操作。

1）关闭高压加热器进汽电动门及进汽逆止门。

2）解列高压加热器水侧，给水走旁路。

3）关闭 31 号和 32 号高压加热器正常疏水调节门及高压加热器至除氧器连续排气门。

4）检查开启高压加热器事故疏水调节门，使高压加热器水位保持在可监视范围内，汽侧无水位后关闭。

5）开启高压加热器进汽逆止门后疏水门，以防止空气漏入凝汽器。

6）当高压加热器因水位高保护正常动作后，应查明原因，严禁在高压加热器发生泄漏时强行投入高压加热器。

7）当高压加热器汽侧、水侧同时解列时，应密切监视给水压力和流量，主机轴向位移、推力瓦温、各轴承振动等参数，加强对炉侧汽温和燃烧的调整，控制负荷在 1000MW 以内。

8）机组在高压加热器解列退出运行时，机侧应保证各监视段压力不超限，必要时应限负荷。

2. 高压加热器水位升高

（1）高压加热器水位升高的现象。

高压加热器显示水位高（包括就地），水位高发出报警；危急疏水调节门开启；高压加热器加热器内部有不正常声音；高压加热器切除运行，负荷波动。

（2）高压加热器水位升高的原因。

高压加热器泄漏或爆管；疏水调节系统失灵，经处理无效；汽侧压力降低，疏水不畅；高压加热器的所有水位计及操作员站显示均故障，无法监视水位。

（3）高压加热器水位升高的处理。

1）当水位升至高 I 值（38mm）时发出报警，应查明原因，并检查正常疏水调节门开度自动增大，否则手动完成。

2）当水位升至高 II 值（88mm）时，报警，检查该高压加热器事故疏水门保护开启，否则手动完成。

3）当水位升至高III值（138mm）时，高压加热器应自动解列，并切至旁路。

4）若确认高压加热器泄漏，则紧急停用、隔离泄漏的高压加热器。

5）若高压加热器的所有水位计及操作员站显示均故障而无法监视水位，应立即停用该列高压加热器，联系检修人员处理。

6）在高压加热器停运过程中，应注意负荷的波动。

3. 高压加热器水位低

（1）高压加热器水位低的原因。

疏水调节系统失灵；事故疏水调节门误开；进汽电动门、逆止门和抽汽管道逆止门误关。

（2）高压加热器水位低的处理。

1）若疏水调节系统失灵，应立即切为手动并关小，调节水位正常。

2）若事故疏水门误开，立即切为手动关小并关闭，调节水位正常。

3）若进汽电动门、逆止门和抽汽管道逆止门误关，应立即手动开启。

二十一、汽动给水泵汽化

1. 汽动给水泵汽化的现象

给水泵转速、出口压力、流量下降或波动；给水泵泵体及管道声音异常，振动增大；给水泵两端密封处冒出白色湿汽；给水泵推力轴承温度急剧上升或波动。

2. 汽动给水泵汽化的原因

除氧器水位突降；前置泵进口滤网或主泵入口滤网堵塞；除氧器大量补入低温水使除氧器压力突降；给水泵进水管道内有空气或蒸汽；除氧器水位过低；前置泵故障，给水泵入口压力低；给水流量低，再循环门未开。

3. 汽动给水泵汽化的处理

发现汽动给水泵汽化应迅速汇报给值长，降低机组负荷，机组负荷小于 55%，退出汽化汽动给水泵运行。

（1）汽泵组停用可选用 MEH 程控或 DCS 手动停止。

（2）视机组负荷下降情况在 DCS 操作站上逐渐降低目标转速，使汽化汽动给水泵负荷移至另一台给水泵，直至转速为 2800r/min，退出该给水泵运行。

（3）在给水泵降速过程中，当给水泵流量低至最小流量时，确认给水泵再循环门自动开启，尽可能减小给水流量波动。

（4）检查小机转速下降情况，注意给水压力、流量变化、小机金属温度、振动、轴向位移等。

（5）当小机转速为 2800r/min 时，确认不再启动，即手动打闸小机，否则用 MEH 程控降速或用 DCS 手动降速，做备用。

（6）在小机脱扣后，检查高低压主蒸汽门、调节门关闭，转速逐渐下降。

（7）检查小机所有疏水门均自动开启。

（8）根据情况停运汽化给水泵前置泵。

（9）破坏真空和停运轴封。

1）关闭小汽轮机排汽门。

2）关闭小机轴封回汽疏、放水门，停用并隔离小机轴封减温水。

3）确认主机真空与小机真空系统已完全隔离。注意小机真空到零，关闭小机轴封汽供、回汽门，开启小机排汽门前放水门。

4）注意主机真空变化。

5）可根据情况与大机同时停用：主机真空到零，关闭轴封减温水门，关闭辅助蒸汽至小机轴封汽供汽隔离门，开启相关疏水门。

（10）如泵体需放水，则应关闭给水泵暖泵门和给水前置泵进水门。

（11）当给水泵泵壳温度小于 80℃，且给水系统泄压至零后，可停运给水泵密封水。

（12）根据情况完成其他停运和隔离工作。

（13）在停机过程中，注意各轴承座振动的情况、小机转子惰走情况，记录小机转子惰走时间及绘制惰走曲线。

（14）当冷油器出油温度降至 35℃以下时，停止供冷油器冷却水运行。

（15）当小机调节级后温度小于 120℃后，方可停运小机润滑油系统。

二十二、除氧器的故障处理

1. 除氧器水位异常

（1）除氧器水位异常的原因。

除氧器水位自动调节失灵；锅炉给水流量大幅度波动；除氧器底部放水调节门泄漏或误开；凝结水压力、流量大幅度波动；31 号、32 号高压加热器正常疏水调节门不正常；除氧器压力大幅度波动。

（2）除氧器水位异常的处理。

1）当除氧器水位出现异常时，应立即调节除氧器水位调节门，并检查给水泵运行情况，如异常应进行必要调整，若除氧器水位调节门、31 号和 32 号高压加热器正常疏水调节门发生故障，应及时联系检修人员进行处理。

2）若凝结水泵出力不稳定，应切换凝结水泵运行。

3）若除氧器底部放水调节门泄漏，应隔离并联系检修人员处理。

4）如除氧器水位低，必要时可启动备用凝结水泵，加大除氧器的上水，同时注意凝汽器的水位，在紧急情况下，降低机组负荷。

5）当除氧器水位升至高Ⅱ值（300mm）时，联锁开启除氧器溢流调节门，低于 250mm 时返回自动调节；当水位低到 200mm 时，如果除氧器溢流调节门在自动位置，会关到 0，如果在手动位置，则保持开度不变；当除氧器水位升至高Ⅲ值（400mm）时，联锁开启凝结水再循环调节门（低于 350mm 时返回自动调节），联锁关闭 31 号和 32 号高压加热器正常疏水调节门（当水位低于 350mm 后 31 号和 32 号高压加热器正常疏水调节门返回自动调节），联锁关闭除氧器水位主调节门前后隔离门，保护停止 6 号低压加热器疏水泵。

6）当除氧器水位升至高Ⅳ值（500mm）时，联锁开启除氧器放水门和溢流调节门旁路门，保护关闭四抽至除氧器进汽门和逆止门及辅汽至除氧器进汽总门，保护关闭除氧器水位副调节门前后隔离门，保护关闭汽动给水泵组再循环调节门前隔离门，保护关闭除氧器水位调节站旁路手动门，联锁开启辅汽至 1 号、2 号小机供汽气动门。

7）当除氧器水位降至低Ⅰ值（–200mm）报警时，检查除氧器水位调节门动作正常，否则应解除除氧器水位自动，手动调整除氧器水位正常。

8）当除氧器水位降至低Ⅱ值（–700mm）报警时，及时调整水位至正常值（0mm）左右。

9）若水位调整无效，在除氧器水位降至低Ⅲ值（–2060mm）时，跳给水泵、前置泵。

2. 除氧器含氧量增大

（1）除氧器含氧量增大的原因。

联胺加药不足或中断；进汽不足或中断；除氧器压力异常升高；除氧器连续排气门调整不当或排气管道堵塞。

（2）除氧器含氧量增大的处理。

1）调整联胺加药。

2）增大进汽或切换汽源。

3）注意保持负荷平稳。

4）调整除氧器连续排气门。

3. 除氧器振动

（1）除氧器振动的原因。

除氧器进水、进汽突增或突降；给水流量大幅度晃动，造成除氧器水位快速波动；高压加热器大量疏水突然进入除氧器。

（2）除氧器振动的处理。

1）调整除氧器进水、进汽。

2）调整给水流量、除氧器水位。

3）调整高压加热器的疏水量及疏水方式。

4. 除氧器压力突然下降

（1）除氧器压力突然下降的原因。

除氧器进汽突然中断；除氧器水位调节门失灵，大量凝结水进入；除氧器安全门未回座。

（2）除氧器压力突然下降的处理。

判断除氧器压力下降的原因，采取相应措施。

5. 除氧器压力突然升高

（1）除氧器压力突然升高的原因。

凝结水泵跳闸或水位调节门失灵，进水中断；机组过负荷，四抽压力过高；高压加热器疏水量突然增大。

（2）除氧器压力突然升高的处理。

1）迅速恢复除氧器进水至正常。

2）调节控制负荷至正常。

3）检查高压加热器疏水运行情况，必要时开启高压加热器事故疏水。

4）当除氧器压力高时，注意安全门动作正确，当除氧器压力大于 1.138MPa（a）时，除氧器水箱安全门动作；保护关闭四抽至除氧器进汽门、逆止门和辅汽至除氧器进汽总门；保护开启除氧器排汽门；保护关闭汽动给水泵组再循环调节门前隔离门。

二十三、凝结水系统异常工况处理

1. 两台凝结水泵变频运行，其中一台泵跳闸

（1）现象。

DCS 发出语音报警，工频备用的凝结水泵联启；另一台变频运行的凝结水泵变频器控制切至手动，频率升至 50Hz；除氧器水位主调节门控制对象由凝结水精处理后压力切换为除氧器水位，并以一定的速率超驰关小至与机组当前负荷相对应的阀门开度。

（2）原因。

当两台凝结水泵变频运行，其中一台泵跳闸后，工频备用的凝结水泵联启，控制逻辑会给另一台变频运行的凝结水泵的变频器发出变频器控制切至手动和频率 50Hz 的指令（指令持续时间为 20s），以增加变频运行凝结水泵的出力，使两台泵处于满出力工况；除氧器水位主调节门控制对象由凝结水精处理后压力切换为除氧器水位，并以一定的速率超驰关小至与机组当前负荷相对应的阀门开度（为了防止除氧器水位大幅波动），之后除氧器水位主调节门调节对象变为除氧器水位。

（3）处理。

1）在控制逻辑自动调整过程中，会出现除氧器水位上升、凝汽器水位下降现象，运行人员应根据水位具体变化情况按照原来的水位控制方法（利用除氧器放水门、凝结水至凝输水箱溢流调节门和凝汽器补水门等）调整除氧器水位和凝汽器水位。

2）由于在机组正常运行过程中，除氧器水位副调节门处于手动开启状态，因此，在除氧器水位主调节门逐渐关小直至稳定的过程中，运行人员可根据除氧器水位和凝结水母管压力手动调整除氧器水位副调节门，如果凝结水母管压力超过 4.1MPa（系统设计值为 4.5MPa），应立即开启凝结水各用户气动门来降低凝结水母管压力（必要时可开启凝结水至凝输水箱溢流调节门），并注意检查管道泄漏情况。

3）如果机组运行在较低负荷（小于等于 550MW）下出现该异常工况，运行人员应重点注意凝结水母管压力的快速上升速度（由于两台凝结水泵变频运行时出力较低，在其中一台跳闸后，工频备用泵联启，变频运行泵快速增大出力，除氧器水位主调节门会以一定速率关小），可提前开启凝结水各用户气动门来降低凝结水母管压力，紧急情况下可直接停运变频运行泵，维持一台工频泵运行，但必须重点关注除氧器水位、凝汽器水位的变化，并及时调整。

4）在事故处理过程中，当工频泵联启正常后，如遇变频运行泵故障或者变频器无法加载等影响凝结水系统安全运行的情况，运行人员应立即将机组负荷快速降至 550MW 左右，停运故障泵，维持一台工频泵运行。同理，如遇工频泵无法启动，也应立即将机组负荷快速降至 550MW 左右，维持变频运行泵在满出力运行状态。

2. 两台凝结水泵变频运行，变频器控制由自动跳至手动

（1）现象。

当一台变频器控制跳手动时，DCS 会发出语音报警，变频器的控制对象为除氧器水位；当变频运行凝结水泵的变频器控制均跳至手动时，DCS 会发出语音报警，处于自动状态的除氧器水位主调节门的控制对象会由凝结水精处理后压力切换为除氧器水位。

（2）原因。

除氧器水位信号故障；给水流量信号故障；凝结水流量信号故障；除氧器水位控制 PV 与 SP 偏差绝对值大于 200mm，延时 30s 后切至手动；凝结水泵变频器指令与反馈偏差绝对值大于 20Hz，延时 30s 后切至手动；在任意一台凝结水泵联锁启动后，发 3s 脉冲切至手动；锅炉 MFT，发 3s 脉冲切除氧器水位主调节门为手动。

（3）处理。

1）当一台变频器控制跳手动时，DCS 会发出语音报警，变频器的控制对象为除氧器水位。运行人员应先复投一次自动。如果投入不成功，应立即根据处于自动控制的那台变频器的出力手动调整处于手动控制方式的变频器，维持除氧器水位在正常范围，并联系维护人员检查、处理。在维护人员查找出原因且处理完毕后，运行人员再重新将处于手动控制的变频器投入自动控制，并检查自动调节正常。

2）当变频运行凝结水泵的变频器控制均跳至手动时，DCS 会发出语音报警，处于自动状态的除氧器水位主调节门的控制对象会由凝结水精处理后压力切换为除氧器水位。运行人员应先复投一次变频器自动。如果投入不成功，应注意检查除氧器水位主调节门逐渐关小，并立即根据机组负荷、凝结水母管压力调整两台凝结水泵变频器的出力，维持除氧器水位在正常范围，凝结水母管压力不低于 1.8MPa，并联系维护人员检查、处理。在维护人员查找出原因且处理

完毕后，运行人员再重新将处于手动控制的变频器投入自动控制，并检查自动调节正常。

3. 两台凝结水泵变频运行，除氧器水位主调节门由自动跳至手动

（1）现象。

DCS 会发出语音报警，除氧器水位主调节门的控制对象仍为凝结水精处理后压力；如果由除氧器水位、凝结水流量或者给水流量等信号故障引起，两台运行凝结水泵的变频器控制由自动跳至手动，除氧器水位主调节门由自动跳至手动，DCS 会发出语音报警。

（2）原因。

除氧器水位主调节门在调节凝结水精处理后压力的情况下（即至少一台凝泵变频器在自动时），切至手动的条件为：在除氧器水位信号故障或者锅炉主控指令大于 250MW 时，给水流量信号发生故障或凝结水流量信号发生故障；锅炉 MFT，发 3s 脉冲切除氧器水位主调节门为手动。

（3）处理。

1）除氧器水位主调节门在调节凝结水精处理后压力时，当由自动跳至手动后，DCS 会发出语音报警，除氧器水位主调节门的控制对象仍为凝结水精处理后压力。运行人员应检查两台运行凝结水泵的变频器自动工作正常，并根据除氧器水位主调节门逻辑给出的凝结水精处理后压力定值和实际压力反馈值，手动调整压力偏置，维持机组负荷和凝结水精处理后压力稳定，然后联系维护人员检查、处理。在维护人员查找出原因且处理完毕后，运行人员再重新将处于手动控制的除氧器水位主调节门投入自动控制，并检查自动调节正常。

2）如果由于除氧器水位、凝结水流量或者给水流量等信号故障，造成两台运行凝结水泵的变频器控制由自动跳至手动，除氧器水位主调节门由自动跳至手动，DCS 会发出语音报警。此时，运行人员应稳定机组负荷，通过除氧器水位调节门维持除氧器水位，通过凝结水泵变频器控制凝结水精处理后压力不低于 1.8MPa（必要时可逐渐将两台凝结水泵变频器加载至 50Hz），并注意凝结水泵变频器和除氧器水位主调节门的配合使用（运行人员也可根据具体情况灵活运用，通过凝结水泵变频器调整除氧器水位，通过除氧器水位主调节门控制凝结水精处理后压力）。在维护人员查找出原因且处理完毕后，运行人员先依次将处于手动控制的变频器投入自动控制，再将处于手动控制的除氧器水位主调节门投入自动控制，并检查凝结水泵变频器的控制对象为除氧器水位。除氧器水位主调节门的控制对象为凝结水精处理后压力且自动调节正常。

4. 两台凝结水泵变频运行，除氧器水位主调节门卡涩

（1）现象。

机组负荷由稳定开始变化，凝结水泵变频器输出频率随之发生变化，除氧器水位主调节门卡涩不动作，当造成凝结水精处理后压力开始明显上升或者下降时才会被发现。当遇到这种异常现象时，运行人员可先解除除氧器水位主调节门的自动，手动微开或者微关除氧器水位主调节门，检查其是否动作，如不动作可判断为除氧器水位主调节门卡涩。

（2）处理。

1）在除氧器水位主调节门卡涩后，运行人员应解除 AGC，根据凝结水精处理后压力提升或者降低机组负荷至某一稳定值，同时使用除氧器水位副调节门进行微调，并立即向调度和相关领导汇报，联系维护人员检查、处理。

2）如果需要隔离除氧器水位主调节门，运行人员应缓慢降低机组负荷，同时根据凝结水

精处理后压力逐渐开启除氧器水位副调节门，直至全开。然后，运行人员控制机组负荷缓慢下降，根据凝结水精处理后压力联系就地检修人员缓慢关小除氧器水位主调节门后电动门，直至全关，再关闭除氧器水位主调节门前电动门。在此过程中，凝结水主要通过除氧器水位副调节门，将机组负荷降至较低值，运行人员应根据运行部下发的“低负荷运行措施”执行。

5. 两台凝结水泵变频运行，工频备用的第三台凝结水泵联启

（1）现象。

DCS 发出语音报警，原变频运行的两台凝结水泵的变频器控制切至手动，频率升至50Hz；除氧器水位主调节门控制对象由凝结水精处理后压力切换为除氧器水位，并以一定的速率超驰关小至与机组当前负荷相对应的阀门开度，之后除氧器水位主调节门调节对象变为除氧器水位。

（2）原因。

凝结水母管压力不大于 1.3MPa；凝结水流量不小于 2500t/h。

（3）处理。

1）由于在机组正常运行过程中，除氧器水位副调节门处于手动开启状态，因此，在除氧器水位主调节门逐渐关小直至稳定的过程中，运行人员可根据除氧器水位和凝结水母管压力手动调整除氧器水位副调节门，如果凝结水母管压力超过 4.1MPa（系统设计值为 4.5MPa），应立即开启凝结水各用户气动门来降低凝结水母管压力（必要时可开启凝结水至凝输水箱溢流调节门），并注意检查管道泄漏情况。

2）在控制逻辑自动调整过程中，运行人员应根据水位具体变化情况，利用除氧器放水门、凝结水至凝输水箱溢流调节门和凝汽器补水门等调整除氧器水位和凝汽器水位，避免水位大幅波动。

3）如果机组运行在较低负荷（小于等于 550MW）下，凝结水流量增大（通常为低压旁路开启后的减温水量增大引起），联启第三台凝结水泵，运行人员应重点注意凝结水母管压力的快速上升速度（由于两台凝结水泵变频运行时出力较低，在工频备用泵联启后，变频运行泵快速增大出力，除氧器水位主调节门会以一定速率关小），可提前开启凝结水各用户气动门来降低凝结水母管压力。待事故处理完毕，低压旁路关小，低压旁路减温水用量减小，凝结水流量降至 2000t/h 时停运工频运行凝结水泵，投入备用，在对系统运行情况进行全面检查，确认无异常后，依次将变频运行凝结水泵变频器和除氧器水位主调节门投入自动。

4）在事故处理过程中，当工频泵联启正常后，如遇某台运行泵故障情况，运行人员应立即停运故障泵，维持另外两台泵满出力运行，若无法满足系统压力需求或者低压旁路减温水需求，应立即降低机组负荷，尽量提高凝结水系统压力，暂时减少除氧器进水量，同时应注意再热器安全门动作情况。

5）如果是由于凝结水母管压力低（通常为系统泄漏引起）联启第三台凝结水泵，运行人员应立即到就地检查系统，按照运行规程中的凝结水系统处理要求进行事故处理。

二十四、凝汽器单侧泄漏

1. 凝汽器单侧泄漏的现象

凝汽器水位升高；凝结水电导率、硬度增大；变频凝结水泵的电流、出力增大；凝汽器检漏装置报警。

2. 凝汽器单侧泄漏的隔离

（1）当在运行中发现凝汽器单侧循环水管泄漏或凝汽器水侧污脏时，应汇报值长，可单独解列、隔绝同一回路凝汽器循环水。

1）待停用侧凝汽器胶球装置收球结束后，胶球泵停止运行，并将该组胶球清洗程控退出，系统已隔离并停电。

2）机组降负荷至80%额定负荷以下。

3）当凝汽器单侧隔离时不允许三台循环水泵同时运行。

4）关闭停用侧凝汽器抽空气电动门。

5）关闭停用侧凝汽器循环水进水电动门，注意另一侧凝汽器循环水侧压力不超过0.4MPa。

6）关闭停用侧凝汽器循环水出水电动门，检查机组负荷、凝汽器真空和循环水系统压力变化无异常（凝汽器真空不低于-85kPa，排汽温度不大于60℃），如凝汽器真空下降而不能维持，应立即进行恢复操作。

7）如凝汽器循环水侧压力大于0.4MPa，应停用一台循环水泵。

8）在停用侧凝汽器循环水进出水电动门关闭后停电。

9）开启停用侧凝汽器循环水侧放水门和排气门，注意凝泵坑水位和排水泵运行情况正常。

（2）单侧凝汽器循环水泄漏隔离后的投运操。

1）检查确认凝汽器工作全部结束，工作人员已撤离，所有工具及物品均已取出，工作票终结，方可关闭人孔门和凝汽器水侧放水门，并给循环水进出水电动门送电。

2）稍开待恢复侧凝汽器循环水出水电动门，对恢复侧凝汽器循环水侧赶空气，待排气门有水连续流出后关闭排气门。

3）全开恢复侧凝汽器循环水出水电动门，再次开启恢复侧凝汽器循环水室排气门，在确认空气赶尽后关闭。

4）逐渐开启该待恢复侧凝汽器循环水进水电动门，直至全开，各排气门再间断打开排气，在确认空气赶尽后，关闭排气门，监视凝汽器真空变化。

5）在凝汽器真空正常后，可恢复机组负荷，同时注意循环水母管压力，根据需要增开一台循环水泵。

6）根据需要程控投入胶球清洗装置。

第四节　电气事故处理

电气事故主要包括发电机—变压器组事故、厂用电事故、电动机事故及电力系统事故。电气系统事故后果严重，事故发生后处理不及时、不正确将使事故扩大，甚至造成电力系统瓦解，带来巨大损失。

一、发电机的异常运行及事故处理

（一）发电机过负荷

1. 现象

定子电流超过额定值。

2. 处理

（1）当发电机定子电流超过正常允许值时，首先应检查发电机功率因数和电压。

（2）如系统电压正常，应减少无功负荷，使定子电流降低到允许值，但功率因数和定子电压不得超过允许范围。

（3）如减少励磁仍无效，应报告值长，降低有功负荷。

（4）加强对发电机各测点温度的监视和调整。

（二）发电机三相电流不平衡

1. 现象

发电机三相电流不平衡，负序电流超过正常值。

2. 原因

线路不对称短路、非全相运行或其他原因；发电机内部故障；厂用电缺相运行。

3. 处理

（1）核对发电机、主变压器的三相电流显示，判断是外部系统原因、内部故障，还或是二次表计回路故障引起的三相电流不平衡。

（2）当负序电流大于 6%的额定值，最大定子电流大于或等于额定值时，应汇报调度，申请降低机组的有功、无功负荷，使负序电流、定子电流降至许可范围之内。

（3）若是由机组内部故障引起的，则应把故障机组解列。

（4）若是由系统原因引起的，应立即汇报调度设法消除。

（5）当发电机在带不平衡电流运行时，应加强对发电机线圈温度、氢温、各线棒出水温度和机组振动的监视和检查。

（6）在发电机负序电流保护动作跳机后，当再次启动前，必须对发电机尤其是转子进行全面检查，在确认无异常后，经总工程师批准后方可重新启动。

（三）发电机温度异常

1. 现象

发电机定子线圈槽内层间温差大报警；定子铁心端部温度或定子铁心端部磁屏蔽温度高报警；上下层线棒出水温度或定冷水出水温度高报警；发电机进出风温度高报警。

2. 原因

发电机过负荷；发电机三相电流不平衡；发电机通水线棒堵塞；氢冷器工作不正常；温度检测元件故障；定冷水流量过低或水温过高；发电机进相深度过深或进相运行时间过长。

3. 处理

（1）稳定负荷，记录异常温度测点及当时的发电机有功、无功、功率因数、三相电流、电压、氢压、发电机进风温度值。

（2）通过对发电机相关参数的分析或采用降低发电机出力，观察温度变化趋势来判断温度检测元件是否存在故障（如在不同负荷工况下某元件始终显示异常，基本判断该元件存在故障）。元件如存在故障应及时通知热工人员处理。

（3）若判明为发电机过负荷或三相电流不平衡引起发电机温度异常，应及时按发电机过负荷或发电机三相电流不平衡的处理原则进行处理。

（4）如发电机进出风温度异常，应及时检查氢冷器工作情况，重点检查氢温自动控制、氢冷器闭式水的供给量以及氢冷器顶部的空气积聚情况。

（5）若发现发电机内氢气压力过低，应查明原因并补氢。

（6）若是定冷水工作不正常，应及时检查、调整并恢复至正常。

（7）查看绝缘过热监测装置是否报警。

（四）发电机与系统振荡或失步

1．现象

DCS及NCS上显示发电机、主变压器和500kV线路的功率、电流周期性地剧烈摆动，并有可能超过正常值；各点电压周期性地摆动，若处于振荡中心，可能周期性地降到接近于0；发电机发出轰鸣声，其节奏与摆动合拍；白炽灯随电压波动忽明忽暗；发电机强励装置可能动作。

2．原因

系统故障，超过稳定限额；在故障时开关或继电保护拒动或误动；系统失去大电源；大机组失磁；发电机非同期并网。

3．处理

（1）当系统发生振荡时，立即将本厂的振荡现象汇报调度，并按照调度命令进行处理，防止事故扩大。

（2）提高发电机无功出力，增加系统电压，尽可能使发电机电压提高至允许最大值。

（3）根据系统频率的变化，适当调节有功出力，维持功率平衡。当频率升高时，应立即降低有功出力。

（4）根据振荡情况，及时切换厂用电源。

（5）若是同步振荡，经过上述处理，振荡会逐渐衰减或消失；若经上述处理振荡仍不见减弱，应根据调度命令将振荡系统解列再重新并列。

（6）若强励装置动作，禁止人为干预。

（7）在系统发生振荡时，现场运行值班人员在未接到调度命令前不得解列发电机组。

（8）若由于本厂发电机失磁而保护未动，引起系统振荡，应立即将机组解列。

（9）若振荡是由于机组非同期并列所致，应立即解列发电机。

（10）当系统振荡消除、频率恢复后，立即做好解列的发电机与系统并列的准备工作，并列与否按调度命令执行。

（11）频率或电压下降严重，导致辅机无法正常工作，引起机组跳闸则按机组MFT事故处理原则进行处理。

（五）发电机逆功率

1．现象

发电机有功读数为负值；逆功率动作信号发出。

2．处理

（1）若发电机逆功率保护动作跳闸，按保护动作停机处理。

（2）当发电机逆功率保护未动作出口时，应立即解列发电机。

（3）当查明原因消除故障后，请示调度重新将发电机并入系统。

（六）发电机定子接地

1．现象

发电机定子接地保护报警；发电机PT开口三角电压有指示。

2. 处理

（1）当定子接地保护跳闸时，按主开关跳闸处理。

（2）若发电机定子接地伴随发电机内有油水先后报警，则应将发电机紧急停机。

（3）当定子接地保护发信未跳闸时，应立即对发电机出口 PT 和励磁变压器、高压厂用变压器高压侧进行外观检查，联系继保人员对发电机中性点接地变压器二次电压、出口 PT 二次电压进行测量。经综合分析判断，当确定为发电机内部接地时，应立即将发电机解列灭磁。当为发电机外部接地时申请停机进行处理，运行时间不超过 30min。

（4）停机后应联系检修人员分别测量检查发电机出口 PT、励磁变压器、主变压器低压侧、高压厂用变压器高压侧和发电机定子绝缘，以判断故障发生在发电机内部还是外部。

（七）发电机非全相运行

1. 现象

保护盘“非全相”“不对称过负荷”信号灯亮；当一相开关跳闸时，发电机定子电流有一相增大，另两相减小且相等；当两相开关跳闸时，发电机定子电流一相为零，另两相相等；机组可能产生 100Hz/s 的振动和噪音；发电机出风温度明显升高。

2. 处理

（1）开关非全相运行一般发生在机组启动、停机过程中，表现为发电机三相电流严重不平衡，负序电流很大，发电机振动，声音异常。

（2）在非全相状态下，严禁手动关闭主蒸汽门，严禁切断发电机励磁。应将发电机有功负荷、无功负荷、定子电流减至最小，使发电机负序电流小于长期运行允许值。

（3）当发生非全相时，发电机负序过流保护应动作，断开发电机主开关。若发电机主开关未断开，应在 NCS 中再分闸一次，当仍分不掉时将机组有无功降至近于 0，联系检修人员就地将未跳闸的相断开。

（4）当并列出现非全相合闸时，应立即解列，在查明原因并处理后再重新并网。

（5）当解列出现非全相分闸时，若励磁开关已经断开，严禁重新加励磁。应在 NCS 中再分闸一次，当仍分不掉时应汇报调度，拉开非全相开关的两侧开关。

（八）发电机非同期并列

1. 现象

发电机在并列时产生较大的冲击电流；发电机发生强烈振动。

2. 处理

（1）立即解列发电机。

（2）查明并消除非同期并列的原因。

（3）对发电机做全面检查，并进行必要的电气试验，在确认发电机和主变压器无问题后，方可重新并列。

（九）发电机保护动作

1. 现象

DCS 上发出发电机保护动作报警。发变组出口开关、励磁开关跳闸，发电机三相电流、电压指示到 0。

2. 处理

（1）检查厂用电源自投是否正常。

（2）检查保护动作情况，判明跳闸原因。

（3）若是外部故障引起跳闸，在隔离故障点且全面检查无异常后，可将发电机重新并列。

（4）若是内部故障引起跳闸，则应进行如下检查：

1）对发电机保护范围内的设备进行全面检查。

2）检查发电机有无绝缘烧焦的气味或其他明显的故障现象。

3）联系检修人员测量发电机定、转子绝缘电阻是否合格及各点温度是否正常。

4）经上述检查及测量无问题且经总工程师批准后，可进行发电机零起升压试验，在良好后再将发电机并列。

（5）若经检查确认为保护装置误动，联系检修人员处理，停用该保护装置，在经生产厂长或总工批准后方可重新将发电机并入系统。

（十）发电机过激磁

1. 现象

发电机过激磁保护报警；发电机过激磁保护Ⅰ段动作于自动降低励磁电流，Ⅱ段动作于跳闸；励磁调节器 V/F 限制报警，自动降低励磁电流；发电机端电压过高或频率过低；发电机在升压并网时发生过激磁，发电机转子电压和电流大于空载值。

2. 处理

（1）当发电机过激磁保护跳闸时，按主开关跳闸处理。

（2）当下列情况造成发电机过激磁时，应立即将发电机灭磁。

1）在发电机转速达额定转速前误加励磁电流。

2）发电机解列，主蒸汽门关闭，机组惰走而励磁开关未断开。

3）发电机甩负荷，发电机在励磁调节器自动失灵或手动解列。

4）因励磁调节器自动调节失灵引起发电机励磁电流骤增。

5）励磁调节器 PT 断线引起调节器误加大励磁。

（十一）发电机失磁

1. 现象

定子电压及各系统电压通常降低；定子电流指示升高并摆动；有功功率显示较正常值降低，无功显示负值；如转子回路开路，转子电流显示为零，转子电压显示升高。如转子线圈短路，转子电流增大，转子电压下降或近于零；如励磁调节装置故障，发出故障信号；系统可能会发生振荡；并列运行的其他发电机无功和定子电流显示值增大。

2. 处理

（1）若失磁保护动作跳闸，应迅速查明原因，尽快恢复。

（2）若失磁保护未投入或拒动，发电机不允许在失磁状态下运行，应立即将发电机解列。

（十二）发变组主开关跳闸

1. 现象

DCS 上发出相关保护动作报警；发变组出口开关、励磁开关跳闸，发电机三相电流、电压指示到 0。

2. 处理

（1）检查 6kV 备用电源自投情况，若自投正常，应将快切装置复归。若未自投应检查保安电源系统运行是否正常，必要时开启柴油发电机组。

（2）检查直流系统、UPS 系统运行正常。

（3）检查保护动作情况，判明发变组主开关跳闸原因，并做相应处理。

（4）若主开关跳闸后导致 500kV 母线解环运行或 2 号机跳闸，应立即汇报调度，将主变压器高压侧闸刀拉开，在断开发变组保护及切机保护跳 500kV 开关压板并投入其短引线保护后恢复 500kV 开关成串运行。

（5）做好重新开机并网的相关准备工作。

（十三）发电机 PT 断线

1. 现象

发电机电压表指示可能降低或为 0；发电机 PT 保险熔断报警；发电机有功/无功功率表指示可能降低或为 0；发电机频率表指示可能异常；发电机电度表脉冲闪烁可能变慢或停闪；励磁调节器可能自动切至另一通道运行；相关保护发断线闭锁信号。

2. 处理

（1）根据不同情况联系继电保护人员退出相关保护软压板。

1）当 1 号 PT（用于电量计量、AVR 和保护）断线时，应注意电量计量和 AVR 的切换，并联系继电保护人员退出相关保护软压板。

2）当 2 号 PT（用于测量和 AVR）断线时，应注意测量参数的变化和 AVR 的切换。

3）当 3 号 PT（用于定子匝间保护）断线时，应联系继电保护人员退出定子匝间保护软压板。

（2）若测量回路未能切换，造成发电机有功表、无功表指示异常，应尽量减少对有功、无功的调节，并根据汽机主蒸汽流量、发电机定子电流、转子电流等其他表计数值进行监视，保持发电机的稳定运行。

（3）立即对故障 PT 一、二次回路进行检查，若二次开关跳闸，检查无明显故障，应试合一次。

（4）若一次熔断器熔断，应联系检修人员将 PT 小车拉出并更换同型号熔断器，若熔断器再次熔断，应对 PT 及所属系统进行全面检查，在消除故障后，再更换熔断器。

（5）在发电机电压互感器恢复正常后，检查并确认定子电压表、有功表、无功表指示正常；投入停用的保护，并检查有关保护是否正常；将 AVR 恢复正常方式运行。

（6）记录影响发电机有功、无功的电量及时间。

（十四）发电机着火

1. 发电机氢系统泄漏着火

（1）现象。

氢气泄漏点发出轻微爆炸声，并带有明火；报警系统发出报警信号；发电机内部氢压可能波动。

（2）处理。

1）采取措施，设法阻止漏氢，停止向发电机补氢，隔离着火的氢气管路。

2）用灭火器进行灭火并通知消防部门。

3）维持发电机密封油及冷却系统运行正常。

4）对着火区域进行隔离，保护事故现场，分析着火原因。

5）当威胁机组安全时，停机处理。

2. 发电机碳刷滑环冒火

（1）现象。

在发电机滑环处有火星冒出，并有绝缘焦味；发电机励磁电压、电流摆动，严重时可伴有转子接地、失磁等信号；火灾报警系统发出报警信号。

（2）原因。

使用的碳刷牌号不符合要求，或不同牌号的碳刷用在同一集电环上；弹簧发热变软，失去弹性，碳刷压力不均匀或不符合要求；碳刷磨至极限以下；碳刷接触面不清洁，个别或全部碳刷出现火花；碳刷和刷辫、刷辫和刷架间的连接松动，发生局部火花；碳刷在刷窝中摇摆或卡涩；刷架的位置不对或刷盒与集电环的间隙不符合规定；碳刷间电流分配不均匀。

（3）处理。

1）降低发电机有功负荷和无功负荷，当冒火形成环火时，应立即解列发电机，紧急停机。

2）拔下或调整冒火的碳刷，每极每次拔下的碳刷不允许超过两组。

3）测量各碳刷电流分布情况，当碳刷出现冒火现象时，多为不冒火的其他碳刷有接触不良的情况，应首先用钳形电流表测量各碳刷的电流分布情况，重点对电流较小或为0的不冒火碳刷进行检查，对压簧压力小，碳刷卡涩、过短或刷辫烧断等情况进行调整、更换或研磨处理，同时迅速联系检修人员协助消除。

4）如发电机保护动作按事故停机处理，查找分析碳刷着火原因，联系检修人员处理。

（十五）发电机绝缘过热监测报警处理

检查绝缘过热监测装置自检情况，若自检后显示仪器故障，应将其隔离，联系检修人员处理；若自检后显示仪器正常，则增大氢气流量，若报警仍不消失，则发电机内部可能有绝缘过热现象，应取气检验，确认绝缘过热则申请停机处理。

（十六）发电机漏液检测装置报警处理

（1）若液位检测器液位开关动作跳闸，按保护停机处理。

（2）将已报警的液位检测器上游的截止门关闭，打开对应的排污门放出液体，检查是油还是水。

（3）接着关闭排污门，重新开启检测器上游的截止门。

（4）这样重复几次，若发现检测器中仍然有液体，说明存在泄漏，应立即申请停机处理。

二、励磁系统的异常运行及事故处理

（一）励磁变压器运行中出现下列情况，应降无功运行

（1）引线接头发热或变色。

（2）负荷、环境温度均无明显变化，而励磁变压器温度有明显上升，但未超过允许值时。

（二）励磁变压器运行中出现下列情况，应申请停机

（1）励磁变压器内部有强烈不均匀的放电声且伴有爆裂声。

（2）套管严重破损和有严重的放电声。

（3）负荷、环境无明显变化，励磁变压器温度急剧上升，且超过允许值时。

（三）励磁变压器温升过高的处理

（1）检查励磁系统是否过负荷运行。

（2）检查整流功率柜是否缺相运行。

（3）检查励磁变压器冷却风机是否自启动且正常工作。

（4）若在运行中不能恢复正常，应向调度申请停机处理。

（四）励磁整流柜快速熔断器熔断

1. 现象

“励磁调节器熔断器熔断及功率柜停风”光字牌亮；就地整流柜上液晶显示“功率柜故障”，输出电流异常减小；调节柜上“功率柜故障”指示灯亮。

2. 处理

（1）将故障整流柜脉冲开关切至断开位置。

（2）联系检修人员更换熔断的快速熔断器。

（3）注意监视机组的无功负荷不得超过规定的限额。

（五）励磁整流柜风机故障停运

1. 现象

“励磁调节器熔断器熔断及功率柜风机停风”光字牌亮；若整流柜两组风机已停运，整流柜上液晶显示“功率柜故障”；励磁整流柜风机跳闸；若整流柜风机未停但风压管故障，励磁整流柜上液晶显示“功率柜故障”；调节柜上“功率柜故障”指示灯亮。

2. 处理

（1）当励磁整流柜风机故障停运时应立即将该组整流柜脉冲开关切至断开位置停运该整流柜，并联系检修人员处理。

（2）当励磁整流柜风机风压管故障时可不停整流柜，但应联系检修人员处理。

（六）励磁调节器故障处理

（1）检查 AVR 自动切至另一通道运行或手动切至另一通道运行，加强监视，联系检修人员处理。

（2）就地检查 AVR 装置电源是否消失，记录报警指示。

（3）确认调节器的报警原因，联系检修人员处理。

（4）如不能消除 AVR 故障，汇报值长，申请解列停机处理。

（5）在故障消除后恢复正常运行方式。

（七）启励失败的处理

（1）检查启励电源是否正常，脉冲电源等是否投入。

（2）检查启励回路、可控硅整流回路、转子回路有无短路或接地等。

（3）检查励磁操作控制回路是否正常。

（4）检查主回路接线是否正常；检查滑环碳刷有无异常。

（5）检查励磁开关合闸是否到位；PT 一次保险是否熔断或接触不良；PT 回路接线是否松动。

（6）联系检修人员检查调节器给定值及 V/F 参数设置是否正确，必要时由检修人员对装置进行重启或采取就地建压方式。

（八）发电机转子励磁回路接地处理

（1）检查接地检测装置工作是否正常，进一步核对绝缘检测装置的绝缘数值，并加强监视。

（2）对励磁系统进行全面检查，有无明显接地，如接地的同时发电机发生失磁、失步或振动，应立即解列停机。

（3）配合检修人员确认接地点在转子内部或外部：如为转子外部接地，由检修人员设法消除；如为转子内部接地，汇报值长，申请尽快停机处理。

（4）如转子接地保护动作跳闸，按事故跳闸处理。

（5）当转子一点接地未处理好，又发生两点接地且保护未动作跳闸时，立即将发电机解列灭磁。

（九）励磁变压器保护动作的处理

（1）检查励磁装置，确认整流功率柜是否失控或转子回路是否有短路点。

（2）检查励磁变压器及电缆，确认是否有短路点。

（3）故障消除或未发现明显故障点，在经总工程师批准后可用零起升压方式对机组带励磁变压器升压，当无异常后再正式投运。

三、变压器的异常运行及事故处理

（一）变压器过负荷

（1）变压器允许正常过负荷、事故过负荷运行，过负荷的时间、大小按规定执行。

（2）全天满负荷运行变压器不允许过负荷。

（3）存在缺陷或冷却系统有故障的变压器不允许过负荷。

（4）当变压器过负荷时，应投入备用冷却器。

（5）当变压器在过负荷运行时，应加强监视变压器的线圈及油温。

（6）当变压器经事故过负荷后，应对变压器进行全面检查，并将事故过负荷的大小、持续时间记入运行记录簿内。

（二）变压器的不正常温升

当变压器在运行中油温或线圈温度不正常升高或超过允许值时应查明原因，并采取措施使其降低，同时须进行下列工作。

（1）检查变压器的负荷和冷却介质的温度，并与相同负荷和冷却条件下的温度进行核对。

（2）核对变压器 DCS 显示温度和就地温度计指示是否正常。

（3）检查冷却系统运行是否正常。

（4）检查变压器的三相电流是否平衡。

（5）适当降低变压器的负荷到允许范围之内，以限制温度的上升。

（6）若经以上检查未发现问题，变压器油温较正常值（同一负荷和冷却温度下）高出 10℃以上，或变压器负荷不变，当油温不断上升时，则认为变压器已发生内部故障，应立即停止变压器运行。

（三）变压器油位异常

（1）如由长期微量漏油引起，应补充加油，并视泄漏情况安排检修。

（2）若在瓦斯继电器玻璃窗内能看到油位，尚能维持运行，应立即联系检修人员进行加油，加油时禁止从底部加油。

（3）在加油前，经批准将重瓦斯保护由“跳闸”改为“信号”。待加油结束，经测量重瓦斯保护无出口跳闸信号后，恢复重瓦斯保护投入“跳闸”。

（4）如大量漏油而使油位迅速下降，禁止将重瓦斯保护改投信号位置；当油位已降至低极限无法恢复时，应立即停止变压器的运行。

（5）当变压器因呼吸器堵塞而引起油位异常升高或呼吸器溢油时，立即通知检修人员，汇报上级领导，采取有效措施加以消除。

（6）若因环境温度上升使变压器油位升高至油位指示极限，当经查明不是假油位所致时，则应通知检修人员放油。

（7）若因油温过低造成变压器油位下降，为避免继续下降至油位计以下，应根据负荷适当调整冷却装置的运行方式，以维持变压器油温和油位在规定范围内。

（四）变压器冷却器故障的处理

（1）检查备用冷却器是否自投，否则立即投入。

（2）迅速查明原因，恢复冷却器运行。当暂时不能恢复，且油温升高到限值时，须迅速降低负荷。

（3）低压干式变压器风扇故障处理。

1）严密监视干式变压器温度。

2）当温度高时，可通知检修人员采用临时风机从外部加强通风。

3）合理调整干式变压器负荷，安排适当时间消缺。

4）当采取以上措施后，温度有不断上升趋势，应在将变压器所带母线切换至备用电源运行后，停电处理。

（4）在查明故障原因后通知检修人员处理。

（五）瓦斯保护动作

1. 瓦斯保护动作的原因

轻瓦斯动作的可能原因：滤油、加油或冷却系统不严密，空气进入变压器；温度下降或漏油使油位缓慢下降；变压器故障，产生少量气体；发生穿越性短路；保护装置二次回路故障等。重瓦斯动作或轻/重瓦斯同时动作的可能原因有：变压器内部发生严重故障；油位下降太快；在变压器检修后，油中空气分离出来太快；保护装置二次回路故障；保护误动等。

2. 轻瓦斯动作的处理

（1）当变压器轻瓦斯保护发信号时，应立即对变压器进行检查，查明瓦斯信号动作的原因。

（2）联系检修人员取气样做色谱分析，根据分析结果做相应处理，气体性质、可能原因及处理原则对照如表 6-1 所示。

表 6-1 气体性质、可能原因及处理原则对照表

气体性质	可能原因	处理原则
无色无臭、不可燃气体	侵入空气或油中的空气析出	可以继续运行
灰黑色、易燃	局部过热或放电造成油炭化	应停电检修
黄色、不易燃	内部木制件烧坏	应停电检修
白色或淡灰色、可燃、有臭味	纸板绝缘物烧毁	立即停电检修

（3）注意轻瓦斯信号发出的时间间隔，如间隔时间逐次缩短，则表示变压器可能跳闸，此时禁止将瓦斯保护改投信号，有备用变时应投入备用变运行，并立即汇报领导，将该变压器停运。

（4）如发现内部有放电声或不正常的声音，应停电。

（5）检查保护装置二次回路是否有故障。

3. 重瓦斯动作跳闸的处理

（1）检查备用变投入正常，迅速对故障变压器外部进行检查，检查瓦斯保护动作是否正确，有无设备损坏。

（2）通知检修人员取油样和气体进行分析，以鉴定变压器内部是否存在故障。

（3）在变压器未经检查及试验合格前不允许再投入运行。

（4）即使外部检查和瓦斯气体检查无明显故障也不允许强送，除非已找到确切依据证明重瓦斯误动方可强送。

（5）若跳闸原因不明，则应联系检修人员测量变压器线圈的直流电阻并进行油色谱分析等，经试验确证变压器良好，在报相关领导同意后方可送电。当有条件时应采取零起升压方式。

（六）压力释放装置动作后处理

（1）检查压力释放器动作后是否大量喷油。

（2）检查变压器喷油是否着火，若着火按变压器着火处理。

（3）当由变压器内部故障引起压力释放装置动作时，按变压器事故处理。

（4）检查压力释放装置能否自动复置，并手动复归机械电气信号。

（七）变压器在线监测装置报警的处理

（1）参考报警信息，对报警的真实性作出判断。

（2）如装置本身异常，通知检修人员处理；如检修确认超标则通知化学运行人员取油样分析，以分析结果决定是否停电处理。

（3）做好事故预想，确定运行方式，随时准备停运变压器。

（4）加强变压器巡视，加强对变压器参数和在线监测曲线的监视。

（八）变压器故障跳闸处理

（1）检查备用变投入正常，查看保护动作情况，做好记录，并复归。

（2）对保护动作范围内的设备进行外部检查，有无明显故障点。

（3）通知检修人员对变压器一、二次回路进行故障查找。

（4）当变压器的主保护（如瓦斯或差动保护）动作时，必须对其保护范围内的设备进行全面检查有无明显故障象征，并测量变压器的绝缘电阻，取气或取油样分析，以查明变压器的跳闸原因。

（5）判断变压器有内部故障，做好安全措施，通知检修人员处理。

（6）重瓦斯、差动保护同时动作，在未查明原因并消除前，不得向变压器送电。

（7）变压器后备保护动作跳闸，应对变压器进行外部检查无异常，若查明故障点确在变压器回路以外，应在隔离后方可对变压器试送电一次。

（8）当变压器内部及其回路故障消除后，在投入运行前，应做零起升压试验，若发现异常，应立即停止变压器运行。

（九）变压器着火处理

（1）当变压器着火时，应立即将故障变隔离，并停用其冷却装置。

（2）当油溢在变压器顶盖上面着火时，若变压器加装有远离本体的事故放油门，可以打开放油门。

（3）若变压器内部故障引起着火，则不允许放油，以防变压器发生爆炸伤人。

（4）通知消防人员按消防规程灭火，防止火势蔓延。

（5）根据有关规定使用相应喷淋装置进行灭火。

四、厂用电系统故障

（一）6kV 厂用电源中断

1. 现象

6kV 厂用故障母线电压指示到零，弧光保护、分支过流或分支零序保护动作，闭锁本段厂用快切装置；失电母线所带有低电压保护的电动机开关全部跳闸；失电母线所带低压厂用变压器失电；400V 保安段有可能切换，柴油发电机组有可能自启动。

2. 处理

（1）若机组已跳闸，按机组跳闸原则处理。

（2）若机组 RB 动作，按机组 RB 动作原则处理，稳定机组运行。

（3）严禁向故障母线手动强送电，应迅速查出故障点并进行隔离。

（4）确认 400V 保安段母线供电是否正常。若失电未恢复，保安变未自投或自投失败，应迅速拉开保安段母线上的所有工作、备用进线分支开关，保留柴保进线开关，当确认母线无故障时，手动启动柴发恢复供电。

（5）检查直流和 UPS 系统供电正常。

（6）若失电的 400V 母线、MCC 段备用电源有电，可以将失电的 400V 母线、MCC 段切至备用电源供电。

（7）检查该段 6kV 母线所带负荷，若有保护动作而开关拒动者，将其停电隔离。拉开所有负荷开关及 PT，测量母线绝缘。若绝缘合格将母线送电；若绝缘不合格则在将母线转检修后，联系检修人员处理。

（8）记录保护装置报警信号。

（二）400V 厂用母线失电处理

（1）若机组 RB 动作，按对应的 RB 动作处理，稳定机组运行。

（2）确认 400V 保安 MCC 段母线供电正常，若失电未恢复，保安变未自投或自投失败，应迅速拉开保安段母线上的所有工作、备用进线分支开关，保留柴保进线开关，当确认母线无故障时，手动启动柴发恢复供电。

（3）迅速查明故障点并进行隔离。若因低压厂用变压器故障引起母线失电，将变压器隔离，断开母线上所有开关，确认母线无故障，合上母联开关试送电，在母线试送电成功后，恢复所带负荷供电。

（4）若由 400V 母线故障引起母线失电或因其他原因跳闸而无法确认母线无故障，断开母线上所有开关，在测量母线绝缘合格后，可用工作变压器对母线充电；若确认母线故障，则将母线转为检修状态，联系检修人员处理。

（三）辅机开关的异常处理

（1）当因辅机开关保护动作，而开关拒跳造成母线失压时，应按母线失电处理。

（2）当开关存在不允许分闸的缺陷时，应立即断开控制回路，用上一级母线电源开关断开电源。对于 6kV 母线，若为工作电源接带，应先将备用电源开关转冷备用或将快切闭锁，并迅速对母线上的相关负荷及对应的热机系统进行相应倒换，再拉开工作电源开关，联系检修人员对故障开关进行处理。

（3）当开关出现非全相运行时，应立即断开，当开关无法断开时用上一级开关断开，更换备用辅机开关，并联系检修人员处理。

（4）当在运行中辅机开关机械部分故障或一、二次回路严重过热时，应立即倒换备用辅机，对故障开关停电处理。

（四）辅机开关的跳闸处理

（1）检查辅机开关保护动作情况，判断跳闸原因。

（2）将跳闸开关转为冷备用状态，测量辅机及电缆绝缘，汇报值长，联系检修人员处理。

（五）开关拒绝跳闸的处理

（1）检查开关控制、保护回路是否正常。

（2）检查直流电源电压是否正常。

（3）用事故按钮或就地跳闸按钮重新操作一次。

（4）转移负荷或改变系统运行方式，用上一级开关或母联开关先断开，再处理本开关。

（5）操作机构失灵拒绝跳闸的开关禁止投入运行。

（六）开关拒绝合闸的处理

（1）检查开关控制回路及储能是否正常。

（2）检查直流电源电压是否正常。

（3）拉开开关两侧闸刀或小车开关在试验位置做传动试验，以查明故障点分别处理。

（4）更换备用小车开关或倒备用设备运行。

（七）厂用母线 PT 断线

1. 现象

“PT 断线”“快切装置闭锁”光字牌亮；开关柜综保“PT 断线”指示灯亮；电压表、有功表、电度表指示失常；如一次侧熔断器熔断，将有“电压回路断线”“单相接地”光字牌；如二次侧小开关跳闸，将有“电压回路断线”光字牌；当一次侧一相熔断器熔断时，熔断相相电压指示降低；当两相熔断时，熔断相电压为零，非故障相电压正常；当三相熔断时，电压指示为零。

2. 处理

（1）在 PT 停用前调整相关保护运行方式。

（2）如果 PT 一次侧熔断器熔断，应将 PT 停用，在测量绝缘正常后，更换一次侧熔断器，重新恢复送电。

（3）如果二次侧小开关跳闸，查明原因，恢复送电。

（4）如 PT 一次侧熔断器连续熔断两次或二次侧小开关连续跳闸两次，则应查明原因，方可送电。

（5）如果 PT 内部故障，联系检修人员处理。

五、直流系统异常及事故处理

（一）直流母线电压高

1．现象

DCS画面母线电压异常报警；直流母线上监控器电压高报警。

2．处理

（1）核对直流充电装置稳压设定值是否正常。

（2）若为充电装置异常引起，则将异常的充电装置停用，投入公用充电装置运行，并调整运行充电模块的输出电流。

（二）直流母线电压低

1．现象

DCS画面母线电压异常报警；直流母线上监控器电压低报警。

2．处理

（1）若因直流母线负荷过大，则提高充电器的输出，维持母线电压至正常。

（2）若为充电装置异常引起，则将异常的充电装置停用，投入公用充电装置运行，并调整运行充电模块的输出电流。

（3）检查蓄电池出口开关是否跳闸，若跳闸应立即检查，在无异常后合上出口开关。

（三）充电装置故障

1．现象

DCS画面模块故障或充电装置交流电源消失报警。在直流母线监控器上查询有模块故障或交流电源故障报警。

2．处理

（1）如高频模块故障，则将故障模块退出由检修人员处理，并检查其他工作模块电流无超限，必要时调整充电装置的输出电流。若故障模块过多，不能满足充电装置运行要求，则停用故障充电装置，投用公用充电装置。

（2）如为交流输入断相或跳闸，应停用充电装置，投用公用充电装置，通知检修人员进行处理。

（四）直流系统接地

1．现象

DCS画面母线接地报警；直流母线微机绝缘监测仪有“接地”报警并显示故障线路编号。

2．处理

（1）查看微机直流绝缘监测仪所显示故障线路编号、接地极性及接地程度。

（2）询问有关岗位该回路是否有人工作，若有则立即停止工作。

（3）确认热机有无新启停的设备，对有怀疑的设备系统应重点进行查找。

（4）配合检修人员查找接地点。

1）在试停电压表、变送器、绝缘监察装置后，若仍接地，则说明充电装置、蓄电池及母线有接地点。

2）按照从次要负荷到重要负荷，从室外到室内，最后停保护、热控负荷的顺序依次瞬停查找。

3）试拉蓄电池直流输出开关，若仍接地，则说明充电装置及母线有接地点。

4）试拉充电装置输出开关，如果接地消失，说明充电装置输出回路接地；如果接地仍不消失，说明是直流母线接地，应将直流控制负荷切至非接地母线运行，将故障母线停电。

（5）检修处理完毕，尽快恢复原方式。

3. 查找直流接地时的注意事项

（1）当发生直流接地时，应迅速进行处理，不得延误，并停止直流回路上所有其他工作，以免造成二点接地或短路等发生。

（2）当进行支路试停电时，须经值长同意，会同继保人员或热工人员一起进行处理，在处理过程中应考虑相关的继电保护和热工自动装置，采取避免开关、保护装置误动的措施。在涉及电网保护电源停用前需征得调度同意。

（3）在试停电前，应通知有关值班人员。在试停后，不论设备是否接地，均应立即送电。

（4）在试停直流油泵电源时，须确认油泵在停运状态。

（5）不得将接地系统和非接地系统并列，严禁将两个接地系统并列。

（6）直流系统接地应由两人进行处理，一人试拉，另一人严密监视绝缘监测装置的变化情况，以判断接地是否由该支路引起。

（7）当使用万用表测量母线对地电压时，要注意表挡位置，并防止第二点接地。

（8）当找出接地支路后，联系检修人员共同处理，对故障支路上的负荷进行逐一试拉，直至找到接地点。

（五）蓄电池出口熔断器熔断

1. 现象

直流母线监控器上“蓄电池熔断器故障”报警；就地蓄电池出口熔断器熔断。

2. 处理

（1）拉开蓄电池组直流输出开关，取下熔断器，查找熔断器熔断原因，在更换熔断器后，重新投入蓄电池组；若有短路现象，联系检修人员处理。

（2）若蓄电池组短时不能恢复，将该直流母线切至另一段供电。

（3）若由直流母线故障引起，短时不能恢复，将该直流母线负荷切至另一段供电。

六、柴油发电机组故障处理

（一）柴油发电机组出现以下故障时，保护将动作停机并在就地和DCS系统中发出声光报警

1. 故障原因

机油压力低；机组超速；启动失败；柴油发动机润滑油温度过高；柴油发电机冷却水温度过高；发电机差动保护；过电流、短路、电压过高、失压、失磁；发电机定子接地；电池电压低；低水温；燃料液位低；机油压力低预警；发动机高温预警；充电器故障；机组不在自动状态；低水位。

2. 处理

（1）根据故障指示灯中指示的故障原因进行相应处理。

（2）在消除故障后，复归故障信号。

（二）柴油发电机组出现下列情况时，在就地和 DCS 系统中发出声光报警

1. 故障原因

柴油发电机公共故障告警；蓄电池电压低；柴油发电机冷却水温度低；储油箱液位低；柴油发电机润滑油压力低预警；柴油发电机润滑油温度高预警；柴油发电机冷却水温度高预警；充电器故障及电源消失；机组不在自动状态；柴油发电机冷却水水位低；工作电源进线与备用电源进线同期失败；工作电源进线与柴油机进线同期失败；备用电源进线与柴油机进线同期失败；工作进线取样电压消失；备用进线取样电压消失。

2. 处理

（1）根据故障指示灯中指示的故障原因进行相应处理。

（2）在消除故障后，复归故障信号。

参考文献

[1] 梁国安．电站锅炉操作技术[M]．北京：中国计划出版社，2012.
[2] 于国强，郑志刚，申爱兵．单元机组运行[M]．北京：中国电力出版社，2005.
[3] 辛广路．锅炉运行与操作指南[M]．北京：机械工业出版社，2006.
[4] 郝思鹏．1000MW 超超临界火电机组电气设备及系统[M]．南京：东南大学出版社，2014.
[5] 杨飞．单元机组运行[M]．2 版．北京：中国电力出版社，2006.
[6] 陈启卷．电气设备及系统[M]．北京：中国电力出版社，2006.
[7] 胡念苏．汽轮机设备及系统[M]．北京：中国电力出版社，2006.
[8] 叶涛．热力发电厂[M]．北京：中国电力出版社，2012.
[9] 朱全利．锅炉设备及系统[M]．北京：中国电力出版社，2006.
[10] 张磊．锅炉设备与运行[M]．北京：中国电力出版社，2007.
[11] 李秀忠．锅炉设备与安全技术[M]．上海：上海科学普及出版社，2003.
[12] 北京国华电力有限责任公司．国华电力仿真培训及评价标准[M]．北京：中国电力出版社，2012.
[13] 李火元．电力系统继电保护及自动装置[M]．北京：中国电力出版社，2006.
[14] 卢文鹏．发电厂变电站电气设备及运行[M]．北京：中国电力出版社，2007.
[15] 张磊．汽轮机设备及运行[M]．北京：中国电力出版社，2008.
[16] 李建刚，杨雪萍．汽轮机设备及运行[M]．3 版．北京：中国电力出版社，2017.